John Doerr

OKR

„Dieses Buch führt Sie hinter die Kulissen,
um Intels leistungsstarkes OKR-System zu verstehen –
eines der größten Vermächtnisse von Andy Grove."
Gordon Moore,
Mitbegründer und ehemaliger Chairman von Intel

OKR

OBJECTIVES & KEY RESULTS

Wie Sie Ziele, auf die es wirklich ankommt, entwickeln, messen und umsetzen

John Doerr
whatmatters.com

Aus dem Amerikanischen übersetzt von
Prof. Dr. Klaus Möller,
Dr. Tobias Flinspach und Stefano L. Saeger

Verlag Franz Vahlen GmbH

This edition published by arrangement with Portfolio,
an imprint of Penguin Publishing Group,
a division of Penguin Random House LLC.

vahlen.de

ISBN Print 978 3 8006 5773 5
ISBN E-Book (ePUB) 978 3 8006 5774 2

Wilhelmstr. 9, 80801 München
info@vahlen.de
Druck und Bindung: Beltz Grafische Betriebe GmbH
Am Fliegerhorst 8, 99947 Bad Langensalza

Satz: Fotosatz Buck
Zweikirchener Str. 7, 84036 Kumhausen
Produktion: Sieveking Agentur, München
Umschlag: Ralph Zimmermann – Bureau Parapluie
Bildnachweis: © dacianlogan – depositphotos.com

vahlen.de/nachhaltig
produktsicherheit.vahlen.de

Gedruckt auf säurefreiem, alterungsbeständigem Papier
(hergestellt aus chlorfrei gebleichtem Zellstoff)

Für Ann, Mary und Esther
und dem Wunder ihrer bedingungslosen Liebe

INHALT

VORWORT

Larry Page
Alphabet-CEO und
Mitgründer von Google

Ich wünschte, ich hätte dieses Buch vor 19 Jahren bei der Gründung von Google gehabt. Oder sogar noch früher, als ich nur mich selbst zu managen hatte! So sehr ich Prozesse auch hasse: Es ist die Verbindung von guten Ideen mit der konsequenten Umsetzung, die Großartiges entstehen lässt. Und genau da setzen OKRs an.

Eines Tages, irgendwann im Jahr 1999, erschien John Doerr bei uns und hielt einen Vortrag über Objectives & Key Results (OKRs) und darüber, wie wir das Unternehmen, basierend auf seinen Erfahrungen bei Intel, führen sollten. Wir wussten, dass Intel gut geführt wurde, und Johns Ausführungen ergaben auf Anhieb Sinn – daher entschlossen wir uns, dem Ganzen eine Chance zu geben. Ich denke, der Plan ist für uns ganz gut aufgegangen.

OKRs sind ein einfacher Ansatz, der dabei hilft, eine Organisation voranzutreiben. Wir haben das OKR-Konzept seit damals weiterentwickelt, bis es für uns

Larry Page und John Doerr, 2014.

gepasst hat und wie wir es nun seit Jahren bei Google einsetzen … Nehmen Sie es als einen Entwurf und passen Sie es auf Ihre Bedürfnisse an!

OKRs geben Führungskräften einen tiefgreifenden Einblick in eine Organisation. Zudem ermöglichen sie den Beteiligten, einen Schritt zurückzutreten und die Herausforderung aus einer anderen Perspektive zu betrachten. Ein Beispiel: „Weshalb können Nutzer ein Video auf YouTube nicht unmittelbar hochladen? Ist das nicht viel wichtiger als dieses andere Ziel, das Sie im nächsten Quartal umzusetzen planen?"

Sehr gerne schließe ich mich Johns Würdigung des Lebenswerkes von Bill Campbell im Schlusswort dieses Buches an. Bill war ein fantastischer, warmherziger Mensch, der die Begabung hatte, so gut wie immer richtig zu liegen – vor allem was Menschen anbelangte. Er hat sich nie davor gescheut, jemandem zusagen, wie viel „Mist er laberte", und dennoch mochten ihn irgendwie alle. Ich vermisse Bills wöchentliche Tiraden sehr. Mögen alle einen Bill Campbell in ihrem Leben haben – oder sogar bestrebt sein, selbst ein bisschen mehr wie der „*Coach*" zu sein.

Ich schreibe nicht viele Vorwörter. Aber ich habe mich bereit erklärt, dieses eine zu schreiben, weil John Doerr Google vor all den Jahren ein enormes Geschenk gemacht hat. OKRs haben uns zu zehnfachem Wachstum verholfen – immer wieder. Sie haben uns dabei geholfen, die aberwitzige und mutige Mission, die „Informationen der Welt zu organisieren", vielleicht sogar erreichbar zu machen. Sie haben mich und den Rest der Organisation zeitlich und inhaltlich auf Kurs gehalten, wenn es am wichtigsten war. Und ich möchte dazu beitragen, dass die Menschen davon erfahren.

VORWORT ZUR DEUTSCHEN AUSGABE

Prof. Dr. Klaus Möller
Universität St. Gallen

Mit diesem Buch halten Sie die Anleitung für kennzahlengestützte Führung im 21. Jahrhundert in den Händen. Damit sind OKRs (Objectives & Key Results) die neue BSC (Balanced Scorecard) – eine mächtige Entwicklung und der Trend für die Unternehmenssteuerung der nächsten 25 Jahre (so alt ist die BSC gerade). Das sind kräftige Statements, die ich im Folgenden kurz begründen und Ihnen damit das Lesen dieses Buches empfehlen möchte:

Was zeichnet eine erfolgreiche Management-Innovation aus? Einfachheit, Anpassbarkeit, Aktualität! Die Idee muss so einfach sein, dass sie sich innerhalb kürzester Zeit vermitteln lässt. Nur so kann man alle Ebenen im Unternehmen schnell und umfassend erreichen. Anpassbarkeit: Das Grundgerüst muss einfach sein und gleichzeitig Individualisierungen erlauben. Nur dann kann eine breite Nutzung und damit Skalierung der Neuerung erreicht werden. Aktualität: einerseits, indem das Konzept veraltete Paradigmen infrage stellt, und andererseits, indem es aktuelle Entwicklungen aufnimmt. Bei der BSC war alles erfüllt: Simples Konzept mit vier Perspektiven und einer überschaubaren Anzahl Kennzahlen („twenty is plenty"); hochflexibel; eine Gegenbewegung zur rein finanziellen Orientierung und eine Anregung für eine strukturierte Landkarte der Leistungsentfaltung (Strategy Map). Die Anforderungen sind für die OKRs genauso erfüllt, dazu später mehr. Gary Hamel schreibt in seinem Besteller „The Future of Management", dass eine erfolgreiche Managementinnovation der stärkste Differenzierungs- und damit gleichzeitig Erfolgsfaktor für ein Unternehmen ist. Stärker als Produkte oder Prozesse. Wenn für dieses Buch Larry Page von Alphabet/Google das Vorwort schreibt und die Beispiele ausnahmslos von extrem erfolgreichen Unternehmen stammen, könnte ein solcher Schluss auch für das disruptive Potenzial von OKRs naheliegen.

Als Forscher bin ich immer auf der Suche nach Neuem. Als Hochschullehrer bin ich immer auf der Suche nach guten, einfach vermittelbaren Konzepten. Als Berater bin ich immer auf der Suche nach wirksamer Veränderung. Mit OKRs kam ich in Berührung durch meine Forschungen darüber, was schnell wachsende Unternehmen wie Google, ebay oder Apple in ihren *Steuerungssystemen* anders machen. In Publikationen tauchten die drei Buchstaben OKR auf, und ich ging dem Thema nach. Ich las darüber, ich sprach mit Unternehmen, und ich war im Silicon Valley. Seit 2016 hielt ich regelmäßig Vorträge und Weiterbildungen zum Konzept, forschte und publizierte dazu. Gemeinsam mit Dr. Tobias Flinspach, Mitübersetzer dieses Buches und erfahrener Unternehmensberater, konnten wir auch in der Praxis immer mehr Unternehmen für den Einsatz von OKRs gewinnen und sammelten Erfahrungen und Expertise in der Anwendung – mit stetig wachsendem Erfolg. Die Übersetzung der „Betriebsanleitung" von einem der profiliertesten Protagonisten der OKRs liegt damit nahe.

Vor etwa 20 Jahren war ich während meines Doktorats bei Prof. Dr. Dr. h.c. mult. Péter Horváth an der Übersetzung der „Balanced Scorecard" von Robert Kaplan beteiligt und konnte den Hype um diese große Managementinnovation miterleben und mitbegleiten. Für mich stehen OKRs auf der gleichen Stufe und am Beginn einer ähnlichen Erfolgsgeschichte.

Insofern nochmal kurz zurück zu den Erfolgsfaktoren für Managementinnovationen: OKRs sind einfach. Es ist ein strukturierter Prozess der Zielsetzung und -verfolgung, bei dem die Beantwortung von zwei Fragen im Mittelpunkt steht: „Was wollen wir erreichen?" (Objectives) und „Wie können wir messen, dass wir das Ziel erreicht haben?" (Key Results). Zentral sind dabei die Prinzipien Fokus, Ambition, vollständige Transparenz der OKRs vertikal und horizontal in der gesamten Organisation, partizipative Erarbeitung, konsequente Zuordnung von Verantwortlichkeit und Bewertung der Zielerreichung, Trennung von Vergütungssystemen und Fokus auf Lernen. OKRs sind anpassbar: Das System lässt sich je nach Bedarf von täglich zu quartalsweise, vom Start-up bis zum Weltkonzern, vom Whiteboard bis zur eigenen Software anpassen und skalieren. OKRs treffen den Nerv der Zeit: In einer VUCA-Welt (Volatilität, Unsicherheit, Komplexität, Uneindeutigkeit) versagt der klassische Command-and-Control-Ansatz immer mehr. Mitarbeiter aus der Generation Y wollen schnelles Feedback, Freiheiten bei der Umsetzung und sich einbringen. Diese umwelt- und mitarbeiterorientierten Veränderungen nehmen OKRs perfekt auf. In unserer Forschung haben wir dafür, in enger Kooperation mit dem Hilti Lab for Integrated Performance Management, das St. Galler Performance Management Modell (spmm.ch) entwickelt. Damit erforschen wir auch, *warum* OKRs so gut funktionieren. Fazit: OKRs sind ein Musterbeispiel für eine gelungene Managementinnovation. Sie haben das Potenzial, die Unternehmenssteuerung und damit das Management im 21. Jahrhundert fundamental zu verändern und die Leistung von Unternehmen nachhaltig zu steigern.

Den Großteil der Übersetzung konnte ich während eines Forschungsaufenthaltes in Singapur realisieren (herzlichen Dank an Stefano Saeger und Dr. Tobias

Flinspach für Unterstützung und Austausch bei der Übersetzung!). Insofern kann ich inzwischen sagen, dass der Ansatz in den USA, Europa und Asien funktioniert, Sie also ein global einsetzbares, mächtiges Konzept vor sich haben. Gerade in Asien wird sehr deutlich, dass eine jährliche Top-down-Kommunikation von Zielen und Vorgaben im deutlichen Gegensatz zur dynamisch-digitalen Wirtschaft und der Mentalität der schnellen, partizipativen Gründer und Geschäftsmodelle steht. OKRs gehen hier einen bewusst anderen Weg und ermöglichen eine viel größere Flexibilität und Dynamik. In Europa konnten wir bei unseren Beratungsprojekten zu OKRs in ganz klassischen Unternehmen – von der Versicherung über die Lebensmittelindustrie bis zum Maschinenbau – die Erfahrung sammeln, dass OKRs nicht nur etwas für Start-ups in der Wachstumsphase sind. Gleichzeitig gilt es aber auch, gerade in Europa die Besonderheiten von Mitarbeitervertretungen und Mitbestimmung zu berücksichtigen. Volle Transparenz erzeugt vielfach erst einmal eine Abwehrhaltung, der man mit viel Überzeugungsarbeit begegnen muss. Lassen sich eine Organisation und die Führungskräfte auf das „Experiment OKR“ ein, gibt es in der Regel kein Zurück mehr. Gerade die Mitarbeiter wollen die offenere Kommunikationskultur und das Mitreden bei Zielsetzungs- und Entscheidungsprozessen nicht mehr missen – und das Management nicht die enorme Leistungssteigerung.

Anmerkung des Verlags:
Wenn wir in diesem Buch von Mitarbeitern, Führungskräften, Managern oder Geschäftsführern sprechen, so meinen wir gleichermaßen Frauen und Männer.

TEIL 1

OKRs IN AKTION

1

GOOGLE TRIFFT AUF DIE OKRs

Wenn Du nicht weißt, wo Du hinwillst,
kommst Du möglicherweise nie dort an.
Yogi Berra

Das junge Unternehmen hatte gerade zwei Monate zuvor das neue Gebäude angemietet, nachdem es für das Büro oberhalb einer Eisdiele in Palo Alto zu groß geworden war. Wiederum zwei Monate zuvor hatte ich meinen höchsten Wetteinsatz in 19 Jahren als Venture Capitalist getätigt: $11,8 Millionen für zwölf Prozent eines Start-ups zweier Stanford-Abbrecher in Informatik. Ich trat Googles Aufsichtsrat bei und fühlte mich verpflichtet, sowohl finanziell als auch emotional alles in meiner Macht Stehende zu tun, um diesem unerfahrenen Unternehmen zum Erfolg zu verhelfen.

Kaum ein Jahr nach der Gründung hatte Google seine Flagge gehisst, „die Informationen der Welt zu organisieren und universell zugänglich und verwendbar zu machen". Das mochte manchen großspurig erscheinen, aber ich hatte Vertrauen in Larry Page und Sergey Brin. Sie waren selbstbewusst, sogar frech, aber auch neugierig und umsichtig. Sie hörten zu – und sie lieferten. Sergey war quirlig, launisch, rechthaberisch und fähig, intellektuelle Schwächen einfach zu überspielen. Als Immigrant aus der ehemaligen Sowjetunion war er pfiffig, ein kreativer Verhandlungsführer und eine prinzipientreue Führungsperson. Sergey war rastlos und drängte immer nach mehr; es konnte jederzeit während eines Meetings passieren, dass er sich auf den Boden warf, um ein paar Liegestütze zu machen.

Larry war ein Paradeingenieur und Sohn eines Informatik-Pioniers. Er war ein Nonkonformist der leisen Töne, ein Rebell mit einem großen Anliegen: das Internet exponentiell relevanter zu machen. Während Sergey die Kommerzialisierung der Technologie übernahm, verbohrte sich Larry in das Produkt und malte sich das Unvorstellbare aus. Er war ein bodenständiger Visionär. Als er und Sergey zu Beginn jenes Jahres bei Kleiner Perkins pitchten, hatte ihre PowerPoint-Präsentation lediglich 17 Folien – und nur zwei davon mit Zahlen (wenn ich mich recht entsinne, fügten sie drei Seiten Abbildungen hinzu, nur um den Foliensatz dicker erscheinen zu lassen). Es war ein bescheidener Betrag und kein wirklich verlockendes Business. Google hatte bis dato den Wert der suchwortgezielten Werbung noch nicht erschlossen. Doch nichts hielt Larry davon ab, mich darüber zu belehren, wie schlecht die Suchqualität auf dem Markt war, wie sehr sie verbessert werden könnte und wie viel grösser sie morgen sein würde. Er und Sergey hatten keine Zweifel daran, dass sie den Durchbruch schaffen würden, der fehlende Businessplan tat nichts zur Sache. Ihr PageRank-Algorithmus war selbst in seiner Beta-Version so viel besser, als jener der Konkurrenz.

Ich fragte sie: „Was glaubt ihr, wie groß könnte das Ganze werden?“ Ich hatte meine eigenen Kalkulationen bereits angestellt. Wenn alles glatt laufen würde, könnte Google eine Marktkapitalisierung von einer Milliarde erreichen. Aber ich wollte ihre Visionen abschätzen.

Und Larry antwortete: „Zehn Milliarden Dollar.“
Nur um sicherzugehen, hakte ich nach: „Du meinst Marktkapitalisierung, oder?“
Und Larry umgehend: „Nein, ich meine nicht Marktkapitalisierung. Ich meine Umsatz.“

Larry Page und Sergey Brin an Googles Geburtsstätte:
die Garage in der 232 Santa Margarita, Menlo Park, 1999.

Ich war sprachlos, ich wäre beinahe vom Stuhl gefallen. Ausgehend von einer normalen Wachstumsrate eines profitablen Tech-Unternehmens würden zehn Milliarden Dollar eine Marktkapitalisierung von 100 Milliarden Dollar bedeuten. Das lag im Bereich von Microsoft, IBM und Intel. Das war etwas Besonderes, noch seltener als ein Einhorn. Es ging keinerlei Prahlerei von Larry aus, sondern lediglich ruhiges und überlegtes Urteilsvermögen. Ich diskutierte nicht mit ihm, denn ich war beeindruckt. Er und Sergey waren entschlossen, die Welt zu verändern, und ich glaubte, dass sie die Chance dazu hatten.

Schon lange vor Gmail, Android oder Chrome sprudelte Google nur so vor Ideen. Die Gründer waren der Inbegriff von Visionären mit einer extremen unternehmerischen Energie. Was ihnen fehlte, war die betriebswirtschaftliche Erfahrung.[1] Damit Google wirklichen Impact haben würde oder sogar durchstarten kann, würden sie lernen müssen, wie man schwierige Entscheidungen trifft. Um im Wettbewerb zu bestehen, müsste ihr Team fokussiert und zielgerichtet sein. Angesichts ihres ordentlichen Risikoappetits müssten sie lernen, bei scheiternden Projekten früh genug den Stecker zu ziehen – früh scheitern ist ein wesentliches Erfolgselement![2]

Zu guter Letzt würden sie aktuelle, relevante Daten benötigen, um ihren Fortschritt verfolgen zu können, um zu messen, was relevant ist und sie weiterbringt.

Und so kam es dazu, dass ich an diesem milden Tag in Mountain View mit meinem Geschenk für Google vorbeikam; ein scharfkantiges Werkzeug für eine Weltklasse-Umsetzung. Ich hatte es in den 1970er-Jahren erstmals als Ingenieur bei Intel angewendet, wo der legendäre Andy Grove, der großartigste Manager seiner oder vielleicht jeder Ära, das bestgeführteste Unternehmen, dass ich je gesehen habe, leitete. Seit ich mich Kleiner Perkins, dem Menlo Park Venture Capital Fonds, angeschlossen hatte, bekehrte ich mit Groves Erfolgsrezept mehr 50 Unternehmen.

Nur um es klarzustellen: ich habe größten Respekt vor Unternehmern. Ich bin ein eingefleischter Techie, der Innovation verehrt. Ich habe aber auch schon zu viele Start-ups gesehen, die sich mit Wachstum und Skalierung schwertaten und damit, die richtigen Dinge hinzukriegen. Ich bin zu einer Philosophie beziehungsweise einem Mantra gekommen:

Ideen sind einfach. Umsetzung ist alles.

In den frühen 1980er-Jahren, als ich ein 14-monatiges Sabbatical bei Kleiner in Anspruch nahm, um die Desktop-Abteilung bei Sun Microsystems zu leiten, fand

1 2001 stellten die Gründer auf meine Empfehlung hin Eric Schmidt, einen alten Kollegen von mir bei Sun Microsystems, als ihren CEO ein. Eric brachte das Unternehmen richtig in Gang. Dann engagierte ich Bill Campbell, um das Trio zu coachen.

2 Ich selbst lernte diese strenge Ausbildung bei Intel in den 1970ern. Gordon Moore, die Legende, die Grove als Intels CEO vorangegangen war, würde sagen: „Ich sehe diesjährige Misserfolge als nächstjährige Gelegenheiten, es nochmal zu versuchen."

ich mich plötzlich in der Verantwortung für mehrere hundert Personen wieder. Andy Groves System war mein Hafen im Sturm, ein Bollwerk der Klarheit in jeder Sitzung Es bestärkte mein Führungsteam und fasste sämtliche Arbeitsabläufe zusammen. Ja, wir haben unsere Fehler gemacht. Aber wir haben auch unglaubliche Dinge erreicht, einschließlich einer neuen RISC-Mikroprozessoren-Architektur, die Suns Workstation-Marktführerschaft sicherte. Das war meine persönliche Erfahrung für das, was ich Jahre später Google präsentierte.

Die Praktik, die mich bei Intel geformt und bei Sun gerettet hatte – und die mich heute noch inspiriert –, nennt sich „OKRs" und steht für *Objectives and Key Results.* Es ist ein kollaboratives Konzept für Unternehmen, Teams und Individuen. OKRs sind keine Patentlösung. Sie sind kein Ersatz für ein gesundes Urteilsvermögen, starke Führung oder eine kreative Unternehmenskultur. Aber wenn dieses Fundament vorhanden ist, können OKRs zum Gipfel führen.

Larry und Sergey, zusammen mit Marissa Mayer, Susan Wojcicki, Salar Kamangar und 30 oder mehr anderen Mitarbeitern, ungefähr das gesamte Unternehmen zu der Zeit, fanden sich zusammen, um mir zuzuhören. Sie standen um den Tischtennistisch herum, der ebenfalls als Sitzungstisch fungierte, oder lagen ausgestreckt auf Sitzsäcken wie im Studentenwohnheim. Meine erste PowerPoint-Folie definierte OKRs: „Eine Management-Methode, die dabei hilft sicherzustellen, alle Aktivitäten auf die gleichen, wichtigsten Ziele innerhalb der gesamten Organisation zu fokussieren."

Ein **OBJECTIVE** [dt. Ziel], so erklärte ich, ist schlicht das WAS, dass es zu erreichen gilt. Nicht mehr und nicht weniger. Objectives sind bedeutend, konkret, aktionsorientiert und (idealerweise) inspirierend. Richtig designt und umgesetzt sind sie wie eine Impfung gegen schwammiges Denken und schwammige Umsetzung.

KEY RESULTS [dt. Schlüsselergebnisse] geben einen Maßstab vor und überwachen gleichzeitig, WIE wir zum Objective kommen. Wirksame Key Results sind spezifisch und zeitgebunden, aggressiv und dennoch realistisch. Allem voran sind sie messbar und überprüfbar. (Wie Musterschülerin Marissa Mayer sagen würde: „Es ist kein Key Result, wenn keine Zahl dabei ist.") Entweder Sie erfüllen eine Key Result-Anforderung oder nicht; es gibt keine Grauzonen und keinen Platz für Zweifel. Am Ende des festgelegten Zeitraums, üblicherweise ein Quartal, erklären wir ein Key Result als erfüllt oder nicht. Wo ein Objective langwierig sein kann, ausgelegt auf ein Jahr oder mehr, müssen Key Results den Arbeitsfortschritt darstellen. Sobald sie alle abgeschlossen sind, ist das Objective zwangsläufig erreicht. (Und ist es das nicht, waren die OKR unzureichend gewählt.)

Mein Ziel war an diesem Tag, so sagte ich es der jungen Google-Bande, eine Maßnahmenplanung für ihr Unternehmen zu erstellen. Die Erreichung des Ziels sollte anhand von drei Key Results gemessen werden:

- Key Result #1: Ich werde meine Präsentation pünktlich beenden.
- Key Result #2: Wir werden ein Beispiel für vierteljährliche Google-OKRs erstellen.
- Key Result #3: Ich bekomme die Zustimmung der Geschäftsleitung für einen dreimonatigen OKR-Testlauf.

Zur Veranschaulichung gab ich ihnen zwei OKR-Szenarien. Das erste beinhaltete ein fiktives Football-Team, dessen General Manager ein Top-Objective längs des Organigramms herunter kaskadierte. Das Zweite war ein Drama aus dem wirklichen Leben, an dem ich beteiligt war: „Operation Crush" – eine 1980 großangelegte Marketing- und Verkaufskampagne für den Prozessor 8086 mit dem Ziel, Motorolas Marktführerschaft zu brechen und für Intels erneut die Marktführerschaft bei Mikroprozessoren zu erlangen. Wir werden uns mit beiden Fällen später noch eingehender beschäftigen.

Ich beendete meine Beispiele mit einer knappen Wiederholung der zentralen Aussage von OKRs: OKRs bringen die zentralen Ziele eines Unternehmens auf die Agenda. Sie kanalisieren Umsetzung und Koordination. Und sie verlinken Ziele bereichsübergreifend, um Sinn und Einigkeit über das ganze Unternehmen hinweg zu vermitteln.

Ich hörte exakt nach 90 Minuten auf, zu reden. Nun lag es bei Google.

—

2009 publizierte die Harvard Business School einen Artikel mit dem Titel „Goals Gone Wild" [dt. etwa „Abgehobene Ziele"]. Er begann mit einer Liste von Beispielen „destruktiver Zielverfolgung": explodierende Ford Pinto-Tanks, großangelegter Wucher in Sears Autowerkstätten, Enrons rücksichtlos aufgeblähte Verkaufsziele, das Desaster am Mount Everest 1996, als acht Bergsteiger ihr Leben verloren. Ziele, so warnten die Autoren, seien „ein verschreibungspflichtiges Medikament, das eine vorsichtige Dosierung erfordere … und strenge Beobachtung". Sie stellten sogar einen Warnhinweis auf: „Ziele können aufgrund von verengtem Fokus, unethischem Verhalten, erhöhter Risikobereitschaft, sinkender Kooperation sowie sinkender intrinsischer Motivation systematische Probleme in Organisationen auslösen." Die negativen Seiten der Zielsetzung können jeglichen Vorteilen überwiegen, so behaupteten sie.

WARNUNG!

Ziele können aufgrund von verengtem Fokus, unethischem Verhalten, erhöhter Risikobereitschaft, sinkender Kooperation sowie sinkender intrinsischer Motivation systematische Probleme in Organisationen auslösen.

Seien Sie vorsichtig dabei, Ziele in Ihrer Organisation anzuwenden.

Der Artikel traf einen empfindlichen Nerv und wird auch heute noch viel zitiert. Und seine Vorbehalte sind auch nicht ganz unbegründet. Wie jedes Management-System können auch OKRs gut oder schlecht umgesetzt werden. Das Ziel dieses Buches ist es, ihnen zu einer erfolgreichen Nutzung zu verhelfen. Denn es gilt: Für jeden, der nach Höchstleistungen im Unternehmen strebt, sind Ziele sehr wichtig.

1968, im Jahr von Intels Gründung, entwickelte ein Psychologie-Professor der University of Maryland eine Theorie, die Andy Grove zweifelsohne beeinflusst hat. Erstens, so Edwin Locke, führen ambitionierte Ziele zu besserer Leistung als einfach erreichbare Ziele. Zweitens führen *spezifische* ambitionierte Ziele zu besseren Ergebnissen, als vage formulierte Mahnungen wie „sein Bestes zu geben". In der Zwischenzeit haben zahlreiche Studien Lockes Entdeckung bestätigt und zeigen, dass wohldefinierte, anspruchsvolle Ziele die Produktivität erhöhen.

Jahr für Jahr attestieren die Gallup-Studien eine „weltweite Arbeitnehmer-Engagement-Krise". Weniger als ein Drittel der Angestellten in den Vereinigten Staaten sind begeistert oder engagiert bei ihrem Beruf und an ihrem Arbeitsplatz. Innerhalb dieser gleichgültigen Millionen würden mehr als die Hälfte ihr Unternehmen für ein 20 Prozent höheres Gehalt verlassen. Im Technologiesektor glauben zwei Drittel der Angestellten, dass sie innerhalb von zwei Monaten eine bessere Stelle finden könnten.[3]

Im Geschäftsbetrieb ist Entfremdung kein abstraktes, philosophisches Problem; es schmälert den Gewinn des Unternehmens. Engagiertere Teams generieren mehr Gewinn und haben eine wesentlich niedrigere Fluktuationsrate. Gemäß der Management- und Strategieberatung Deloitte sind „Mitarbeiterbindung und -engagement zum zweitwichtigsten Thema für Wirtschaftsführer geworden, gleich nach der Herausforderung, globale Führungskräfte aufzubauen."[4]

3 Dice Tech-Einkommensstudie 2014, http://marketing.dice.com/pdf/Dice_TechSalarySurvey_2015.pdf
4 Deloitte University Press (2014). *Global Human Capital Trends.*

Aber *wie* genau führt man eine Kultur des Engagements ein? Eine zweijährige Studie von Deloitte fand heraus, dass kein einziger Faktor so viel Einfluss hat wie „klar definierte Ziele, die niedergeschrieben und frei zugänglich sind … Ziele führen zu einer gemeinsamen Ausrichtung, Klarheit und Zufriedenheit im Job."

Zielsetzung ist keineswegs als das absolute Erfolgsrezept zu verstehen: „Wenn Menschen konfliktäre Prioritäten oder unklare, inhaltslose oder sich willkürlich ändernde Ziele haben, werden sie frustriert, zynisch und demotiviert." Ein effektives Zielmanagement-System – ein OKR-System – verknüpft Ziele mit einer übergeordneten Aufgabe eines Teams. Es beachtet Ziele und Fristen und passt sich bei Veränderungen an. Es fördert Feedback und feiert Erfolge, ob große oder kleine. Am Wichtigsten ist, dass es unsere Grenzen erweitert. Es bewegt uns dazu, nach etwas zu streben, was unsere bisherige Vorstellungskraft übertrifft. Sogar die „Goals Gone Wild"-Vertreter erkennen an, dass Ziele „Mitarbeiter inspirieren und in ihrer Leistung verbessern können". Zusammengefasst war das genau meine Botschaft an Larry, Sergey und das Unternehmen.

—

Als ich die Fragerunde eröffnete, schienen die „Googler" fasziniert. Ich vermutete, dass sie die OKRs ausprobieren würden, hätte allerdings nie ihre feste Entschlossenheit vorhersehen können. Sergey meinte: „Also, wir brauchen ein paar organisatorische Grundsätze. Wir haben keine und das könnte genauso gut einer sein." Der Zusammenschluss von Google und den OKRs geschah jedoch alles andere als willkürlich. Es war ein absoluter Volltreffer, vergleichbar mit einem Überschreiben der DNA des Unternehmens. OKRs sind ein flexibles, datenbasiertes Werkzeug für ein unbekümmertes, Daten verehrendes Unternehmen.[5] Sie versprachen Transparenz für ein Unternehmen der Offenheit – offene Quelle, offene Systeme, offenes Web. Sie belohnten „gutes Versagen" und unterstützten zwei der kühnsten Denker ihrer Zeit.

Google trifft auf die OKRs: ein perfektes Team.

—

Während Larry und Sergey kaum eine vorgefertigte Meinung von Unternehmensführung hatten, wussten sie dennoch, dass das Niederschreiben der Ziele sie real machen würde.[6] Ihnen gefiel der Gedanke, auf einer oder zwei Seiten prägnant auszulegen, was für sie am Wichtigsten war, und es für jeden bei Google öffentlich zugänglich zu machen. Ihnen wurde intuitiv klar, wie OKRs ein

5 Wie Steven Levy in „In the Plex" schrieb: „Doerr hielt Google im Takt."
6 Ganz am Anfang verließ sich Google ausschließlich auf „Schnipsel", ein drei- oder vierzeiliger Statusreport über die Leistung eines jeden Einzelnen.

Unternehmen inmitten des Tumults eines „Hockey-Stick-Effekt"-Wachstums auf Kurs halten konnten.

Zusammen mit Eric Schmidt, der zwei Jahre später Googles CEO wurde, waren Larry und Sergey stur, beharrlich und sogar konfrontativ hinsichtlich ihrer Nutzung von OKRs. Wie Schmidt dem Autor Steven Levy erzählte: „Googles Ziel ist es, der systematische Innovator von Messbarkeit zu werden. Innovation bedeutet neue Dinge. Und Messbarkeit bedeutet einen sehr systematischen Weg, Dinge in einer reproduzierbaren Art zu betrachten." Gemeinsam brachte das Dreigespann eine wichtige Zutat für den Erfolg der OKRs mit: Überzeugung und Einverständnis auf oberster Ebene.

—

Als Investor arbeite ich schon lange mit OKRs. Da ehemalige Google- und Intel-Mitarbeiter nach wie vor weiterziehen und das Konzept weiterempfehlen, haben sich schon Hunderte von Unternehmen sämtlicher Branchen und Größen zur strukturierten Zielsetzung verpflichtet. OKRs sind wie Schweizer Taschenmesser: sie passen in jedes Umfeld. Wir sehen ihr häufigstes Vorkommen in der Technologie-Branche, wo Agilität und Teamwork ein zentraler Imperativ sind (über die in diesem Buch präsentierten Unternehmen hinaus gehören auch AOL, Dropbox, LinkedIn, Oracle, Slack, Spotify und Twitter zu den Anhängern der OKRs). Das System wurde jedoch ebenso von bekannten Unternehmen fernab vom Silicon Valley übernommen: Anheuser Busch, BMW, Disney, Exxon, Samsung.[7] In unserer immer rasanteren Wirtschaft ist Veränderung eine Tatsache. Wir können uns nicht mehr an etwas klammern, das bisher funktioniert hat und auf das Beste hoffen. Wir benötigen ein zuverlässiges Werkzeug, um uns den Weg zu bahnen und dabei der Zeit voraus zu sein.

In kleineren Start-ups, wo Menschen unbedingt am gleichen Strang ziehen müssen, sind OKRs ein Überlebenswerkzeug. Besonders im Technologiesektor müssen junge Unternehmen schnell wachsen, um Finanzierungen zu erhalten, bevor deren Kapital erschöpft ist. Strukturierte Ziele geben Geldgebern eine verlässliche Messlatte für Erfolg: *Wir werden das Produkt entwickeln, das wir mithilfe von 25 Kundengesprächen geprüft haben. Und für das wir eine klare Zahlungsbereitschaft erhielten.* In mittelgroßen, schnell skalierenden Organisationen, sind OKRs eine gemeinsame Sprache für eine schnelle Umsetzung. Sie klären Erwartungen: *Was müssen wir (schnell) erledigen und wer arbeitet daran?* Sie helfen den Mitarbeitern bei der Ausrichtung und Koordination; sowohl vertikal als auch horizontal.

7 Neulich traf ich eine Führungskraft eines globalen, 300-Millionen-Dollar-Softwareunternehmen, das in der Gesundheitsbranche tätig und in Neuseeland ansässig ist, und er sagte: „Oh, Sie sind also der OKR-Kerl!"

In größeren Unternehmen sind OKRs neonbeleuchtete Straßenschilder. Sie verhindern Silodenken und schaffen Verbundenheit zwischen weit voneinander entfernten Mitarbeitern. Durch die Förderung von Autonomie an vorderster Front bringen sie neue Lösungen hervor. Und sie bringen sogar die erfolgreichsten Unternehmen dazu, sich ständig weiterzuentwickeln.

Ähnliche Vorteile kommen auch in der gemeinnützigen Welt vor. Bei der Bill & Melinda Gates Foundation, einem 20-Milliarden-Dollar-Start-up, liefern OKRs Echtzeitdaten, die Bill Gates im Kampf gegen Malaria, Kinderlähmung und HIV benötigt. Sylvia Mathews Burwell, eine Gates-Schülerin, übertrug den Prozess der Gates Foundation auf das amerikanische „Office of Management and Budget" [dt. etwa „Amt für Verwaltung und Haushaltswesen"] und später auf das „Department of Health and Human Services"], wo sie der US-Regierung im Kampf gegen Ebola half.

Doch vermutlich hat keine Organisation, nicht einmal Intel, OKRs noch effizienter skaliert als Google. Während sie konzeptionell eher simpel sind, verlangt Andy Groves Schema Sorgfalt, Verbindlichkeit, klares Denken und zielgerichtete Kommunikation. Man macht nicht einfach eine Liste und prüft sie doppelt. Man prüft die Kapazitäten, den Zieleinfluss und es braucht auch stets einigen Fleiß für den Preis. Dennoch haben Googles Anführer nie gehadert. Ihre Lust am Lernen und Verbessern bleibt unersättlich. Wie Eric Schmidt und Jonathan Rosenberg in ihrem Buch „Wie Google tickt" feststellten, wurden OKRs ein „einfaches Werkzeug, das den „Think Big"-Ethos der Gründer institutionalisierte". In Googles frühen Jahren sah Larry Page zwei Tage pro Quartal vor, um die OKRs jedes Software-Ingenieurs eingehend zu prüfen (ich nahm an diesen Besprechungen teil und Larrys analytische Leidenschaft – seine außergewöhnliche Fähigkeit, eine Kohärenz in so vielen sich bewegenden Teilen auszumachen – ist unvergesslich.) Auch als das Unternehmen wuchs, gestaltete Larry den Auftakt eines jeden Quartals mit einer Marathondebatte über die Ziele seines Führungsteams.

Heute, fast zwei Jahrzehnte nach meiner Präsentation am Tischtennistisch, sind die OKRs immer noch ein täglicher Bestandteil des Google-Lebens. Mit der Zeit hätte sich die Führungsriege des Unternehmens ohne Weiteres zu den Siegern erklären und den OKR-Prozess verwerfen können. Sie hätten sich für bürokratischere Methoden zur Komplexitätsbewältigung entscheiden oder auch einfach die OKRs durch den neuesten Management-Trend ersetzen können. Stattdessen haben sie stets diesen Kurs beibehalten. Das System lebt weiterhin und ist bei bester Gesundheit. OKRs sind das Gerüst für Googles unverkennbare Durchbrüche, einschließlich sieben Produkten mit je einer Milliarde Nutzern oder mehr: Suchmaschine, Chrome, Android, Maps, YouTube, Google Play und Gmail. 2008 versammelte ein unternehmensweites OKR alle Kräfte rund um den „Code Yellow"-Kampf gegen Wartezeiten, Googles Reizthema hinsichtlich der Verzögerung von Datenabfragen aus der Cloud. Bottom-up arbeiten OKRs mit Googles „20-Prozent-Zeit", die Ingenieuren erlaubt, an vielversprechenden Nebenprojekten zu arbeiten.

Viele Unternehmen haben eine „Siebener-Regel", welche die Anzahl direkt geführter Mitarbeiter pro Führungskraft auf maximal sieben einschränkt. In manchen Fällen drehte Google die Regel zu einem *Minimum* von sieben (als Jonathan Rosenberg das Produktteam von Google leitete, hatte er mindestens 20). Je höher die Anzahl direkt unterstellter Mitarbeiter, desto flacher die Hierarchie, was in weniger Top-down-Aufsicht, mehr Autonomie an vorderster Front sowie mehr Nährboden für den neuesten Trend resultiert. OKRs helfen dabei, all diese guten Dinge möglich zu machen.

Im Oktober 2018, zum 75. Quartal in Folge, wird Googles CEO das gesamte Unternehmen dazu anhalten, seinen Fortschritt mit den OKRs abzugleichen. Im November und Dezember wird jedes Team und jede größere Produktabteilung die eigenen Pläne für das kommende Jahr aufstellen und in OKRs herunterbrechen. Im darauffolgenden Januar, so erzählte mir Sundar, „werden wir uns wieder vor alle hinstellen und sagen: ‚Dies ist unsere übergeordnete Strategie und hier sind die OKRs, die wir für das Jahr definiert haben.'"[8] (Der Unternehmenstradition entsprechend wird die Geschäftsleitung Googles OKRs des vorangehenden Jahres bewerten und Misserfolge schonungslos analysieren.)

In den nächsten Wochen und Monaten werden Tausende von „Googlern" ihre individuellen sowie die Team-OKRs formulieren, diskutieren, überarbeiten und bewerten. Wie immer werden sie eine unbeschränkte Vollmacht haben, Googles Intranet zu durchstöbern und zu sehen, wie andere Teams Erfolg bemessen. Sie werden nachvollziehen können, wie sich ihre Arbeit nach oben, nach unten und vertikal verbindet und wie sie in das große Ganze des Unternehmens passt.

Wie sich herausstellte, war Larrys Prognose zurückhaltend. Zum Zeitpunkt des Drucks dieses Buches, übertrifft die Marktkapitalisierung der Muttergesellschaft Alphabet 700 Milliarden US-Dollar, was sie zum zweitwertvollsten Unternehmen der Welt macht. 2017, das sechste Jahr in Folge, hat das „Fortune Magazine" Google an die Spitze seiner „Best Companies to Work For"-Liste gesetzt. Dieser unkontrollierbare Erfolg ist in der starken und stabilen Führung verwurzelt, einem Reichtum an technischen Ressourcen, einer auf Werten basierenden Kultur der Transparenz, Zusammenarbeit und unermüdlicher Innovation. Aber OKRs haben eine maßgebliche Rolle gespielt. Ich könnte mir den Googleplex ohne sie nicht vorstellen, genauso wenig könnten das Larry oder Sergey.

8 Google verwendete ursprünglich quartalsweise OKRs und führte dann zusätzlich jährliche OKRs für einen zweigleisigen Prozess ein. Seit Sundar Pichai als CEO auf Larry Page folgte, wechselte er zu einem eingleisigen, jährlichen Rahmen. Um den Prozess lebendig und zeitgebundene Ziele auf Kurs zu halten, berichtet jede Sparte ihren Fortschritt vierteljährlich oder manchmal sogar alle sechs Wochen – im Grunde also die Key Results. Als jetziger CEO von Alphabet garantiert Larry, dass OKRs in allen Tochtergesellschaften angewendet werden. Und auch er selbst schreibt nach wie vor jedes Quartal seine individuellen OKRs nieder.

Wie Sie auf den kommenden Seiten sehen werden, steuern OKRs Klarheit, Verantwortlichkeit und nicht zuletzt das hemmungslose Streben nach Größe. Eric Schmidt, heute Executive Chairman von Alphabet, meint, dass OKRs „den Kurs des Unternehmens für alle Zeiten ändern".

—

Jahrzehntelang war ich der Prediger der OKRs und gab mein Bestes, Andy Groves Genialität mit meinen 20 Folien und ernsthaften Absichten zu verbreiten. Aber ich hatte immer das Gefühl, lediglich an der Oberfläche zu kratzen und dieser Aufgabe nicht wirklich gerecht zu werden. Vor ein paar Jahren entschied ich dann, dass es ein nochmaliger Versuch wert war – diesmal in gedruckter Fassung und genügend Tiefe, um dem Thema gerecht zu werden. Dieses Buch mit der begleitenden Website WhatMatters.com ist meine Chance, Ihnen, meinen Leserinnen und Lesern, eine langgehegte Leidenschaft zu vermitteln. Ich hoffe, Sie finden es nützlich. Ich kann Ihnen sagen, dass es mein Leben verändert hat.

Ich habe das OKR-System dem weltweit ambitioniertesten Non-Profit-Unternehmen und einem irischen Rockstar vorgestellt (und Sie werden von diesen aus erster Hand erfahren). Ich bin der ernsthaften Überzeugung, dass es jeder Organisation helfen kann. Ich habe selbst oft genug erlebt, wie es Individuen dabei unterstützt, disziplinierter in ihrer Denkweise, klarer in ihrer Kommunikation und zielgerichteter in ihrem Handeln zu werden. Wenn dieses Buch ein OKR wäre, würden wir es „erstrebenswert" nennen. Dessen Ziel ist es, das Leben von Menschen – Ihr Leben – noch sinnstiftender zu machen.

Grove war seiner Zeit voraus. Intensiver Fokus, offener Austausch, exaktes Messen und die Lizenz, nach den Sternen zu greifen – dies sind die Kennzeichen der modernen Zielwissenschaft. Wo auch immer OKRs Fuß fassen ist der Beitrag zum Ganzen wichtiger als der hierarchische Rang. Manager werden zu Coaches, Mentoren und Architekten. Handlungen und Daten sagen mehr als tausend Worte.

Zusammengefasst sind OKRs eine starke Kraft für operationale Exzellenz. So auch für Google – und warum nicht auch für Sie?

—

Wie OKRs selbst ist auch dieses Buch in zwei sich ergänzenden Teilen aufgebaut. Der Erste betrachtet die essenziellen Bestandteile des Systems und wie es gute Ideen in eine noch bessere Ausführung, höhere Produktivität und Zufriedenheit am Arbeitsplatz verwandelt. Wir beginnen mit der Entstehungsgeschichte der OKRs bei Andy Groves Intel, wo ich ein begeisterter Anhänger wurde. Im

Anschluss definieren wir die vier OKR-Erfolgsfaktoren: fokussieren, ausrichten, verfolgen, erstreben.

- **Erfolgsfaktor 1: Fokussieren und sich zu Prioritäten verpflichten** (Kapitel 4, 5 und 6): Hochleistungsunternehmen richten sich an Tätigkeiten aus, die wichtig sind, und sind sich gleichzeitig darüber im Klaren, was *nicht* relevant ist. OKRs zwingen Führungskräfte zu harten Entscheidungen. Sie sind ein präzises Kommunikationswerkzeug für Abteilungen, Teams und Mitwirkende. Durch die Reduktion von Verwirrung machen OKRs Unternehmen „leichtfüßiger". Sie geben ihnen die für Erfolg notwendige Agilität.
- **Erfolgsfaktor 2: Ausrichten und verbinden für Teamarbeit** (Kapitel 7, 8 und 9): Dank der OKR-Transparenz werden die Ziele eines jeden, vom CEO abwärts, offen geteilt. Individuen verknüpfen ihre OKRs mit der Unternehmensstrategie, identifizieren übergreifende Abhängigkeiten und koordinieren sich mit anderen Teams und Abteilungen. Durch die Anknüpfung jedes Mitarbeiters an den Unternehmenserfolg macht eine Top-down-Ausrichtung die Arbeit sinnstiftender. Durch die Stärkung des Gefühls von Eigenverantwortung wiederum, unterstützen Bottom-up-OKRs Engagement und Innovation.
- **Erfolgsfaktor 3: Verfolgen der Verantwortlichkeit** (Kapitel 10 und 11): OKRs sind datengetrieben. Sie werden von regelmäßigen Kontrollen, objektiven Bewertungen und kontinuierlicher Neubewertung angetrieben – alles im Geiste einer vorurteilsfreien Rechenschaftspflicht. Ein gefährdetes Key Result löst einen Handlungsplan aus, um es zurück auf die Spur zu bringen oder um das KR zu überprüfen und gegebenenfalls zu ersetzen.
- **Erfolgsfaktor 4: Nach den Sternen greifen** (Kapitel 12, 13 und 14): OKRs motivieren dazu, uns selbst zu übertreffen, indem wir mehr tun, als wir für möglich gehalten hätten. Durch das Austesten unserer Grenzen und der Möglichkeit, auch scheitern zu können, setzen sie unser kreativstes und ambitioniertestes Selbst frei.

Teil 2 betrachtet OKR-Anwendungen und Implikationen auf die moderne Arbeitswelt:

- **CFRs:** Kapitel 15 und 16 gehen auf die Mängel von jährlichen Mitarbeitergesprächen ein und bieten eine starke Alternative: kontinuierliches Performance Management. Ich werde OKRs jüngeres Geschwister, CFRs (Conversation, Feedback, Recognition [dt. „Gespräche, Rückmeldung, Anerkennung"]), vorstellen, und zeigen, wie OKRs und CFRs gemeinsam Führungskräfte, Mitarbeiter und ganze Organisationen auf ein völlig neues Level heben können.
- **Kontinuierliche Verbesserung:** Kapitel 17 ist eine Fallstudie, wie strukturierte Zielsetzung und kontinuierliches Performance Management in der Realität funktionieren. Unser Beispiel ist ein durch Robotik getriebener Pizza-Produ-

zent, der OKRs in jedem Teilbereich seiner operativen Tätigkeiten, von der Küche bis zum Marketing und Vertrieb, einsetzt.
- **Die Bedeutung von Kultur:** Kapitel 18, 19 und 20 erforschen den Einfluss von OKRs auf den Arbeitsplatz und wie sie einen Kulturwandel begünstigen und fördern.

Entlang unserer Reise werden wir uns hinter die Kulissen begeben, um OKRs und CFRs in einem Dutzend völlig verschiedener Organisationen zu betrachten. Von Bonos ONE-Kampagne in Afrika bis zu YouTube und dem Streben nach zehnfachem Wachstum. Zusammen zeigen diese Geschichten die Bandbreite sowie das Potenzial der strukturierten Zielsetzung und des kontinuierlichen Performance Managements; und wie sie die Art unserer Arbeit transformieren können.

2

DER VATER DER OKRs

Es gibt so viele Menschen, die so hart arbeiten und doch so wenig erreichen.
Andy Grove

Es begann alles mit einer Ex-Freundin, die ich zurückzugewinnen versuchte. Ann hatte mich verlassen und arbeitete im Silicon Valley, leider wusste ich aber nicht genau wo. Es war der Sommer 1975 zwischen zwei Semestern an der Harvard Business School. Ich fuhr durch den Yosemite Nationalpark und kam im Valley an – ohne Arbeit und ohne Schlafplatz. Und obschon meine Zukunft unbestimmt war, konnte ich programmieren.[9] Während ich meinem Masterstudium in Elektrotechnik an der Rice University nachging, hatte ich ein Unternehmen, das eine Grafiksoftware für Burroughs – einer der „sieben Zwerge", die gegen IBM um Marktanteile kämpften – programmierte, mitgegründet. Ich liebte jede Minute davon.

Ich hatte gehofft, ein Praktikum bei einem der Venture Capital-Unternehmen im Valley zu bekommen, jedoch lehnten sie mich alle ab. Eines davon schlug mir vor, es bei einem Chip-Hersteller, den sie in Santa Clara gegründet hatten, zu versuchen. Ein Unternehmen namens Intel. Ich rief die in der Hierarchie höchste Person an, die ich ans Telefon bekommen konnte: Bill Davidow, Leiter der Microcomputer-Abteilung. Als Bill hörte, dass ich Benchmarks schreiben konnte, lud er mich ein, vorbeizukommen und ihn zu treffen.

9 Ich hatte es auf dem PDP-11 gelernt, dem Minicomputer erster Wahl von Enthusiasten.

Der Hauptsitz von Intel in Santa Clara war eine offene Fläche an Großraumbüro-Boxen mit niedrigen Trennwänden – weit von einem vorbildlichen Design entfernt. Nach einer kurzen Unterredung verwies mich Bill an seinen Marketingverantwortlichen, Jim Lally, der mich wiederum nach weiter unten verwies. Um 17 Uhr hatte ich ein Sommerpraktikum bei einem Paradebeispiel einer wachsenden Tech-Firma erbeutet. Wie der Zufall es wollte, fand ich dort auch meine Ex-Freundin wieder. Sie war wenig erfreut, als ich aufkreuzte (aber einige Wochen später waren wir wieder zusammen).

Während der Einführung nahm mich Bill beiseite und sagte: „John, sei dir über eines im Klaren. Es gibt hier einen, der den Laden schmeißt und das ist Andy Grove." Groves Titel war „Executive Vice President", und er würde noch weitere zwölf Jahre warten, bis er Gordon Moore als CEO beerben würde. Aber Andy war Intels Kommunikator, der Antreiber par excellence, der oberste Zuchtmeister. Jeder wusste, dass er das Sagen hatte. Aufgrund seiner Herkunft war Grove der unwahrscheinlichste Kandidat der Intel-Dreifaltigkeit, der das Unternehmen über drei Jahrzehnte leiten würde. Gordon Moore war der scheue und allseits verehrte Denker, Autor des gleichnamigen Gesetzes, das die Skalierung von Technologie untermauert: die Computerprozessoren-Geschwindigkeit verdoppelt sich alle zwei Jahre. Robert Noyce, Miterfinder der integrierten Schaltung (alias Mikrochip), war der charmante Außenstehende; der Botschafter der Industrie, sowohl bei einer Kongressanhörung als auch beim Ausgeben an der Bar (die Halbleiter-Leute waren eine feierwütige Bande).

Und dann gab es noch András István Gróf, ein ungarischer Flüchtling, der knapp den Nazis entkam und die USA im Alter von 20 Jahren, ohne Geld, mit nur geringen Englischkenntnissen und einem ernsthaften Gehörverlust, erreichte. Er war ein steifer und massiver Mann mit lockigem Haar und einer mechanischen Art. Dank purer Willenskraft und Intelligenz stieg er an die Spitze eines der am meisten bewunderten Unternehmen im Silicon Valley auf und brachte es zu phänomenalem Erfolg. Während Groves elfjähriger Amtszeit als CEO, würde Intel jährlich mehr als vierzig Prozent an seine Aktionäre zurückgeben – was wieder dem Moore-Gesetz entspricht.

Intel war Groves Labor für Innovationen in der Unternehmensführung. Er liebte es zu unterrichten, und das Unternehmen profitierte davon.[10] Ein paar Tage nach meiner Einstellung erhielt ich eine begehrte Einladung zu Intels Organisations-, Philosophie- und Volkswirtschaftskurs, bekannt als „iOPEC", ein Seminar zu Intels Strategie und Betrieb. Präsentiert von Dr. Andy Grove.

Innerhalb von einer Stunde ging Grove die gesamte Unternehmensgeschichte durch. Er fasste Intels Kernerfolge zusammen: eine doppelt so hohe Gewinnmarge wie branchenüblich, Marktführerschaft in jeder Produktlinie, in der sie

10 Genauso, wie es auch die Stanford University tat, wo er jedes Jahr 100 Stunden seiner Zeit 60 Master-Wirtschaftsstudenten widmete.

Andy Grove, 1983.

einstiegen, das Schaffen „herausfordernder Stellen“ und „Wachstumsmöglichkeiten“ für Mitarbeiter.[11] In Ordnung, dachte ich, obwohl ich schon ähnliche Dinge an der Universität gehört hatte.

Dann sagte er etwas, das einen bleibenden Eindruck bei mir hinterließ. Er verwies auf sein früheres Unternehmen, Fairchild, wo er Noyce und Moore zum ersten Mal getroffen und Pionierarbeit in der Erforschung von Siliziumwafern geleistet hatte. Fairchild war der Industriestandard, aber es hatte einen großen Makel: fehlende „Leistungsorientierung“.

„Expertise wurde dort sehr wertgeschätzt“, erklärte Andy. „Das war der Grund, weshalb Leute engagiert wurden und weshalb sie aufgestiegen sind. Ihre Effektivität bei der Übersetzung dieses Wissens in tatsächliche Ergebnisse wurde irgendwie mit einem Achselzucken abgetan.“ Bei Intel, so fuhr er fort, „neigen wir dazu, das genaue Gegenteil zu machen. Es spielt kaum eine Rolle, was man weiß. Es ist das, was man tut mit seinem Wissen, was man erreicht, was hier geschätzt wird.“ Daher der Unternehmensslogan: „Intel liefert“.

Es spielt kaum eine Rolle, was man weiß ... Zu behaupten, dass Wissen sekundär sei und Umsetzung am allerwichtigsten – naja, *das* würde ich nicht in Harvard lernen. Ich fand die Aussage spannend, ein Leistungsbekenntnis der echten Welt auch gegenüber Zeugnissen. Aber Grove war noch nicht fertig und bewahrte sich das Beste für den Schluss auf. Während ein paar abschließender

11 Ein Video von Andy Groves Seminar kann auf http://www.whatmatters.com/iopec angeschaut werden.

Minuten umriss er ein System, dass er 1971 einzuführen begonnen hatte, als Intel drei Jahre alt war. Es war meine erste Begegnung mit der Kunst der formalen Zielsetzung. Ich war fasziniert.

Ein paar unveränderte Auszüge, unmittelbar vom Vater der OKRs:[12]

> „Nun, die beiden Kernbegriffe … sind Objectives und Key Results. Und sie entsprechen den beiden Zwecken. Das Objective ist die Richtung: ‚Wir möchten das Mittelklasse-Kleinrechner-Komponenten-Geschäft dominieren.' Das ist ein Objective. Das ist, wo wir hinwollen. Key Results für das laufende Quartal: `Zehn neue Entwürfe für den 8085 erreichen`, ist ein Key Result. Es ist ein Meilenstein. Das ist nicht dasselbe …
>
> Das Key Result muss messbar sein. Am Ende kann man draufschauen und ohne Diskussion fragen: Habe ich das erreicht? Ja? Nein? Simpel und ohne Bewertungen.
>
> Haben wir nun das Mittelklasse-Kleinrechner-Komponenten-Geschäft dominiert? Darüber können wir in uns in den nächsten Jahren streiten, aber im nächsten Quartal werden wir wissen, ob wir zehn neue Entwürfe erreicht haben, oder nicht.

Es ist ein „wirklich, wirklich simples System", sagte er in dem Wissen, dass Einfachheit ein Leckerbissen für ein Publikum von Ingenieuren ist. Vordergründig schien die Vorstellung logisch, vernünftig und inspirierend. Grove hatte etwas Frisches und Originelles im Vergleich zu der tradierten Führungsorthodoxie der damaligen Zeit geschaffen. Streng genommen sind seine „Objectives and Key Results" jedoch nicht aus dem Nichts entstanden. Der Prozess hatte einen Vorläufer. Auf seinem Weg verfolgte Grove die Spur eines legendären, in Wien geborenen Störenfrieds, des ersten großen „modernen" Denkers in Unternehmensführung: Peter Drucker.

Unsere Management by Objectives-Vorfahren

Die Urväter der Führungstheorien im frühen 20. Jahrhundert, insbesondere Frederick Winslow Taylor und Henry Ford, waren die ersten, die Produktionsleistung systematisch gemessen haben und eingehend analysiert haben, wie sie mehr davon erreichen können. Ihrer Auffassung nach waren die effizientesten und profitabelsten Organisationen autoritär.[13] Wissenschaftliche Betriebsfüh-

12 Stellen Sie sich einen ungarischen Akzent vor, den Grove nie wirklich ablegte.

13 Ein fortschrittlicheres Modell, das zu jener Zeit weitestgehend ignoriert wurde, wurde von einer Sozialarbeiterin namens Mary Parker Follett in Massachusetts weiterentwickelt. In ihrem Aufsatz

rung, so schrieb Taylor, bestünde aus „dem exakten Wissen, was Mitarbeiter tun sollen, um dann zu sehen, dass sie es auf die beste und günstigste Art und Weise erledigen." Die Ergebnisse, wie Grove feststellte, waren „klar und hierarchisch: es gab diejenigen, die Aufträge erteilten und diejenigen, die sie annahmen und ohne weitere Fragen erledigten."

Ein halbes Jahrhundert später verwarf Peter Drucker – Professor, Journalist und Historiker – das Taylor-Ford-Modell. Er konzipierte ein neues Führungsideal, das zwar ergebnisgetrieben und dennoch humanistisch war. Ein Unternehmen, so schrieb er, sollte eine Gemeinschaft sein, die „auf Vertrauen und Respekt gegenüber den Mitarbeitern aufbaut und nicht nur eine Profitmaschine ist." Darüber hinaus forderte er, dass Mitarbeiter bei der Definition der Unternehmensziele herangezogen werden sollten. Anstelle von traditioneller Krisenbewältigung schlug er ein Gleichgewicht zwischen kurz- und langfristiger Planung vor, die von Daten geprägt und durch regelmäßige Gespräche unter Kollegen ergänzt wird.

Druckers Ziel war der Entwurf „eines Steuerungsmodells, das individueller Stärke und Verantwortlichkeit volle Entfaltungsmöglichkeit einräumt und gleichzeitig eine gemeinsame Richtung von Vision und Engagement vorgibt, Teamarbeit etabliert und die Einzelziele mit dem Allgemeinwohl in Einklang bringt." Damit berücksichtigt er ein wichtiges Merkmal der menschlichen Natur: Wenn Menschen dabei helfen, ein bestimmtes Vorgehen zu wählen, werden sie es selbst am ehesten durchziehen. In seinem wegweisenden Buch *The Practice of Management* (1954) schrieb er dieses Prinzip als „management by objectives and self-control" fest. Es wurde zu Andy Groves Grundlage und dem Ursprung dessen, was wir heute OKR nennen.

Bis 1960 wurde Management by Objectives – oder MBO, wie der Prozess genannt wurde – von einer Vielzahl zukunftsorientierter Unternehmen übernommen. Das Bekannteste war Hewlett-Packard, wo es Teil des gefeierten „HP Way" war. Und wenn Unternehmen ihren Fokus auf eine Handvoll zentraler Prioritäten legten, waren die Ergebnisse stets beeindruckend. In einer Metaanalyse von 70 Studien wurde festgestellt, dass eine intensive Bindung an MBOs zu einem Produktivitätszuwachs von 56 Prozent führt, während es nur sechs Prozent bei niedriger MBO-Bindung sind.

Schlussendlich holten die Einschränkungen der MBOs sie dennoch ein. Bei vielen Unternehmen wurden Ziele zentral gesteuert und sickerten träge durch die Hierarchieebenen nach unten. Bei anderen stagnierten sie aufgrund fehlender regelmäßiger Aktualisierung; oder waren im Silodenken gefangen und deshalb nicht zu erkennen; oder wurden auf Key Performance Indicators (KPIs), see-

„The Giving of Orders" [dt. „Die Befehlserteilung"] (1926), merkt Follett an, dass Machtaufteilung und gemeinsame Entscheidungsfindungen zwischen Vorgesetzten und Angestellten zu besseren Geschäftslösungen führen. Wo Taylor und Ford Hierarchien sahen, sah Follett Netzwerke.

len- und kontextlose Zahlen, reduziert. Am tödlichsten war, dass MBOs häufig an Gehälter und Boni gebunden wurden. Wenn so Risikobereitschaft bestraft wird, warum sollte man dann Risiken eingehen? Bis zu den 1990ern war das System schließlich aus der Mode gekommen. Sogar Drucker mochte es nicht mehr. MBOs, so sagte er, waren „einfach ein weiteres Werkzeug" und „nicht das großartige Heilmittel gegen Führungsineffizienz."

Messung des Outputs

Andy Groves Quantensprung bestand in der Anwendung der Produktionsprinzipien auf die „weichen Berufe", die verwaltenden, fachlichen und führungsorientierten Tätigkeiten. Er strebte danach, „ein Umfeld zu schaffen, dass Leistung [im Original „output"] wertschätzt und gewichtet" und wollte verhindern, was Drucker die „Aktivitätsfalle" nannte: 'Leistung hervorzuheben ist der Schlüssel zu steigender Produktivität; während der Versuch, Aktivität zu erhöhen, gerade zum Gegenteil führen kann."[14] In einer Fertigungsstraße ist es vergleichsweise einfach, Leistung von Aktivität zu unterscheiden. Es wird jedoch wesentlich schwieriger, wenn Mitarbeiter für das Denken bezahlt werden. Grove kämpfte mit zwei Herausforderungen: Wie können wir Leistung bei Wissensarbeitern definieren und messen? Und wie kann man sie steigern?

Grove war eine wissenschafts-affine Führungskraft. Er las alles in den aufkeimenden Gebieten der Verhaltensforschung und der kognitiven Psychologie. Die neuesten Theorien über Führung und Motivation boten fraglos „einen angenehmeren Weg, Leute zum Arbeiten zu bringen", als in Henry Fords Glanzzeit. Aber Andy wusste auch, dass kontrollierte Universitätsexperimente „schlicht nicht zeigen würden, dass eine Art der Führung besser sei als eine andere. Es war schwer, sich der Schlussfolgerung zu entziehen, dass kein optimaler Führungsstil existierte." Bei Intel hatte Andy nach seinem eigenen Bild „aggressiv Introvertierte" eingestellt, die Probleme schnell, objektiv, systematisch und dauerhaft lösten. Seiner Führung entsprechend waren sie talentiert darin, ein Problem anzugehen, ohne die Person anzugreifen. Sie schoben die taktische Spielchen beiseite, um schnellere, vernünftigere und gemeinsame Entscheidungen zu treffen.

Intel verließ sich bei seinem Geschäftsbetrieb in jeder Hinsicht auf Systeme. In Anlehnung an Drucker nannte Grove sein Zielsetzungssystem „iMBOs" (Intel Management by Objectives). In der Praxis war es jedoch stark abweichend vom

14 Hinter diesen Überlegungen steht das IPO- bzw. IPOOI-Modell, das Inputs (Ressourcen), Processes (Aktivitäten) und Outputs (Ergebnisse) unterscheidet. Dieses wurde später erweitert um die Dimensionen Outcome (finanziell bewertete Ergebnisse) und Impact (nicht-finanzielle Wirkungen, insbesondere auf das Umfeld) [Anmerkung des Übersetzer].

klassischen MBO. Grove erwähnte Objectives nur sehr selten, ohne sie an „Key Results“, ein Begriff, den er offenbar selbst geprägt hatte, zu knüpfen. Um Verwirrung zu vermeiden, werde ich bei seinem Ansatz von „OKRs“ sprechen, dessen Akronym ich selbst aus dem Lexikon des Meisters zusammengestellt habe. In nahezu jeder Hinsicht macht die neue Methode die alte zunichte:

MBOs versus OKRs

MBOs	OKRs von Intel
„was"	„was" und „wie"
jährlich	vierteljährlich oder monatlich
persönlich und isoliert	öffentlich und transparent
top-down	bottom-up oder horizontal (~50%)
an Entlohnung gekoppelt	meistens getrennt von Entlohnung
risikovermeidend	aggressiv und ambitioniert

Bis 1975, als ich zu Intel kam, war Groves OKR-System in vollem Gange. Jeder Wissensarbeiter im Unternehmen formulierte monatlich individuelle Objectives und Key Results. Innerhalb weniger Tage nach dem iOPEC-Seminar hatte mich mein Vorgesetzter angewiesen, dem Beispiel zu folgen. Ich wurde an die Arbeit geschickt, Benchmarks für den 8080, Intels neuestes und marktbeherrschendes Produkt im 8-Bit-Mikroprozessoren-Sektor, zu schreiben. Mein Ziel war es aufzuzeigen, dass unser Chip schneller war und überhaupt die Konkurrenz schlug.

Die meisten Intel-OKRs sind dem Zahn der Zeit zum Opfer gefallen. Ich werde aber nie die Kernaussage meines allerersten OKR vergessen:

OBJECTIVE

Aufzeigen der überlegenen Leistung des 8080ers gegenüber dem Motorola 6800.

KEY RESULTS

(gemessen als ...)

1. Fünf Benchmarks entwickeln.
2. Ein Demo entwickeln.
3. Schulungsunterlagen für die Verkäufer im Feld entwickeln.
4. Testen der Schulungsunterlagen durch Ansprache von drei Kunden.

Intels Lebenselixier

Ich erinnere mich daran, dass OKR für einen IBM Selectric zu gestalten. (Der erste kommerzielle Laser-Drucker war nur noch ein Jahr entfernt.) Dann hing ich eine Kopie davon außen an meine Bürowand, damit die Kollegen im Vorbeigehen einen Blick darauf werfen konnten. Ich hatte nie zuvor an einem Ort gearbeitet, wo man seine Ziele niederschreibt, geschweige denn veröffentlicht – bis zum CEO. Ich fand es aufschlussreich, ein Fokuspunkt der Konzentration. Außerdem war es befreiend: Wenn Leute inmitten des laufenden Quartals vorbeikamen und mich baten, ein neues Datenblatt zu entwerfen, hatte ich das Gefühl, nein sagen zu können, ohne Angst vor negativen Auswirkungen haben zu müssen. Meine OKRs stärkten mir den Rücken. Sie verdeutlichten meine Prioritäten, und jeder konnte sie sehen.

Während der Ära von Andy Grove waren OKRs Intels Lebenselixier. Sie standen bei jedem wöchentlichen Einzelgespräch, jeder zweiwöchentlichen Mitarbeiterbesprechung und jedem monatlichen sowie vierteljährlichen Abteilungsmeeting im Mittelpunkt. So gelang es Intel, Zehntausende von Mitarbeitern dabei zu führen, eine Million Silizium- oder Kupferlinien auf einen Millionstel Meter genau zu ätzen. Die Herstellung von Halbleitern ist ein hartes Geschäft. Ohne Genauigkeit funktioniert nichts: Erträge sinken, Chips versagen. OKRs erinnerten ständig daran, was unser Team zu tun hatte. Sie sagten uns genau, was wir erreichten oder nicht.

Neben der Entwicklung meiner Benchmarks bildete ich Intels nationales Verkaufsteam aus. Die Wochen vergingen und Grove bekam Wind davon, dass irgendein Praktikant die meiste Ahnung vom 8080 zu haben schien. Eines Tages packte er mich und sagte: „Doerr, komm mit mir nach Europa.“ Es war eine aufregende Einladung: der Sommerpraktikant gewissermaßen mit dem Mitgründer.[15] Ich begleitete Grove und seine Frau Eva auf eine Reise nach Paris, London und München. Wir bildeten die europäische Verkaufsmannschaft aus, besuchten drei große Interessenten und gewannen zwei Kunden. Ich trug bei, was ich konnte. Wir aßen zu Abend in Michelin-Sternerestaurants, wo Grove wusste, wie mit der Weinkarte umzugehen war. Er mochte mich, und ich war in seiner Gegenwart eingeschüchtert. Er war ein Mann, der sein Leben genoss.

Zurück in Kalifornien lies Andy Bill Davidow einen Brief schreiben, um zu bestätigen, dass eine Anstellung im darauffolgenden Jahr auf mich warten würde. Dieser Sommer war eine so augenöffnende, überwältigende Zeit, dass ich an einem Punkt Harvard beinahe verlassen hätte. Denn ich fand heraus, dass ich mehr über das Geschäftsleben lernen könnte, wenn ich bei Intel blieb. Ich ging

15 Nachdem Noyce und Moore Fairchild verlassen hatten, um Intel zu gründen, machten sie Grove zu ihrem ersten Mitarbeiter.

einen Kompromiss ein, indem ich nach Massachusetts zurückkehrte und dank Intel in Teilzeit bei Digital Equipment Corporation arbeiten konnte und dabei half, das Unternehmen unter großem Protest in die Mikroprozessoren-Ära zu schleifen. Ich beendete mein letztes Semester, raste zurück nach Santa Clara und blieb bei Intel für die nächsten vier Jahre.

Andy Grove, die OKR-Verkörperung

Die Mitte der 1970er-Jahre markierte die Geburtsstunde der PC-Industrie, eine turbulente Zeit für neue Ideen und aufsteigende Entrepreneure. Ich war weit unten in Intels Hierarchie als Produktverantwortlicher im ersten Jahr, aber Grove und ich hatten eine Verbindung. An einem Frühlingstag packte ich ihn und fuhr mit ihm hoch zur ersten West Coast Computer Faire im San Francisco Civic Auditorium. Wir sahen eine ehemalige Intel-Führungskraft bei der Präsentation des Apple II, die damalige Spitzentechnologie für grafische Darstellung. Ich sagte: „Andy, wir haben bereits das Betriebssystem, den Mikrochip und die Compiler. Und wir haben die Lizenz für BASIC. Intel sollte PCs herstellen." Aber als wir die Gänge entlanggingen, vorbei an Anbietern, die ganze Plastiktüten an Chips und Kleinteilen anboten, warf Grove einen langen Blick und sagte „Ach, das sind Bastler. Wir gehen nicht in dieses Geschäft rein." Mein großer Traum war zerstört. Intel trat nie in den PC-Markt ein.

Auch wenn er es selten zeigte, konnte Grove ein empathischer Chef sein. Wenn er eine Führungskraft scheitern sah, versuchte er, eine neue Rolle für sie zu finden. Vielleicht auf einem tieferen Level, wo die Person erfolgreich sein und Ansehen sowie Respekt zurückerlangen konnte. Grove war ein Problemlöser von ganzem Herzen, eine Art OKR-Verkörperung. Wie ein Intel-Veteran beobachtete, schien er „exakt zu wissen, *was* er wollte und *wie* er es erreichen würde."[16] Er war eine Art wandelndes OKR.

Intel wurde in der Ära der Meinungsfreiheit und der Blumenkinder geboren. Pünktlichkeit war aus der Mode zwischen jungen Leuten, selbst unter den jungen Ingenieuren, und das Unternehmen stand vor der Herausforderung, Neuangestellte pünktlich zur Arbeit zu bekommen. Groves Lösung war, eine Anmeldeliste am Empfang aufzuhängen, die jeder unterschreiben musste, der nach 8:05 Uhr eingetroffen war. Wir nannten sie „Andys Verspätungsliste". Grove sammelte diese Liste jeden Morgen exakt um 9:00 Uhr ein. (In den Fällen, in denen ich zu spät war, versuchte ich das System zu schlagen, indem ich auf dem Parkplatz saß und bis fünf Minuten nach 9 wartete.) Niemand kannte jemanden, der je

16 Hervorhebung hinzugefügt.

vorgeladen oder bestraft wurde. Dennoch bedeutete die Liste Selbstdisziplin in einem Unternehmen ohne Platz für Fehler. Grove war konsequent gegen alle, am meisten aber gegen sich selbst. Ein stolzer Selfmade-Mann, der durchaus hätte arrogant sein können. Dummköpfe, abschweifende Sitzungen oder schlecht vorbereitete Vorträge konnte er nicht ertragen. (Er hatte einen Satz Stempel auf seinem Schreibtisch stehen, darunter einen mit „Bullshit." Die beste Art, ein Führungsproblem zu lösen, so glaubte er, sei durch „kreative Konfrontation", durch einen „unverblümten, direkten und nicht Rechtfertigung erzeugenden" Dialog mit dem Betreffenden.[17]

Abgesehen von einem hitzigen Temperament war Andy bodenständig und nahbar, immer offen für jede gute Idee. Wie er einmal der *The New York Times* erzählte, würden Intel-Führungskräfte „jede Hierarchie draußen lassen, wenn sie in eine Sitzung gingen." Jede große Entscheidung sollte mit einer „freien Diskussion … ohne Rangordnungen" beginnen. Der Weg, um sich seinen Respekt zu verdienen, bestand darin, zu widersprechen, sich zu behaupten und, im Idealfall, am Ende recht zu haben.

Nachdem ich achtzehn Monate als Produktverantwortlicher hinter mir hatte, sagte Jim Lally, in der Zwischenzeit Leiter des Systemmarketings und mein großer Mentor und Held, zu mir: „Doerr, wenn du eines Tages ein richtig guter Generalmanager sein möchtest, dann musst du raus aufs Schlachtfeld, verkaufen, zurückgewiesen werden und lernen, deinen Soll zu erfüllen. Du kannst jede technische Expertise auf dieser Welt haben, aber du wirst in diesem Geschäft nur erfolgreich sein oder scheitern, wenn dein Team die Zahlen erreicht hat oder nicht."

Ich wählte Chicago. 1978, nachdem Ann und ich geheiratet hatten, wurde ich ein technischer Verkäufer in der Midwest-Region. Das war die beste Anstellung, die ich je hatte. Ich liebte es, unseren Kunden dabei zu helfen, eine bessere Dialyse-Maschine oder eine bessere Ampelsteuerung zu entwickeln. Ich liebte es, Intel-Mikroprozessoren, die Gehirne des Computers, zu verkaufen, und ich war ziemlich gut darin. (Ehrlicherweise wurde mir dieses Talent in die Wiege gelegt; mein Vater, Lou Doerr, war ein Maschinenbauingenieur, der Menschen liebte und es liebte, ihnen etwas zu verkaufen.) Und da ich all die Benchmarks geschrieben hatte, kannte ich die Programmierung blind. Meine Verkaufsvorgabe im ersten Jahr waren einschüchternde eine Million US-Dollar, aber ich übertraf sie.

Nach meinem Einsatz in Chicago kehrte ich als ein Marketingverantwortlicher nach Santa Clara zurück. Plötzlich musste ich ein kleines Team einstellen, die Arbeit meiner Leute führen und sie in Relation zu den Erwartungen messen. Meine Fähigkeiten waren am Anschlag und das war der Zeitpunkt, an dem ich Groves Zielsetzungssystem noch viel mehr zu schätzen lernte. Mit einer Intel-Führungskraft, die mich durch den Prozess begleitete, entwickelte ich mehr Disziplin und

17 Wir können Groves Einfluss auf Steve Jobs sehen, zu dem er eine sehr enge und gleichzeitig komplizierte Beziehung pflegte.

mehr Standhaftigkeit. Ich verließ mich auf OKRs, um klarer zu kommunizieren und meinem Team dabei zu helfen, unsere wichtigste Arbeit zu erledigen. Nichts davon fiel mir leicht. Es war eine zweite, tiefere Ebene der Aneignung von OKRs.

1980 tat sich bei Kleiner Perkins eine Möglichkeit auf, bei der ich mein technischen Know-how in die Zusammenarbeit mit neuen Unternehmen einbringen konnte. Andy konnte nicht begreifen, weshalb ich Intel verlassen wollte. (Er selbst stellte das Unternehmen allem voran, mit Ausnahme seiner Enkelkinder.) Er hatte die unglaubliche Fähigkeit, in deinen Brustkorb zu fassen, dein Herz rauszureißen und es vor dir in seinen Händen zu halten. In der Zwischenzeit war er der Präsident des Unternehmens und sagte: „Komm schon, Doerr, möchtest Du nicht mal Generalmanager werden und eine eigene Gewinn- und Verlustrechnung führen? Ich übergebe dir die Leitung von Intels Software-Abteilung." Sie existierte zwar noch nicht, könnte aber aufgebaut werden. Und dann brachte er noch einen Hammer: „John, Venture Capital ist keine richtige Arbeit. Das ist wie ein Immobilienmakler."

Andy Groves Vermächtnis

Als Grove im Alter von 79, nach Jahren des stoischen Leidens an der Parkinson-Krankheit, starb, nannte ihn die *New York Times* „eine der anerkanntesten und einflussreichsten Persönlichkeiten der Computer- und Internet-Ära." Er war kein unsterblicher Theoretiker wie Gordon Moore oder eine öffentliche Kultfigur wie Bob Noyce. Auch hatte er nicht genug publiziert, um neben Peter Drucker in der Ruhmeshalle der Führungsphilosophie zu ruhen. Und dennoch veränderte Grove unsere Lebensweise. 1997, drei Jahrzehnte nach seinen Experimenten bei Fairchild, wurde er vom *Time*-Magazin zum „Man of the Year" als „die Person, die am stärksten für das unglaubliche Wachstum des Leistungs- und Innovationspotenzials von Mikrochips verantwortlich war", gewählt. Andy war eine seltene Mischung aus Cheftechnologen und größtem Geschäftsführer seiner Zeit.

Dr. Groves OKR-Grundlagen

Der Kern einer gesunden OKR-Kultur – rücksichtslose intellektuelle Ehrlichkeit, das Zurückstellen von Eigeninteressen, Loyalität gegenüber dem Team – entsprang aus der Persönlichkeit von Andy Grove. Doch war es letztlich sein praxisbezogener, ingenieursgetriebener Ansatz, der das System zum Laufen brachte. Die OKRs sind sein Vermächtnis, seine wertvolle und nachhaltige Führungspraxis. Nachfolgend einige Lektionen, die ich bei Intel vom Meister selbst und von Jim Lally, Andys OKR-Schüler und meinem Mentor, gelernt habe.

Weniger ist mehr. Grove schrieb: „Ein paar sehr gut gewählte Objectives vermitteln eine klare Botschaft darüber, wozu wir Ja und Nein sagen." Ein Maximum von drei bis fünf OKRs pro Zyklus führt Unternehmen, Teams und Individuen zu der Entscheidung, was am wichtigsten ist. Im Allgemeinen sollte jedes Objective mit bis zu fünf Key Results versehen sein. (Siehe Kapitel 4 „Erfolgsfaktor 4: Nach den Sternen greifen")

Setze Ziele bottom-up. Um das Engagement zu fördern sollten Teams und Individuen dazu ermutigt werden, in Absprache mit ihren Vorgesetzten ungefähr die Hälfte ihrer OKRs selbst zu erstellen. Werden alle Ziele top-down bestimmt, schadet dies der Motivation. (Siehe Kapitel 7 „Erfolgsfaktor 2: Ausrichten und verbinden für Teamarbeit")

Kein Diktieren. Die OKRs sind ein kooperativer Gesellschaftsvertrag, um Prioritäten zu setzen und zu definieren, wie Fortschritt gemessen wird. Selbst nachdem die Unternehmens-Objectives nicht mehr zur Diskussion stehen, werden ihre Key Results weiterhin ausgehandelt. Das gemeinsame Einverständnis ist für eine maximale Zielerreichung unerlässlich. (Siehe Kapitel 7)

Flexibel bleiben. Wenn sich die Umstände verändert haben und ein definiertes Objective nicht mehr praktisch oder relevant erscheint, können die Key Results auch innerhalb eines Zyklus angepasst oder gar verworfen werden. (Siehe Kapitel 10 „Erfolgsfaktor 3: Verfolgen der Verantwortlichkeit")

Sich trauen zu scheitern. Grove schrieb: „Das Ergebnis wird tendenziell besser sein, wenn jeder nach einem Leistungsniveau jenseits der eigenen Möglichkeiten strebt. Eine solche Zielsetzung ist extrem wichtig, wenn man von sich selbst und den eigenen Mitarbeitern Spitzenleistung erwartet. Während bestimmte operationelle Ziele vollständig erreicht werden müssen, sollten ambitionierte OKRs unbequem und möglicherweise unerreichbar sein. „Herausfordernde Ziele," wie Grove sie nennt, verhelfen Organisationen zu ungeahnten Erfolgen. (Siehe Kapitel 4)

Ein Werkzeug, keine Waffe. Laut Grove ist das OKR-System „dazu da, einer Person das Tempo vorzugeben und ihr eine Stoppuhr in die Hand zu drücken, sodass sie ihre eigene Leistung messen kann. Es ist kein juristischer Vertrag, auf dessen Basis eine Leistung beurteilt werden soll." Zur Förderung von Risikobereitschaft und dem Verhindern von Tiefstapelei werden OKRs und Boni am besten getrennt voneinander behandelt. (Siehe Kapitel 15 „Kontinuierliches Performance Management: OKRs und CFRs")

Sei geduldig, sei entschlossen. Jeder Prozess erfordert Versuch und Irrtum. Wie Grove seinen Studenten erzählte, war Intel nach der Einführung der OKRs „oft gestolpert": „Wir hatten den Hauptzweck nicht vollständig verstanden, wurden im Laufe der Zeit aber immer besser darin." Eine Organisation kann bis zu vier oder fünf vierteljährliche Zyklen benötigen, um sich das System vollständig anzueignen und sogar noch etwas länger, um voll entwickelte „Zielmuskeln" aufzubauen.

3

„OPERATION CRUSH": EINE INTEL-GESCHICHTE

Bill Davidow
ehemaliger Vice President der Microcomputer Systems-Sparte

„Operation Crush",[18] der Kampf ums Überleben des jungen Unternehmens Intel, ist das Thema der ersten ausführlichen Geschichte über die Vorteile von OKRs. Crush zeigt alle vier OKR-Erfolgsfaktoren: fokussieren, ausrichten, verfolgen, sich strecken. Vor allem aber zeigt sie, wie Zielsetzungssysteme mehrere Abteilungen und Tausende von Personen auf ein gemeinsames Ziel hin ausrichten können.

Gegen Ende meiner Zeit bei Intel stand das Unternehmen vor einer existenziellen Bedrohung. Unter der Leitung von Andy Grove hatte die Geschäftsleitung innerhalb von vier Wochen die Prioritäten des Unternehmens neu gesetzt. OKRs erlaubten es Intel, seinen Schlachtplan mit Klarheit, Präzision und in Lichtgeschwindigkeit umzusetzen. Die gesamte Belegschaft schaltete einen Gang hoch, um sich gemeinsam auf ein gewaltiges Ziel zu fokussieren.

Im Jahr 1971 erfand der Intel-Ingenieur Ted Hoff den originalen Mikroprozessor; den universellen „Computer-on-a-chip". Vier Jahre später programmierten Bill Gates und Paul Allen die dritte Generation des Intel 8080 und begründeten damit die PC-Revolution. 1978 hatte Intel dann den ersten Hochleistungs-Chip entwickelt, einen 16-Bit-Mikroprozessor, den 8086, der auf dem Markt hervorragend ankam. Konkurrenz erhielt er sehr schnell durch zwei Chips, die schneller

18 Der Name wurde in Anlehnung an die überlegene „Orange Crush"-Verteidigung der Denver Broncos in den späten 1970er-Jahren gewählt.

und einfacher zu programmieren waren: Motorolas 68000 und Zilogs Z8000. Im späten November 1979 setzte ein Bezirksverkaufsleiter namens Don Buckout ein verzweifeltes achtseitiges Telex ab. Buckouts Vorgesetzter Casey Powell leitete es weiter an Andy Grove, Intels damaligen President und Chief Operating Officer. Der Text löste eine Art Feueralarm und einen Feldzug aus. Innerhalb von einer Woche hatte sich die Geschäftsleitung getroffen, um sich der schlechten Nachrichten anzunehmen. Eine Woche später wurde eine unabhängige Arbeitsgruppe einberufen, um Intels Gegenoffensive auszuarbeiten. Zilog, da waren sich alle einig, stellte keine ernsthafte Bedrohung dar. Anders verhielt es sich mit Motorola, einem Branchen-Goliath und eine internationale Marke. Jim Lally schlug den folgenden Ton für den kommenden Feldzug an:

> Es gibt nur ein Unternehmen, das mit uns konkurriert, und das ist Motorola. Der [Prozessor] 68000 ist die Konkurrenz. Wir müssen Motorola erledigen. Das ist der Name des Spiels. Wir müssen diese verdammten Bastarde zerschlagen. Wir werden Motorola überrollen und sicherstellen, dass sie sich nie wieder davon erholen.

Das war der Schlachtruf von Operation Crush, um Intel seinen rechtmäßigen Platz als Marktführer zurückzugeben. Im Januar 1980 wurden die Crush-Teams – ausgerüstet mit Videos von Andy Grove, um die Truppen zum Erfolg anzuhalten – in die Büros rund um den Globus entsandt. Bis zum zweiten Quartal hatten Intels Vertriebsmitarbeiter die neue Strategie vollständig verinnerlicht. Im dritten Quartal waren sie auf dem Weg, eines der kühnsten Ziele in der Geschichte der Technologie zu erreichen: zweitausend „Design Wins", die zentralen Vereinbarungen für Kunden, den 8086[-Prozessor] in ihren Geräten zu verbauen. Bis zum Ende jenes Kalenderjahres hatten sie den Feind geschlagen und einen überwältigen Sieg errungen.

Kein einziges Intel-Produkt wurde für Crush modifiziert. Aber Grove und sein Führungsteam passten die Bedingungen an. Sie polierten ihr Marketing auf, um die Stärken des Unternehmens auszuspielen, und machten dem Kunden den Wert von Langzeitsystemen und -dienstleistungen im Vergleich zu einer kurzfristigen Benutzerfreundlichkeit klar. Außerdem vertrieben sie nicht länger an Programmierer, sondern begannen, an CEOs zu verkaufen.

Bill Davidow, Intels Leiter der Sparte Microcomputer Systems, wurde von Grove gebeten, die Operation zu leiten. Im Laufe seiner langen Karriere als Programmierer, Industrie- und Marketingexperte, Investor, Denker und Autor hatte Bill viele wichtige Beiträge geleistet. Einer davon ist mir ganz besonders wichtig; er implementierte das zentrale Bindeglied – die Phrase „gemessen durch" – in Intels Unternehmens-OKRs: „Wir werden ein bestimmtes OBJECTIVE erreichen, *gemessen durch* die folgenden KEY RESULTS …" Er machte das Implizite für alle explizit.

Auf einer Paneldiskussion 2013 im Computer History Museum wiesen Crush-Veteranen nochmals auf die Wichtigkeit der strukturierten Zielsetzung bei Intel hin – und wie Objectives and Key Results „bis in die tiefsten Schützengräben" verwendet wurden. Die OKRs für die Operation Crush, die später exemplarisch aufgeführt werden, waren Klassiker auf ihrem Gebiet: zeitgebunden und eindeutig, mit jedem *Was* und *Wie* an seinem Platz. Und das Beste von allem: sie funktionierten.

Jim Lally erzählte mir: „Ich war skeptisch gegenüber Objectives and Key Results, bis Grove sich mit mir hinsetzte und erklärte, weshalb sie relevant waren. Wenn Sie jedem sagen, er solle ins Zentrum Europas reisen, und einige begeben sich in Richtung Frankreich, andere in Richtung Deutschland und wiederum andere nach Italien, ist das nicht gut. Zumindest nicht, wenn Sie möchten, dass alle in die Schweiz reisen. Wenn Vektoren in verschiedene Richtungen zeigen, addieren sie sich zu null. Aber wenn sie jeden in dieselbe Richtung ausrichten, maximieren sie das Ergebnis. Das war der Pitch, den mir Grove präsentierte. Daraufhin eröffnete er mir, dass ich das nun selbst unterrichten müsse."

Wie Bill Davidow gleich berichtet, waren Ziele Groves Geheimwaffe während der Operation Crush. Sie brachten eine große, vielschichtige Organisation auf Touren, die in der Folge mit überraschender Agilität voranmarschierte. Gegen OKRs und ein vereintes, zielorientiertes Intel hatte Motorola keine Chance.

—

Bill Davidow: Das Key Result-System war Andy Groves Werkzeug, Verhalten zu beeinflussen. Andy war zielstrebig in seiner Überzeugung, Intel wirklich groß zu machen. Er riet den Mitarbeitern davon ab, Gremien außerhalb des Unternehmens beizutreten; Intel sollte dein Leben sein, und die Objectives and Key Results sollten diese Verpflichtung verstärken.

Wenn man oben in der Hierarchie ist, lehrt man hauptsächlich und das ist genau das, was Andy tat. Objectives and Key Results waren im Führungssystem bei Intel eingebettet, aber gleichzeitig auch eine Philosophie und ein wegweisendes Lehrsystem. Uns allen wurde beigebracht, dass alles besser würde, wenn man es misst.

Wir definierten unsere übergeordneten Ziele zusammen mit Andy in unseren Geschäftsleitungssitzungen. Wir setzten uns an den Tisch und entschieden: „Das ist es." Als Spartenleiter übernahm ich alle relevanten Unternehmens-Key Results als meine Objectives. Ich brachte sie in mein Führungsteam ein, und wir verbrachten die darauffolgende Woche damit, darüber zu reden, was wir in diesem Quartal machen würden.

Was dieses System so stark machte, dazu meinte Andy: „Das ist das, was unser Unternehmen tun wird.", und jeder würde alles Erdenkliche unternehmen, um diese Ziele zu unterstützen. Wir waren Teil eines Siegerteams, und wir wollten auch weiterhin gewinnen.

Auf den unteren Ebenen können die Objectives and Key Results der Mitarbeiter nahezu 100 Prozent ihrer Arbeitsleistung erfassen. Die Vorgesetzten hatten jedoch zusätzliche tägliche Verantwortungen. Wenn mein Objective lautet, eine schöne Rose zu züchten, weiß ich ohne danach zu fragen auch, dass man von mir erwartet, obendrein den Rasen grün zu halten. Ich bezweifle, dass ich jemals ein Key Result hatte, das lautete „Lauf umher und verbreite ein gutes Betriebsklima." Wir schrieben nur diejenigen Dinge nieder, die besonders hervorgehoben werden mussten.

Andy Grove und Bill Davidow 1980 im Headquarter von Intel.

Intels Dringlichkeit

Im Dezember 1979 ging ich mit einem Haufen Beschwerden zur Geschäftsleitungssitzung. Ich war der Auffassung, dass das Mikroprozessor-Team eine bessere Arbeit bei der Akquisition von „Design Wins" für den 8086 leisten konnte. Doch dann wandte sich Andy an mich und gab mir vor, dass „Problem zu lösen". Operation Crush wurde also zu meiner Aufgabe.

Der 8086 brachte an und für sich nicht sonderlich viel Umsatz ein, hatte aber einen weitreichenden Multiplikatoreffekt. Meine Abteilung verkaufte Design-Hilfsmittel, genauer gesagt Softwareentwicklungssysteme für Systeme, die Intel-Mikroprozessoren verwendeten. Obwohl wir wie verrückt wuchsen, waren wir nach wie vor darauf angewiesen, dass sich unsere Kunden für Intels Mikrochips in ihren Produkten entschieden. Sobald Intel mit dem 8086 den Fuß in der

Tür hätte, würden wir auch EPROM-, Peripherie- und Controller-Chip-Verträge bekommen. Insgesamt würden sie das Zehnfache des ursprünglichen Absatzes umfassen. Sollte der 8086 aber scheitern, würde auch mein Systemgeschäft verschwinden.

Der Einsatz war also enorm hoch. Nachdem sich Intel einen Namen als Lieferant für Speicherchips gemacht hatte, stand das Unternehmen unter Beschuss. Erst kürzlich hatten wir die Führung bei DRAM [der am weitesten verbreitete und wirtschaftlichste Typ von Computerspeichern] an ein Start-up verloren und machten auch nicht den Anschein, wieder in Fahrt kommen zu können. Außerdem versuchten japanische Unternehmen, unsere vorteilhafte Stellung im lukrativen EPROM-Markt [der programmierbare, schreibgeschützte Speicherchip, der 1971 von Intel erfunden wurde] zu untergraben. Mikroprozessoren waren Intels größte Hoffnung für die Zukunft, und wir mussten wieder zurück an die Spitze gelangen. Ich kann mich noch an die erste Folie einer frühen Präsentation erinnern:

Der Zweck von Crush: das Gefühl der Dringlichkeit vermitteln und unternehmensweite Entscheidungen und Aktionspläne in Gang setzen, um einer existenzbedrohlichen Herausforderung durch die Konkurrenz entgegenzutreten.

Unsere Arbeitsgruppe kam am Dienstag, den 4. Dezember, zusammen. Wir trafen uns für drei Tage am Stück für mehrere Stunden täglich. Es war eine intellektuelle Herausforderung, als würde man ein enormes Puzzle zusammensetzen. Wir hatten keine Zeit, den 8086 wiederaufzubauen, weshalb wir die meiste Zeit damit verbrachten, herauszufinden, was wir verkaufen mussten und wie wir einen Wettbewerbsvorteil gegenüber Motorola zurückgewinnen konnten. Ich war der Auffassung, dass wir durch das Schaffen eines neuen Narrativs gewinnen konnten. Wir mussten unsere Kunden davon überzeugen, dass der Mikroprozessor, den sie heute auswählten, ihre wichtigste Entscheidung für die nächsten zehn Jahre sein würde. Natürlich könnte Motorola kommen und sagen: „Wir haben eine klarere Anleitung." Aber sie konnten nicht an unsere breitaufgestellte Produktfamilie oder Systemleistung herankommen. Sie konnte nicht mit unserer herausragenden technischen Unterstützung oder unseren niedrigen Betriebskosten mithalten. Mit Intels Peripheriegeräten erinnerten wir die Leute daran, dass ihre Produkte schneller und günstiger auf den Markt kommen würden und dass ihre Programmierer mit Intels Design-Hilfsmitteln noch effizienter arbeiteten.

Motorola war ein großes und vielseitiges Unternehmen, das von Funkgeräten bis hin zu Taschenfernsehern alles produzierte. Intel hingegen war ein Technologieführer, der sich auf Speicherchips, Mikroprozessoren und Systeme, die sie unterstützten, konzentrierte. Wen würden Sie persönlich eher anrufen, wenn etwas nicht funktioniert? Auf wen würden Sie sich eher verlassen, um Vorreiter zu bleiben?

Wir hatten viele gute Ideen, die miteinander verwoben werden mussten. Jim Lally schrieb sie auf ein Whiteboard: „Publikation eines Katalogs künftiger Produkte"; „Entwicklung einer Verkaufspräsentation für fünfzig Seminare – und die Teilnehmer erhalten einen Katalog". Bis zum Freitag hatten wir einen Plan, um das Unternehmen zu mobilisieren. Am darauffolgenden Dienstag hatten wir die Genehmigung für ein neunteiliges Programm, einschließlich Werbeausgaben in Höhe mehrerer Millionen Dollar – eine Dimension, die Intel bisher noch nicht kannte. Innerhalb von einer Woche ging unsere Strategie an die Vertriebsmitarbeiter, die sich hochmotiviert zeigten. Schließlich waren sie es, die uns in erster Linie auf die Krise aufmerksam gemacht hatten.

All das passierte vor Weihnachten.

Motorola war ein sehr gut geführtes Unternehmen, hatte aber ein anderes Gefühl für Dringlichkeit. Als uns Casey Powell [von Motorola] angriff, reagierten wir innerhalb von zwei Wochen. Als wir Motorola angriffen, konnten sie nicht ansatzweise so schnell reagieren. Eine Führungskraft erzählte mir: „Ich bekam nicht einmal ein Flugticket von Chicago nach Arizona bewilligt in der Zeit, in der ihr eine ganze Kampagne gemacht habt."

Intel zeichnete sich durch großartige Generalisierungen aus und war fähig, sie in umsetzbare, koordinierte Programme zu übersetzen. Jedes unserer neun Projekte wurde ein Unternehmens-Key Result. Nachfolgend finden Sie ein Unternehmens-OKR von Intel Crush und ein darauf bezogenes OKR eines Programmierers aus dem zweiten Quartal des Jahres 1980:

INTELS UNTERNEHMENS-OBJECTIVE

Etablierung des 8086 als leistungsstärkste 16-bit-Mikroprozessoren-Familie, gemessen durch:

KEY RESULTS (Q2 1980)

1. Entwicklung und Veröffentlichung von fünf Benchmarks, welche eine gesteigerte Leistung bei der 8086-Familie zeigen (Anwendungen).
2. Neugestaltung der gesamten 8086-Produktfamilie (Marketing).
3. Produktionsstart des 8MHz-Teils (Entwicklung, Produktion).
4. Prototyp für den arithmetischen Koprozessor bis spätestens zum 15. Juni (Entwicklung).

OBJECTIVE DER PROGRAMMIERABTEILUNG (Q2 1980)

Lieferung von 500 8MHz-8086-Teilen an CGW bis zum 30. Mai.

KEY RESULTS

1. Entwicklung des finalen Art-to-Photo-Plots bis zum 5. April.
2. Lieferung der Rev 2.3-Masken an die Produktion am 9. April.
3. Testbänder fertiggestellt bis zum 15. Mai.
4. Produktionsstart der roten Etiketten spätestens zum 1. Mai.

Auf der Stelle kehrtmachen

Kurz nach Jahresbeginn organisierten Bob Noyce und Andy Grove einen Crush-Auftakt im Hyatt in San Jose. Ihre Anweisung an Intels Führungskräfte war einfach und klar: „Wir werden bei den 16-bit-Mikroprozessoren gewinnen und wir verpflichten uns dazu." Andy sagte uns, was wir zu tun hatten, weshalb wir es zu tun hatten und dass wir es mit oberster Priorität behandeln sollten, bis es erledigt war.

Es waren knapp 100 Leute bei der Sitzung anwesend. Die Nachricht durchdrang auf Anhieb zwei Führungsebenen und die dritte innerhalb von 24 Stunden. Die Neuigkeiten verbreiteten sich unfassbar schnell. Intel war zu der Zeit schon fast ein Milliardenunternehmen, das plötzlich auf der Stelle kehrtmachte. Bis heute habe ich nichts Vergleichbares gesehen.

Und das alles wäre nicht ohne das Key Results-System möglich gewesen. Wenn Andy das Treffen in San Jose ohne sie geleitet hätte, wie hätte er dann gleichzeitig all die Crush-Aktivitäten starten können? Ich kann Ihnen nicht sagen, wie oft ich schon Leute habe aus einer Sitzung herauslaufen sehen und sagen hören: „Ich werde die Welt erobern" … und drei Monate später war immer noch nichts passiert. Man kann Leute mit Enthusiasmus aufpeitschen, doch wissen sie dann nicht, was sie damit anfangen sollen. In einer Krise braucht man ein System, das Transformation schnell vorantreiben kann. Das ist genau das, was das Key Result-System für Intel tat. Es gab der Geschäftsleitung ein Werkzeug für schnelle Implementierung an die Hand. Und wenn die Leute berichteten, was sie erreicht hatten, hatten wir klare Kriterien für die Beurteilung.

INTEL CORPORATION
3065 Bowers Avenue
Santa Clara, California 95051
(408) 987-8080

intel

TO: All Intel Field Sales Engineers

From: Andy Grove

Subject: OPERATION CRUSH

OPERATION CRUSH is the largest and most important marketing offensive we have ever undertaken. It is large in terms of our commitment--it is the corporation's number one key result; it is large in terms of the manpower we have devoted to it--more than 50 man-years of CRUSH effort in the next six months alone; and it is large in terms of its impact on Intel's revenue--over $100 million in revenue over the next three years.

The importance of OPERATION CRUSH does not come from its size and business impact alone though. Strategically the success of this campaign will highlight a significant evolution that has taken place--and will continue to take place--in our business. We intend to establish ourselves as offering complete computer system solutions--in VLSI form. The 4 CPU's, 15 peripheral devices, 25 software products, and 12 system level products we will be announcing over the next 18 months are the most tangible and meaningful testimonials to the reality of this strategy. OPERATION CRUSH represents the articulation of this strategy.

As an Intel Sales Engineer you will play a major role in making OPERATION CRUSH a success. We are counting on your efforts in two major areas:

- Sell our total microcomputer solution. Use the information in this notebook and follow on material to sell your customers on the need for a complete and integrated microcomputer solution including both hardware and software, rather than just a set of components.

- Exploit all of Intel's resources to win current designs. Take the lead in formulating action plans that take advantage of all the OPERATION CRUSH resources described in the accompanying material.

With your help, I know OPERATION CRUSH and the Intel of the 1980's will succeed!

Andy Grove lässt die Truppen für die Operation Crush antreten, Januar 1980.

Crush war ein konsequent heruntergebrochener Satz an OKRs, die stark von oben getrieben wurden, aber auch Impulse von unten beinhalteten. Auf Andy Groves oder auch auf meinem Level konnte man nicht alle Mechanismen kennen, *wie* der Kampf gewonnen werden konnte. Viele dieser Dinge mussten von unten kommen. Man kann den Leuten erklären, dass sie ein Chaos aufräumen sollen, aber sollte man ihnen wirklich sagen, welchen Besen sie dazu verwenden sollten? Wenn das Management formulierte, „Wir müssen Motorola zerschmettern!", würden unten an der Basis ein Programmierer dann nicht sagen: „Unsere Benchmarks sind lausig. Ich glaube, ich schreibe ein paar bessere Benchmarks." Und genauso arbeiteten wir.

Das übergeordnete Wohl

Intel blieb sechs Monate lang im Kriegszustand. Ich war zwar in einer Stabsstelle ohne Leitungsbefugnis, bekam aber dennoch alles, was ich brauchte, weil jeder im Unternehmen wusste, wie wichtig es Andy war. Als die Key Results aus Intels Sparten zurückkamen, gab es praktisch keinen Widerspruch und jeder war an Bord. Wir verteilten die Ressourcen kurzerhand um; ich glaube, ich hatte nicht mal ein bestimmtes Budget.

Operation Crush umfasste schließlich die Geschäftsleitung, die gesamte Vertriebsorganisation, vier verschiedene Marketingabteilungen und drei Standorte, die alle am selben Strang zogen.[19] Was Intel anders machte, war, dass es so unpolitisch war. Vorgesetzte opferten ihre Macht für das übergeordnete Wohl. Nehmen wir an, die Mikroprozessor-Sparte veröffentlichte den neuen Katalog. Jemand hätte garantiert bemerkt, dass ein Peripheriegerät fehlte, was sich auf die Abteilung für Peripheriegeräte und die Zuweisung technischer Ressourcen ausgewirkt hätte. Die Vertriebseinheit organisierte die Seminare, verließ sich aber auf die Anwendungsprogrammierer und das Marketing sowie auf meine Sparte. Die Unternehmenskommunikation erkämpfte sich über das gesamte Unternehmen hinweg Artikel für die Fachpresse. Es war ein vollkommenes Zusammenspiel der ganzen Organisation.

Wenn ich über Crush nachdenke, kann ich immer noch nicht glauben, dass wir das tatsächlich geschafft haben. Ich denke, die Lektion war, dass die Kultur zählt. Andy wollte immer, dass die Leute die Aufmerksamkeit der Führungsebene auf Probleme lenkten. Ein Außendiensttechniker sagt zu seinem Vorgesetzten: „Ihr da oben versteht nicht, was im Markt passiert.", und innerhalb von zwei Wochen ist das Unternehmen von Grund auf neu ausgerichtet. Jeder stimmte dem zu: „Der Hinweisgeber hat recht, und wir müssen anders handeln." Es war unglaublich wichtig, dass Don Buckout und Casey Powell das Gefühl hatten,

19 Von den damals 2000 Mitarbeitern waren mehr als die Hälfte Crush zugeteilt. Jeder war auf Abruf.

ihre Meinung ohne negative Konsequenzen kundtun zu können. Denn ohne das, hätte es keine Operation Crush gegeben.

—

Andy Grove war es gewohnt, das letzte Wort zu haben, also geben wir es ihm an dieser Stelle: „Schlechte Unternehmen", so schrieb er, „werden durch Krisen zerstört. Gute Unternehmen überleben sie. Großartige Unternehmen werden dadurch sogar noch besser." So war es bei der Operation Crush. Als Intel 1986 sein Geschäft mit Speicherchips aufgab, um sich voll auf Mikroprozessoren zu konzentrieren, hatte der 8086 85 Prozent des 16-bit-Marktes zurückerobert. Die preisgünstigere Variante, der 8088, erlangte Ruhm und Ehre durch den Einsatz im ersten IBM-PC, der in der Folge die Standardarchitektur für PCs bildete. Heute basieren Milliarden von Mikrocontrollern in Computern, Autos, intelligenten Thermostaten und Blutbankzentrifugen auf der Architektur von Intel.

Und wie wir sehen, wäre all das nicht ohne OKRs passiert.

4

ERFOLGSFAKTOR 1: FOKUSSIEREN UND SICH ZU PRIORITÄTEN VERPFLICHTEN

Es sind vielmehr unsere Entscheidungen als unsere Fähigkeiten … die zeigen, wer wir wirklich sind.
J.K. Rowling

Zu messen, was bewegt, beginnt mit einer Frage: *Was ist für die nächsten drei (oder sechs oder zwölf) Monate am wichtigsten?* Erfolgreiche Unternehmen *fokussieren* sich auf eine Handvoll Initiativen, die einen wirklichen Unterschied machen können und stellen diejenigen zurück, die weniger dringlich sind. Ihre Führungskräfte verpflichten sich zu dieser Wahl in Wort und Tat. Indem sie entschieden hinter ein paar wenigen OKRs auf oberster Eben stehen, geben sie ihrem Team einen Kompass und eine Basis für Beurteilungen. (Falsche Entscheidungen können korrigiert werden, sobald Resultate erzielt werden. Nicht getroffene Entscheidungen – oder voreilig verworfene – bringen uns nichts bei.) *Welches sind unsere obersten Prioritäten für die kommende Periode? Worauf sollten die Leute ihre Anstrengungen konzentrieren?* Ein effektives Zielsetzungssystem beginnt mit einer disziplinierten Denkweise auf oberster Ebene; mit Führungskräften, die Zeit und Energie darauf verwenden, zu entscheiden, was wirklich zählt.

Auch wenn es stets eine Herausforderung ist, Listen von Zielen zu kürzen, lohnt es sich dennoch. Wie Ihnen jede erfahrene Führungskraft sagen wird, kann keine Einzelperson und kein einzelnes Unternehmen – „alles“ machen. Mit einem ausgewählten Satz an OKRs können wir einige Dinge, vornehmlich die wichtigen, hervorheben, die plangemäß und pünktlich erledigt werden müssen.

Zu Beginn ...

Für OKRs auf Organisationsebene liegt die Verantwortung bei der Führungsspitze. Führungskräfte müssen sich persönlich diesem Prozess verpflichtet fühlen.

Wo sollen sie anfangen? Wie entscheiden sie, was wirklich am relevantesten ist? Google wandte sich an sein Leitbild: *die Informationen der Welt organisieren und universal zugänglich und verwendbar machen.* Android, Google Earth, Chrome und die neue und verbesserte YouTube-Suchmaschine – diese und viele weitere Produkte teilen eine gemeinsame Geschichte. Bei all diesen Beispielen kam der Impuls zur Entwicklung von den Gründern und dem Vorstand, die durch OKRs ihre Pläne sowie ihren Fokus klarstellten.

Gute Ideen sind jedoch keineswegs hierarchiegebunden. Die beeindruckendsten und anregendsten OKRs stammen oftmals von Mitarbeitern an der Front. Rick Klau war als YouTube-Produktverantwortlicher für die Homepage der Seite zuständig, die dritthäufigst besuchte Webseite der Welt. Der Haken: Nur ein geringer Anteil der Nutzer meldete sich auf der Webseite an. So entgingen ihnen wichtige Funktionen, von der Speicherung von Videos bis hin zum Abonnieren von Kanälen. Effektiv war also das meiste von YouTubes Wert vor Hunderten von Millionen Menschen rund um den Globus versteckt. In der Zwischenzeit entgingen dem Unternehmen unbezahlbare Daten. Um dieses Problem zu lösen, entwickelte Ricks Team ein sechsmonatiges OKR, um das Anmeldeerlebnis der Webseite zu verbessern. Sie trugen ihr Anliegen dem YouTube-CEO Salar Kamangar vor, der sich daraufhin mit dem Google-CEO Larry Page beriet. Larry entschied, das Anmeldeziel zu einem Google-Unternehmens-OKR zu machen, allerdings unter einem Vorbehalt: die Frist dafür seien drei Monate, nicht sechs.

Wenn ein OKR auf höchste Unternehmensebene gehoben wird, „sind alle Augen im Unternehmen auf dein Team gerichtet“, so Rick. „Das sind verdammt viele Augen! Wir hatten keine Ahnung, wie wir das in drei Monaten bewerkstelligen sollten, aber wir hatten auch verstanden, dass der Besitz eines OKRs auf Unternehmensebene zeigte, dass unsere Arbeit Vorrang hatte.“ Indem er dem Ziel eines Produktverantwortlichen so viel Nachdruck verlieh, stellte Larry auch einige Dinge für andere Teams klar. Wie bei „Operation Crush“ mussten alle dazu beitragen, um Ricks Team zum Erfolg zu verhelfen. Als Ergebnis dessen, gelang es dem YouTube-Team, pünktlich fertig zu werden, auch wenn sie es letztlich erst eine Woche später einführten.

Unabhängig davon, wie Führungskräfte die übergeordneten Ziele eines Unternehmens auswählen, brauchen sie selbst auch eigene Ziele. Genauso, wie Werte nicht über ein Memo[20] vermittelt werden können, kann sich strukturierte Zielsetzung nicht auf Befehl etablieren. Wie Sie in Kapitel 6 sehen werden, hat Jini Kim von Nuna am eigenen Leib erfahren müssen, dass OKRs eine öffentlichen Verpflichtung in Wort und Tat seitens der Geschäftsleitung bedürfen. Wenn wir einen CEO sagen hören: „All meine Ziele sind Teamziele", ist dies ein Warnsignal. Nur mit Worten über OKRs zu beeindrucken, ist nicht genug. Um den großartigen Bill Campbell, der Intuit-CEO und spätere Coach der Google-Geschäftsführung, zu zitieren: „Wenn Sie der CEO oder Gründer eines Unternehmens sind ... müssen Sie ‚Das machen wir' sagen und es dann vorleben. Wenn Sie es nämlich nicht vorleben, wird es auch kein anderer machen."

Mit Klarheit kommunizieren

Für fundierte Entscheidungen, Gemeinschaftsgeist und überdurchschnittliche Leistung müssen die obersten Ziele über das gesamte Unternehmen hinweg klar verstanden werden. Dennoch geben zwei von drei Unternehmen an, an der stimmigen Kommunikation der Ziele zu scheitern. In einer Umfrage unter 11.000 Führungskräften konnten die meisten von ihnen nicht einmal beim fünften Versuch die obersten Prioritäten ihres Unternehmens nennen. Nur die Hälfte von ihnen konnten lediglich eine nennen.

Führungskräfte müssen das *Warum* und *Was* verständlich machen. Man braucht mehr als nur Meilensteine zur Motivation – man muss darauf vertrauen können, dass die eigene Arbeit eine Bedeutung hat. Und der Prozess kann nicht mit der Präsentation von OKRs auf oberster Ebene bei den vierteljährlichen Sitzungen für alle Mitarbeiter enden. Wie Jeff Weiner, CEO von LinkedIn, zu sagen pflegt: „Wenn Sie es satthaben, es zu sagen, fangen die Leute endlich an, es zu hören."

Key Results hegen und pflegen

Objectives and Key Results sind das Yin und Yang der Zielsetzung, die Verbindung zwischen Regeln und Praxis, zwischen Vision und Umsetzung. Objectives speisen sich aus Inspiration und fernen Horizonten. Key Results sind etwas erd-

20 Wie Andy Grove in *High Output Management* beobachtet hat.

gebundener und messgrößengetrieben. Sie enthalten in der Regel reale Zahlen für eine oder mehrere Messgrößen: Umsatz, Wachstum, aktive Nutzer, Qualität, Sicherheit, Marktanteil, Engagement. Um verlässlich Fortschritt zu machen, so Peter Drucker, muss eine Führungskraft „in der Lage sein, Leistungen und Ergebnisse mit dem Ziel abgleichen zu können."

Mit anderen Worten: Key Results sind die Hebel, die man betätigt; die Noten, die man erhält, um das Ziel zu erreichen. Wenn ein Objective gut formuliert ist, sind drei bis fünf Key Results normalerweise ausreichend, um es zu erreichen. Zu viele können den Fokus schwächen und den Fortschritt verbergen. Darüber hinaus sollte jedes Key Result eine Herausforderung für sich darstellen. Wenn Sie sich sicher sind, dass Sie es schaffen werden, geben Sie sich vermutlich nicht genug Mühe.

Was, wie, wann

Da OKRs einen Schock für die etablierte Ordnung darstellen, kann es Sinn machen, sich ihrer langsam anzunähern. Manche Unternehmen beginnen damit auf jährlicher Basis, während sie von einer privaten zu einer öffentlichen Zielsetzung oder von einem Top-down-Prozess zu einem kollaborativeren Ansatz übergehen. Der beste Weg könnte ein paralleler, zweigleisiger Ansatz mit vierteljährlichen OKRs (für das Hier und Jetzt) sein, die jährliche OKRs und eine langfristigere Strategie unterstützen. Vergessen Sie jedoch nicht, dass die kurzfristigeren Ziele die eigentliche Arbeit bestimmen. Sie sorgen für die Aufrechterhaltung und Umsetzung der Jahrespläne.

Klare Zeitvorgaben verstärken unseren Fokus und unser Engagement: Nichts treibt uns so sehr an wie eine Frist. Meiner Erfahrung nach ist ein vierteljährlicher OKR-Takt am besten dazu geeignet, mit den sich permanent verändernden Märkten Schritt halten zu können. Es zügelt Prokrastination und führt zu wirklichen Leistungssteigerungen. In *High Output Management*, seiner Führungsbibel, bemerkt Andy Grove:

> Damit ein Feedback wirkungsvoll ist, muss es sehr bald nach der Aktivität erfolgen, die es betrifft. Dementsprechend sollte ein [OKR-]System Ziele für einen relativ kurzen Zeitraum festlegen. Wenn wir beispielsweise auf einer jährlichen Basis planen, sollte der entsprechende [OKR-]Takt mindestens vierteiljährlich, vielleicht sogar monatlich, sein.

Es gibt hier keine Zauberformel oder Patentlösung. Ein Team aus Ingenieuren mag sich für sechswöchige OKR-Zyklen entscheiden, um auf die Entwicklungsschritte abgestimmt zu bleiben. Ein monatlicher Zyklus könnte den Zweck für ein Unternehmen im Anfangsstadium erfüllen, das immer noch auf der Suche nach der passenden Marktpositionierung ist. Der beste OKR-Takt ist derjenige, der dem Kontext und der Kultur Ihres Unternehmens dient.

Key Results koppeln

Die Geschichte des berüchtigten Ford Pinto zeigt die Gefahren eindimensionaler OKRs. Als Ford 1971 immer mehr Marktanteil an verbrauchseffizientere Modelle aus Japan und Deutschland abgeben musste, konterte das Unternehmen mit dem Pinto, einem preisgünstigen Kleinwagen. Um die aggressiveren Anforderungen des CEOs, Lee Iacocca, zu erfüllen, übersprangen die Produktverantwortlichen einige Sicherheitskontrollen bei der Planung und Entwicklung. So wurde zum Beispiel der Benzintank des neuen Modells lediglich 15 Zentimeter von der leichten hinteren Stoßstange entfernt platziert.

Der Pinto war also eine Feuerfalle und die Ingenieure von Ford wussten es. Doch die intensiv vermarkteten, messgrößengetriebenen Ziele des Unternehmens, „unter 2000 Pfund und unter 2000 US-Dollar", wurden „mit eiserner Hand" von Iacocca durchgesetzt. „Selbst, wenn ein Crashtest offenbarte, dass ein Ein-Pfund-, beziehungsweise ein Ein-Dollar-Plastikstück einen Einstich im Benzintank verhindern könnte, wurde es wegen Zusatzkosten und -gewicht rausgeworfen." Das interne Grünbuch des Pintos beinhaltete drei Ziele: „Ein wahrer Kleinwagen" (Größe, Gewicht), „niedrige Unterhaltskosten" (Anschaffungspreis, Treibstoffverbrauch, Zuverlässigkeit, Servicefreundlichkeit) und „klare Produktüberlegenheit" (Aussehen, Komfort, Ausstattung, Fahrgefühl und Handhabung, Leistung). Sicherheit stand auf keiner der Listen.

Hunderte von Menschen starben, nachdem ihren Pintos hinten aufgefahren wurde, und viele tausend mehr wurden schwer verletzt. Im Jahr 1978 zahlte Ford den Preis dafür mit einem Rückruf von 1,5 Millionen Pintos und des Schwestermodells Mercury Bobcat, dem bisher größten in der Automobilindustrie. Die Bilanz und die Reputation des Unternehmens mussten berechtigterweise einen herben Rückschlag hinnehmen.

Rückblickend fehlte es Ford keineswegs an Objectives oder Key Results. Der Zielsetzungsprozess war jedoch verheerend fehlerhaft: „Die spezifischen, herausfordernden Ziele wurden erreicht (schnelle Markteinführung, Treibstoffeffizienz und Kosten) auf Kosten von anderen wichtigen Attributen, die nicht spezifiziert wurden (Sicherheit, ethisches Verhalten und Unternehmensreputation)."

Pinto ist nur eine von vielen lehrreichen Geschichten. Wells Fargo ist immer noch von einem Skandal im Privatkundengeschäft erschüttert, der auf rücksichtslose und eindimensionale Verkaufsziele zurückzuführen ist. Filialleiter fühlten sich unter Druck gesetzt, Millionen betrügerischer Konten zu eröffnen, die die Kunden weder wollten, noch brauchten. In einem Fall hatte die jugendliche Tochter einer Filialleiterin 24 Konten und ihr Ehemann 21. Als Konsequenz wurden mehr als 5000 Banker gefeuert, und die Marke Wells Fargo wurde womöglich irreparabel beschädigt. Im Frühjahr 2017 hatte sich die Anzahl neuer Girokontokunden und Kreditkartenbewerbungen im Vergleich zum Vorjahr halbiert.

Je ambitionierter das OKR ist, desto größer ist das Risiko, wesentliche Kriterien zu übersehen. Um die Qualität zu sichern und gleichzeitig die Erreichung quantitativer Ergebnisse zu fördern, ist eine Lösung das Koppeln von Key Results, um „Effekt und Gegeneffekt" zu messen, wie Grove in *High Output Management* festhielt. Wenn sich Key Results auf das Ergebnis konzentrieren, bemerkt Grove:

> ... sollten ihre gekoppelten Counterparts die Qualität der Arbeit betonen. Somit sollte bei der Kreditorenbuchhaltung die Anzahl verarbeiteter Buchungsbelege mit der Anzahl Fehler abgeglichen werden, die entweder von Wirtschaftsprüfern oder unseren Lieferanten festgestellt wurden. In einem anderen Beispiel sollte die vom Reinigungspersonal gereinigte Quadratmeterzahl mit einer ... Bewertung der Arbeitsqualität, die von einem leitenden Angestellten in diesem Gebäude vorgenommen wird, gekoppelt werden.

Quantitatives Ziel	Qualitatives Ziel	Ergebnis
Drei neue Attribute	Weniger als fünf Fehler pro Attribut im Qualitätssicherheitstest	Entwickler schreiben fehlerfreieren Code
50 Mio. USD im Q1-Vertrieb	$10 Mio. in Q1-Wartungsverträge	Nachhaltige Aufmerksamkeit bei Vertriebspersonal erhöht den Erfolg beim Kunden und die Zufriedenheitsrate
Zehn Verkaufsgespräche	Zwei neue Bestellungen	Auftragsqualität verbessert sich, um den neuen Mindestbestellanforderungen zu entsprechen

Tabelle 4.1: Key Results zur Quantität und Qualität gekoppelt

Das Perfekte und das Gute

Zeit, die in ein gut durchdachtes OKR investiert wird, zahlt sich um ein Vielfaches aus. Google-CEO Sundar Pichai hat mir erzählt, dass sich sein Team schon oft den Kopf über den Prozess zerbrochen hat: „Es gibt einzelne OKR-Linien, auf die du anderthalb Stunden verwenden kannst, um sicherzustellen, dass wir uns auf etwas konzentrieren, was schlussendlich für den Nutzer etwas verbessert." Das ist Teil des Spiels. Aber um Voltaire mit anderen Worten zu zitieren: Erlaube der Perfektion nicht, der Feind des Guten zu sein.[21] Denken Sie daran, dass ein OKR zu jedem Zeitpunkt in seinem Zyklus abgeändert oder sogar verworfen werden kann. Manchmal kommen die „richtigen" Key Results erst Wochen oder gar Monate, nachdem ein Ziel ins Spiel gebracht wurde, ans Licht. OKRs sind von Natur aus fortlaufende Arbeit und nicht in Stein gemeißelte Gebote.

Ein paar grundlegende Zielsetzungsregeln: OKRs sollten prägnant, spezifisch und messbar sein. Eine Mischung aus Einsatz und Ergebnis ist hilfreich. Schließlich *muss* die Erfüllung aller Key Results in der Erreichung des Objectives resultieren. Wenn dem nicht so sein sollte, ist es kein OKR.[22]

Schwach	Durchschnittlich	Stark
Objective: Indianapolis 500 gewinnen Key Result: Erhöhung der Rundengeschwindigkeit Key Result: Reduktion der Boxenstopp-Zeit	Objective: Indianapolis 500 gewinnen Key Result: Erhöhung der durchschnittlichen Rundengeschwindigkeit um 2 Prozent Key Result: Reduktion der Boxenstopp-Geschwindigkeit um eine Sekunde	Objective: Indianapolis 500 gewinnen Key Result: Erhöhung der durchschnittlichen Rundengeschwindigkeit um zwei Prozent Key Result: Zehn Mal im Windkanal testen Key Result: Reduktion der Boxenstopp-Geschwindigkeit um eine Sekunde Key Result: Reduktion der Boxenstopp-Fehler um 50 Prozent Key Result: Täglich eine Stunde Boxenstopps üben

Tabelle 4.2: Ein OKR-Qualitäts-Kontinuum

21 Sheryl Sandberg verleiht diesem Punkt noch eine moderne Note: „Erledigt ist besser als perfekt."
22 Lesen Sie „Googles OKR-Leitbild" bei den Hilfsmitteln im hinteren Teil des Buches für eine etwas verständlichere Anleitung.

Weniger ist mehr

Wie Steve Jobs schon verstand, bedeutet „Innovation, ‚nein' zu 1000 Dingen zu sagen". In den meisten Fällen wird sich die ideale Anzahl vierteljährlicher OKRs auf drei bis fünf belaufen. Es mag verlockend sein, noch viel mehr Objectives in Betracht zu ziehen, meistens ist es jedoch ein Fehler. Zu viele Objectives können unseren Fokus darauf, was wirklich relevant ist, verzerren oder uns dazu bringen, der nächsten vielversprechenden Sache hinterherzurennen. Bei MyFitnessPal, die Gesundheits- und Fitness-App, „haben wir uns zu viel vorgenommen", sagt CEO Mike Lee. „Es gab zu viele Dinge, die wir zu erledigen versuchten, und die Priorisierung war nicht klar genug. Deshalb entschieden wir uns dafür, auszuprobieren, weniger OKRs festzulegen und sicherzustellen, dass diese wirklich die einzigen sind, die relevant sind."

Wie ich bei Intel für mich selbst herausfand, sind selektive Zielsetzungen für Einzelpersonen die erste Verteidigungslinie vor Überforderung. Sobald sich Mitarbeiter mit ihren Vorgesetzten beraten und zu ihren OKRs für das Quartal verpflichtet haben, müssen alle zusätzlichen Objectives oder Key Results in die definierte Agenda hineinpassen. *Wie steht das neue Ziel gegenüber meinen bereits definierten da? Sollte etwas anderes verworfen werden, um Platz für die neue Verpflichtung zu schaffen?* In einem gut funktionierendem OKR-System sind Top-down-Aufträge, „einfach mehr zu tun", obsolet. Aufträge weichen Fragen, und insbesondere einer Frage: Was ist am relevantesten?

Bei der Zielsetzung war Grove der Überzeugung, dass weniger mehr sei:

> Die eine Sache, die ein [OKR-]System unbedingt sicherstellen muss, ist Fokus. Das kann jedoch nur geschehen, wenn wir die Anzahl der Objectives gering halten. ... Jedes Mal, wenn Sie eine Verpflichtung eingehen, geben Sie die Möglichkeit auf, sich zu etwas anderem zu verpflichten. Dies ist natürlich eine unvermeidbare, unausweichliche Konsequenz der Allokation endlicher Ressourcen. Menschen, die planen, müssen Mut, Ehrlichkeit und Disziplin haben, Projekte zu verwerfen und zu initiieren, nein, aber auch ja zu sagen. ... Wir müssen realisieren – und auf die Erkenntnis reagieren –, dass wir uns auf nichts konzentrieren, wenn wir versuchen, uns auf alles zu konzentrieren.

Vor allem müssen Objectives auf oberster Ebene *bedeutsam* sein. OKRs sind weder eine vage Wunschliste, noch die Summe einer Liste der täglichen Aufgaben des Teams. Sie sind ein Satz intensiv gepflegter Ziele, die eine besondere Aufmerksamkeit verdienen und die die Leute im Hier und Jetzt voranbringen. Sie sind eng mit dem größeren Vorhaben verknüpft, von dem man erwartet, dass wir es erreichen. „Die *Kunst* der Führung", so schrieb Grove, „liegt in der Fähigkeit, aus den vielen Aktivitäten von scheinbar gleicher Bedeutung die eine, zwei oder drei auszuwählen, die eine weit höhere Hebelwirkung aufweisen, als die anderen, und sich auf diese zu konzentrieren." Oder wie Larry Page sagen würde, müssen erfolgreiche Organisationen mehr Ressourcen auf weniger Ziele verwenden („put more wood behind fewer arrows"). Das ist eine treffende Zusammenfassung unseres ersten Erfolgsfaktors in wenigen und konzentrierten Worten.

5

FOKUSSIEREN: DIE GESCHICHTE VON REMIND

Brett Kopf
Mitgründer

Es ist nichts Neues, dass das US-amerikanische Bildungssystem Hilfe benötigt. Eine Studie der Brown University wies auf eine mögliche Lösung hin: bessere Kommunikation zwischen Lehrern und Familien. Als beispielsweise Sommerakademie-Lehrer täglich einmal anriefen oder Textnachrichten schickten, erledigten ihre Sechstklässler 42 Prozent mehr ihrer Hausaufgaben, und die Anwesenheit in den Kursen stieg um knapp die Hälfte.

Jahrzehntelang haben Unternehmen versucht, die Leistungen ihrer Schüler durch die Integration von Technologie in den Schulen zu steigern, ohne Erfolg. Aber plötzlich, ohne dass es jemand wahrnahm, gingen zig Millionen amerikanischer Kinder mit einem transformativen Stück Technologie in ihren Taschen zur Schule. Dank dem allgegenwärtigen Smartphone wurden Textnachrichten zur führenden Kommunikationsform unter Jugendlichen. Remind erkannte genau da eine Marktchance: Textnachrichten zu einem sicheren und praktischen Kommunikationssystem für Schulleiter, Lehrer, Schüler und Eltern zu machen.

Als Brett und ich uns zum ersten Mal trafen, war ich von seiner unverkennbaren Leidenschaft, seinen Kunden zu dienen, tief beeindruckt. Sein Start-up konzentrierte sich vornehmlich auf Lehrer. Ich werde nie vergessen, wie ich in das Badezimmer seines kleinen Loft-Büros ging und eine Liste von Unternehmenszielen am Spiegel direkt über dem Toilettenbecken geheftet sah. *Da* gab es ein erstes Anzeichen ernsthafter Zielorientierung.

Ich fand Brett äußerst begabt dafür, Prioritäten zu bestimmen und andere dazuzubringen, in diese Themen einzusteigen. Im Jahr 2012 wurden er und sein Bruder David in die Forbes-Ehrenliste „30 Under 30 Education“ aufgenommen. Doch mit zunehmender Größe brauchte ihr Unternehmen mehr Fokus. OKRs garantierten einen Prozess, den sie bereits in Gang gesetzt hatten.

—

Brett Kopf: Ich bin in Skokie, Illinois, aufgewachsen und hatte Schwierigkeiten, mich in der Schule zu konzentrieren. Mir ging es gut, wenn ich mich bewegen konnte, aber an einem Schreibtisch zu sitzen war für mich eine Tortur. Eine vierzigminütige Mathelektion fühlte sich wie eine Ewigkeit an. Ich war das Kind, das sich immer mit den Nachbarn anlegte oder Papierkügelchen warf. Ich war in der Schule einfach nicht engagiert genug.

In der fünften Klasse wurde ich getestet und erhielt die Diagnose: Aufmerksamkeitsdefizitsyndrom (ADS) und Legasthenie. Die Anordnung von Wörtern und Buchstaben war hart für mich, Zahlen waren jedoch noch härter.

Meine Eltern waren beide Unternehmer, und ich sah sie morgens um fünf aufstehen und zur Arbeit gehen. Ich selbst strengte mich auch an, doch meine Noten sanken immer weiter und mein Selbstvertrauen ebenso. An der Highschool im Norden Chicagos wurde es nur noch schlimmer. Wenn andere Kinder zu mir sagten, ich sei dumm, glaubte ich es ihnen.

Das Ganze ging bis zur elften Klasse, bis eine Lehrerin namens Denise Whitefield begann, individuell mit mir zu arbeiten, was mein Leben gänzlich veränderte. Jeden Tag begann sie mit der Frage: „Was hast du heute zu tun?“ Ich ging meine Liste durch: eine Geschichtsaufgabe, einen Englischaufsatz und eine anstehende Matheklausur. Dann sagte sie etwas sehr Kluges: „Okay, lass uns einfach eines davon auswählen und darüber reden.“ Wir konzentrierten uns immer nur auf eine Sache, und irgendwie würde ich es schaffen. „Versuch es einfach weiter“, ermutigte sie mich. „Du wirst es irgendwann verstehen. Ich habe den ganzen Tag Zeit.“ Und die panischen Schläge in meiner Brust ließen nach. Die Schule würde mir zwar niemals leichtfallen, aber ich begann zu glauben, dass ich zumindest mit ihr umgehen könnte.

Meine Mutter sprach jede Woche mit Mrs. Whitefield und kam mindestens einmal monatlich in die Schule. Sie waren einig und im Gleichschritt, und sie würden mich nicht im Stich lassen. Ich bin mir sicher, dass ich die Bedeutung ihrer Verbindung nie ganz verstanden habe, aber sie hatte einen Keim gepflanzt.

Selbst nachdem sich meine Noten verbessert hatten, war die universitäre Vorbereitungsklausur – beantworten Sie sechshundert Fragen und bleiben Sie vier Stunden still sitzen – ein Horrorszenario für eine Person mit ADS. Aber irgendwie schaffte ich es an die Michigan State University, was mein erster großer Erfolg war.

Wenn Menschen versuchen, die massiven Probleme des Landes in Sachen Bildung zu lösen, beginnen sie üblicherweise mit dem Lehrplan oder einer „Rechenschaftspflicht", was ein Codewort für Testergebnisse ist. Was dabei verloren geht, sind die menschlichen Verbindungen. Genau darum geht es bei Remind.

Twitter für die Bildung

Wie bei vielen Unternehmen begann auch Remind mit dem Problem einer einzigen Person. Als Neuling an der Universität war ich hoffnungslos überfordert mit den akademischen Abgabeterminen und Zeitplänen, die meine Professoren aus einer Laune heraus permanent zu ändern schienen. Abgeschnitten von meinem bisherigen Unterstützungssystem fiel ich in drei Hauptfächern durch, ehe ich mich für Agrarökonomie entschied, was der einfachste Studiengang war, den ich finden konnte. Dennoch hatte ich immer noch fünf Lehrpläne pro Semester und jeder einzelne Lehrplan konnte 35 Abgaben oder Tests beinhalten. Erfolg an der Universität ist eine Frage der Zeitplanung. Wann sollte man mit dem zehnseitigen politikwissenschaftlichen Aufsatz beginnen? Wie sollte man sich für die Chemie-Abschlussklausur vorbereiten? Es geht schlicht um dynamische Zielsetzung, und ich ließ den Ball immer wieder fallen.

Die Dinge spitzten sich in meinem Abschlussjahr zu, nachdem ich mich durch einen Aufsatz gequält hatte und eine mittelmäßige Note dafür erhielt. Damit nicht genug, musste ich auf meinem Laptop in einem schwerfälligen, webbasierten System auch noch nach dieser lausigen Note suchen. Meine Freunde und ich schrieben uns auf unseren Blackberrys in Echtzeit. Weshalb konnten nicht auch unsere Schulnoten so einfach zur Hand sein? Weshalb konnten die Dozenten nicht jederzeit und überall mit den Studenten über ihre Smartphones in Verbindung treten? Ich hatte das Gefühl, etwas entwickeln zu müssen, um Menschen wie mir zu helfen. Ich rief meinen älteren Bruder David an, der in der Web-Sicherheitsabteilung eines großen Versicherungsunternehmens in Chicago arbeitete. Ich sagte zu ihm: „Du hast 24 Stunden Zeit zu entscheiden, ob du ein Unternehmen mit mir gründen möchtest." Fünf Minuten später rief er mich zurück und meinte: „Okay, ich bin dabei."

Zwei Jahre lang stocherten David und ich im Dunkeln. Wir wussten nichts über Technologie und noch weniger über Produktentwicklung oder -betrieb. (Meine praktische Erfahrung in der echten Welt umfasste ein Praktikum bei Kraft Foods, wo ich hauptsächlich Kekse in Regalen aufgefüllt habe.) Irgendwelche Studenten teilten ihre Lehrpläne und ich steckte sie in Davids Excel-Makros, um ihnen Warnungen zu schicken: „Brett Kopf, du hast einen Test um 8 Uhr morgens in Geschichte 101. Vergiss nicht, dafür zu lernen." Das System war altertümlich und komplett unskalierbar. Aber für ein paar Hundert aktive Nutzer, einschließlich mir, funktionierte es. Schließlich graduierte ich an der Michigan State.

Anfang 2011 zog ich nach Chicago, um Vollzeit an unserer App zu arbeiten. Mit 30.000 US-Dollar von Freunden und Familie zogen David und ich das Entrepreneur-Ding mit täglichem Pasta-Abendessen voll durch. Und schließlich haben wir versagt, weil ich arrogant war. Wir verbrachten viel Zeit damit, potenzielle Investoren zu treffen und komplizierte Website-Schemata zu erstellen, statt uns mit den Problemen der Lehrer auseinanderzusetzen. Und wir konzentrierten uns noch nicht darauf, was wirklich relevant war.

Pleite bis auf ein paar wenige hundert Dollar konnte unser Unternehmen geradeso sein Ende abwenden, indem es im Imagine K12, dem Start-up-Accelerator im Bildungsbereich im Silicon Valley landete. Unser Leitbild lautete in etwa so: „Remind101: ein sicherer Weg für Lehrer, Schülern und Eltern, zu schreiben. Wir bauen die leistungsfähigste Kommunikationsplattform im Bildungsbereich und nutzen SMS als den ‚Aufhänger'. Denken Sie an ein pädagogisches Twitter." Es gab Millionen von Kindern mit Lernschwierigkeiten wie meinen und unzählige Lehrer, die darum kämpften, ihnen zu helfen. Ich war mutig oder naiv genug zu glauben, dass wir etwas dagegen tun könnten.

David gab seine Stelle auf, und wir zogen ins Valley. Dort lernten wir die drei Schlagwörter für Entrepreneure:

- Löse ein Problem.
- Baue ein einfaches Produkt.
- Rede mit deinen Nutzern.

Während sich David in einen Raum einschloss, um sich selbst programmieren beizubringen, konzentrierte ich mich auf ein einziges zehnwöchiges Ziel: 200 Lehrer in den Vereinigten Staaten und Kanada zu interviewen. (Ich denke, man könnte sagen, dass dies mein erstes OKR war.) Nachdem ich 500 Lehrer auf Twitter kontaktiert hatte, führte ich am Ende 250 Einzelgespräche und übertraf damit mein Ziel. Wenn man mit genügend Pädagogen an der Front spricht, hört man ziemlich schnell heraus, dass Kommunikation außerhalb der Schule zu den größten Problemen gehört. Am Ende des Unterrichts klebten Lehrer quasi im Vorbeigehen Haftnotizen mit „die Hausaufgaben sind morgen fällig" auf die Schultern der Schüler. Konnten wir das nicht irgendwie verbessern?

Traditionelle Telefonketten und Elternbenachrichtigungen waren arbeitsintensiv und unzuverlässig. Auf der anderen Seite war das Schreiben zwischen einem 30-jährigen Lehrer und einem 12 Jahre alten Kind mit Vorurteilen behaftet. Lehrer brauchten eine sichere Plattform ohne persönliche Daten. Etwas, das einfach zugänglich und dennoch privat war. Und sie brauchten *weniger* Arbeit, nicht mehr.

Am Tag 15 hatten wir eine primitive Beta-Version von Remind. Auf einem Blatt Papier, über handgemalte Symbole für Mobiltelefone und E-Mails, kritzelte ich: „Ihre Schüler können Ihre Nachrichten empfangen …“ Darunter standen drei Optionen: „Einladen“, „Drucken“, „Teilen“. Nachdem ich einen Lehrer über Skype erreicht hatte, hielt ich das Blatt vor die Kamera und sagte: „Sie können Ihren Schülern jede mögliche Nachricht schreiben, drücken die Taste, und Sie werden nie Ihre Telefonnummer oder ihr Profil in sozialen Netzwerken sehen.“ Ich habe das unzählige Male gemacht und die Lehrer sind jedes Mal beinahe von ihren Stühlen gefallen. „Mein Gott, das würde so ein großes Problem für mich lösen!“, meinten sie.

Da wussten David und ich, dass wir auf dem richtigen Weg waren.

Wachstum mit knappen Mitteln

Am 70. Tag stand unsere Software. Lehrer konnten sich im Internet anmelden, eine virtuelle „Klasse“ erstellen und Schülern und Lehrern eine bestimmte eigene Nummer für Textnachrichten zur Verfügung stellen. Wir hatten das, was sich jedes Unternehmen wünscht: einen Hockey-Stick-Effekt. Am Tag der Vorführung betrat ich einen großen, geschäftigen Raum mit elf anderen Start-ups und Hunderten von Investoren. Ich hatte zwei Minuten Zeit für meinen Pitch, gefolgt von zwei hektischen Stunden des Austausches. Ich überreichte meine Visitenkarte an mindestens 40 Personen.

Wachstum kostet Geld. Anfang 2012 hatten mein Bruder und ich Schulden über 10.000 US-Dollar. Doch dann retteten uns Miriam Riveras und Clint Korvers Ulu Ventures mit einer Anschubfinanzierung in Höhe von 30.000 US-Dollar. Eine weitere Finanzspritze folgte von Jesse und Maneesh Arora, zwei Google-Produktverantwortlichen, die später MightyText gründeten und meine Mentoren wurden. Remind wuchs wie verrückt mit den knappen Mitteln der Anschubfinanzierung. Manchmal, beziehungsweise meistens fühlte es sich an wie ein Zauberlehrling, der sich viel zu schnell bewegte und außer Kontrolle geriet. Irgendwann fügten wir 80.000 Nutzer pro Tag mit unseren fünf Angestellten hinzu, wobei nur zwei von uns Programmierer waren. Wir würden dennoch in Marketing investieren müssen. Ich bat Lehrer um Feedback, und sie würden wiederum 50 Kollegen von uns erzählen. Da unsere Dienstleistung kostenlos war, brauchten wir keine Genehmigung des Schulbezirks.

Unsere Ziele blieben strikt qualitativ bis zum Herbst 2013, als wir die 6-Millionen-Nutzer-Marke geknackt hatten und eine Serie-A-Finanzierung von Chamath

Palihapitiya und dem Social+Capital Partnership erhalten hatten. Maneesh hatte uns bereits dazu aufgefordert, unsere Entscheidungen mit mehr Datenmaterial zu untermauern und Chamath zeigte uns, wie man aus nur einer Seite Daten ein Bild zeichnen konnte. Außerdem hat er uns klargemacht, was *unwichtig* für uns ist, wie zum Beispiel die Anzahl registrierter Nutzer. Niemand kümmerte es, wie viele Lehrer sich bei Remind angemeldet haben, wenn sie nie zurückkamen, um es auch zu nutzen.

Zu dem Zeitpunkt, als John Doerr unsere Ziele über unserer Bürotoilette hingen sah, waren sie bereits viel konkreter. Wir hatten drei Messgrößen aufgelistet: wöchentlich aktive Lehrer (WAL), monatlich aktive Lehrer (MAL) und die Kundenbindungsrate.

Remind-Mitgründer Brett Kopf, Clintondale Community School-Konrektoren Meloney Cargill und Dawn Sanchez, Remind-Mitgründer David Kopf, 2012.

Dann brachte ich ein paar vierteljährliche Projekte ein: Datenbanken migrieren, eine App bauen und vier Leute einstellen. Ich wollte, dass jeder im Unternehmen sah, was wir gerade taten.

Von einer Ein-Zimmer-Loftwohnung aus arbeitend und mit chronischem Mangel an Programmierern bekamen wir unsere mobile App kaum zum Laufen. Dennoch konnte John bereits sagen, dass wir an den wirklich relevanten Dingen arbeiteten. Unsere Ziele waren klar und quantifiziert, und wir waren von Anfang an auf das Feedback der Lehrer erpicht.

Im Februar 2014, kurz bevor wir die Serie-B-Finanzierung (unter der Leitung von Kleiner Perkins) abschlossen, präsentierte uns John die OKR-Methodik. Er erzählte uns von einigen Unternehmen, die sie verwendeten: Intel, Google, LinkedIn, Twitter. Hier gab es also eine Methode, um uns auf das Relevante zu fokussieren und um uns bei jedem Schritt zu führen, zu verfolgen und zu unterstützen. Und ich dachte nur: Warum versuchen wir das nicht?

Ziele für das Wachstum

In jenem August, mitten in der geschäftigen Zeit des Schulbeginns, explodierte unsere Remind-App regelrecht: mehr als 300.000 Schüler und Eltern luden die App täglich herunter. Wir waren auf Platz drei im Apple App Store! Bis zum Ende des Herbstsemesters hatten wir die Eine-Milliarde-Nachrichten-Marke geknackt. Unser Betrieb musste in jeder einzelnen Abteilung aufgestockt werden. Keine unserer Zielsetzungen war glamourös, aber alle durchaus notwendig.

Wir begannen mit den OKRs, als unser Unternehmen 14 Mitarbeiter hatte. Innerhalb von zwei Jahren waren wir auf 60 Mitarbeiter gewachsen. Wir konnten uns nicht mehr alle zusammen an einen Tisch setzen, um die Prioritäten für das nächste Quartal gemeinsam zu definieren. Die OKRs haben uns enorm geholfen, unsere Leute dabei zu unterstützen, sich darauf zu konzentrieren, was das Unternehmen auf eine nächste Ebene heben könnte. Um unser Ziel des Lehrer-Engagements mit seinen zeitgebundenen Key Results zu erreichen, mussten wir einige andere Dinge vorerst aufschieben. Meines Erachtens kann man nur eine große Sache auf einmal wirklich gut machen, weshalb es besser ist zu wissen, was diese eine Sache ist.

OBJECTIVE
Unterstützung der Personaleinstellungen im Unternehmen.
KEY RESULTS
1. Einstellung eines Director of Finance and Operations (Gespräche mit mindestens drei Kandidaten). 2. Einstellung eines Product Marketing Manager (persönliche Treffen mit fünf Kandidaten in diesem Quartal). 3. Einstellung eines Product Managers (persönliche Treffen mit fünf Kandidaten in diesem Quartal).

Ein Beispiel: Bis heute ist eine unserer gefragtesten Funktionen der wiederholte Versand einer Nachricht. Nehmen wir einmal an, ein Lehrer möchte seine fünfte Klasse daran erinnern, den Roman, den sie gerade lesen, in die Schule mitzubringen – und das jeden Montagmorgen, ohne die Nachricht immer wieder schicken zu müssen. Das ist eine klassische „Begeisterungsfunktion“. Aber ist sie wirklich die Programmierkapazität wert, daraus eine oberste Priorität zu machen? Würde es wirklich unser Nutzerengagement verändern? Wenn unsere Antwort *nein* war, beschlossen wir, solche Dinge zu vertagen, was keine einfache Aufgabe für eine lehrerzentrierte Organisation war. Ohne die Disziplin und den Fokus unserer neuen Zielsetzungsmethodik, hätten wir uns vielleicht nie behaupten können.

Die OKRs waren ein Mittel, um Dinge voranzutreiben, die nicht ausschließlich top-down definiert wurden. Nach der Bestimmung der Top-Objectives für das Quartal, gingen die Führungskräfte zu den Mitarbeitern und sagten: „Hier seht ihr, was wir für wichtig erachten und weshalb." Daraufhin sagten die Mitarbeiter dann: „Okay, und wie erreichen wir das?" Da alles niedergeschrieben war, wusste jeder, was der andere tat. Es gab keinerlei Verwirrung oder irgendwelche Besserwisser. Die OKRs nahmen die Politik aus dem Spiel.

Das System hat mir auch bei meinem persönlichen Fokus geholfen, denn ich versuchte, mich auf drei bis vier individuelle Objectives zu beschränken. Ich druckte sie aus und hatte sie immer in der Nähe meines Notizbuches und neben meinem Computer, wo auch immer ich hinging. Jeden Morgen sagte ich zu mir: „Das sind meine drei Ziele. Und was werde ich heute tun, um das Unternehmen weiterzubringen?" Das ist eine großartige Frage für jede Führungskraft, ob mit oder ohne Lernprobleme.

Ich war sehr offen mit meinen Fortschritten und Fehlschlägen. Ich sagte zu meinen Leuten: „Das sind die drei Dinge, an denen ich arbeite, und an diesem einen scheitere ich kläglich." Wenn ein Unternehmen wächst, müssen die Mitarbeiter sehen, was für den CEO relevant ist und wie sie sich daran ausrichten können, um maximale Wirkung haben zu können. Und sie müssen verstehen, dass es in Ordnung ist, einen Fehler zu begehen, ihn zu korrigieren und weiterzumachen. Man darf keine Angst davor haben, etwas in den Sand zu setzen, da genau das Innovation letztendlich unterdrückt.

In einem schnell wachsenden Start-up entledigen sich effektive Führungspersönlichkeiten selbst von Aufgaben, denen sie zu Beginn noch nachgegangen sind. Wie viele Gründer kümmerte ich mich um die Buchhaltung und die Gehaltsabrechnungen, was viel Zeit in Anspruch nahm. Eines meiner ersten OKRs bestand darin, die finanzbezogenen Aufgaben abzugeben und mich auf das Produkt und die Strategie – unsere übergeordneten Objectives – zu konzentrieren. Zeitgleich musste ich mich daran gewöhnen, mit Führungskräften in einer Hierarchie zu arbeiten. Meine OKRs erleichterten den Übergang und klebten alles zusammen. Außerdem hielten Sie mich davon ab, mich zurückzulehnen oder Mikromanagement zu betreiben.

Ein OKR-Vermächtnis

OKRs sind grundsätzlich relativ einfach, aber Sie werden den Prozess dennoch nicht auf Anhieb beherrschen. Anfänglich gingen wir bei unseren Unternehmens-Objectives meistens ziemlich weit und waren viel zu ambitioniert. Wir bestimmten sieben oder acht, obwohl wir bestenfalls die Kapazität für zwei hatten.

Als John in unser Leben trat, war mir strategische Planung neu. Wahrscheinlich hätten wir uns etwas langsamer in OKRs einarbeiten und nicht gleich ein ganzes System auf einmal implementieren sollen. Aber auch wenn das ein Fehler gewesen sein sollte, ich würde es sofort wieder tun. OKRs haben Remind dabei geholfen, ein besser geführtes Unternehmen zu werden, das auch imstande war, etwas *umzusetzen*. Ein Dreivierteljahr nach unserer ersten Implementierung erhielten wir 40 Millionen US-Dollar in einer Serie-C-Finanzierung; unsere Zukunft war gesichert.

—

Nur der Himmel ist die Grenze für Remind. Bei all dem Wachstum und den Veränderungen hat das Unternehmen nie seine wichtigste Anhängerschaft, die hart arbeitenden Lehrer, aus den Augen verloren. Brett und David Kopf sind unerschütterlich in ihrer Vision „jedem Schüler und Studenten die Möglichkeit zu geben, Erfolg zu haben." Wie Brett sagt: Wir leben in einer Zeit, in der wir einen Knopf drücken und innerhalb von fünf Minuten ein Taxi haben. Aber wenn ein Kind in der Schule hinterherhinkt, kann es Wochen oder sogar Monate dauern, bis die Eltern es bemerken. Remind ist auf dem besten Weg, dieses Problem zu lösen, in dem es sich darauf konzentriert, was wirklich zählt.

6

SELBSTVERPFLICHTUNG: DIE NUNA-GESCHICHTE

Jini Kim
CEO und Mitgründerin

Nuna ist die Geschichte der leidenschaftlichen Jini Kim, die – angetrieben durch eine Familientragödie – einer Vielzahl von Amerikanern eine bessere Gesundheitsversorgung zugänglich macht. Es ist eine Geschichte jahrelanger Absagen und eine über die Einstellung von Programmierern und Datenwissenschaftlern, um sie zu einem waghalsigen Ziel zu verpflichten: eine neue Medicaid[23]-Datenplattform aus dem Nichts zu bauen.

Neben Fokus ist die Selbstverpflichtung zu Prioritäten ein Kernelement unseres ersten Erfolgsfaktors. Durch die Implementierung von OKRs müssen sich Führungskräfte öffentlich zu ihren Objectives verpflichten und bei ihnen bleiben. Bei Nuna, einem Datenbanken- und Analyseunternehmen im Gesundheitswesen, überwanden die Gründer einen Fehlstart und klärten mithilfe von OKRs die Prioritäten der gesamten Organisation. Sie erkannten, dass sie eine feste Selbstverpflichtung zu ihren individuellen OKRs brauchten und den Mitarbeitern dabei helfen müssen, dasselbe zu tun.

Nuna startet 2014. Vier Jahre und einen riesigen Medicaid-Vertrag später nutzt Nuna Daten, um das Gesundheitssystem für Millionen von benachteiligten Menschen zu verbessern. Mithilfe der Technologie und der Lehren aus der Medicaid-Arbeit unterstützt Nuna heute Großunternehmen dabei, die Effizienz

23 Ein Gesundheitsfürsorge-Programm für Bedürftige in den USA.

und Qualität ihrer eigenen Vorsorgepläne zu verbessern. Diese ganze Arbeit wird durch den Zielsetzungsprozess der OKRs unterstützt, den Jini zum ersten Mal als Google-Produktverantwortliche kennenlernte.

Diese Geschichte spiegelt zwei Aspekte unseres Erfolgsfaktors *Selbstverpflichtung* wider. Nunas Team hatte den Dreh raus, als durch die OKRs die Selbstverpflichtung der Führungskräfte zu den wichtigsten Zielen tief verankert war. Gleichzeitig lernten sowohl die Führungskräfte als auch die Mitarbeiter, sich dem OKR-Prozess selbst gegenüber zu verpflichten.

—

Jini Kim: Die Geschichte von Nuna ist eine sehr persönliche. Als mein Bruder Kimong zwei Jahre alt war, wurde bei ihm schwerer Autismus diagnostiziert. Ein paar Jahre später hatte er in Disneyland seinen ersten schweren epileptischen Anfall. In der einen Sekunde ging es ihm noch gut, in der nächsten lag er auf dem Boden und konnte kaum noch atmen. Als koreanische Immigranten mit begrenzten Ressourcen und eingeschränktem Englisch fühlten sich meine Eltern hilflos. Ohne soziales Sicherheitsnetz wäre meine Familie wahrscheinlich finanziell gescheitert. Die Aufgabe, uns bei Medicaid anzumelden, fiel mir im Alter von neun Jahren zu.

Nuna-CEO Jini Kim mit ihrem Bruder Kimong.

Als ich mich 2004 Google anschloss – mein erster Job nach der Universität –, hatte ich nie zuvor von OKRs gehört. Doch mit der Zeit wurden sie zu einem unverzichtbaren Kompass, der mir dabei half, mich und meine Teams durch Google zu navigieren und die wichtigsten Aufgaben erledigt zu bekommen. Eines der ersten Produkte, an denen ich arbeitete, Google Health, hat mir die Relevanz von Daten zur Verbesserung der Gesundheitsversorgung aufgezeigt. Ich lernte außerdem aus erster Hand, wie schwierig es war, Zugang zu Gesundheitsdaten zu erhalten, selbst wenn es die eigenen sind. Im Jahr 2010 brachte mich diese Erfahrung dazu, Nuna zu gründen.

Wir verwendeten die OKRs nicht von Anfang an, denn Nuna hatte weder Geld, noch Kunden. Ich selbst arbeitete Vollzeit mit fünf weiteren Teilzeitangestellten (einschließlich meines Mitgründers David Chen), doch keiner bezog ein Gehalt. Wir bastelten einen Prototyp und sprachen mit einigen großen Arbeitgebern mit eigenen Versicherungsprogrammen. In diesem ersten Jahr erhielten wir keinen einzigen Auftrag – und das zu recht. Wir glaubten zu wissen, was der Markt braucht, doch verstanden wir unsere Kunden nicht gut genug, um uns effektiv für das Produkt einsetzen zu können.

Als wir auch im zweiten Jahr noch keine Aufträge hatten, wusste ich, dass es an der Zeit war, sich weiterzubilden. Was bewegte die Verantwortlichen für Vorsorgeleistungen in Unternehmen überhaupt? Wie sah eine sinnvolle Innovation auf dem Gesundheitsmarkt aus? Ich zog ein Kostüm an und klapperte einige HR-Konferenzen ab, um es herauszufinden.

Die Dinge, die ich lernte, halfen uns dabei, 2012 einige Fortune 500-Unternehmen als Kunden zu gewinnen. Nach mehr als zwei Jahren der Absagen und Frustration hatte Nuna endlich einen passenden Platz auf dem Produktmarkt. Bei einem Start-up ist Veränderung jedoch die einzige Konstante, und Nuna stand wiederum kurz davor, eine dramatische Veränderung durchzumachen. Nachdem ich von meinem sechsmonatigen Aufenthalt in der Bay Area bei Healthcare.gov zurückgekehrt war, sicherten wir uns eine Finanzierung in Höhe von 30 Millionen US-Dollar. Wir konnten endlich unser Team (für viele weitere Jahre) bezahlen.

Zu diesem Zeitpunkt hatte ich von einer Regierungsausschreibung erfahren, die allererste Datenbank für alle Medicaid-Mitglieder zu entwickeln: 74,5 Millionen Menschen in fünfzig Staaten, fünf Hoheitsgebieten und dem District of Columbia. Das Vorhaben war bereits mehrere Male gescheitert. Nach 72 Stunden voller Adrenalin und Red Bull reichten wir unser Angebot gerade noch rechtzeitig bei den Centers for Medicare & Medicaid Services (CMS) ein. Zwei Monate später erfuhren wir, dass wir die Ausschreibung gewonnen hatten.

Das Wachstum von Nuna war in dreierlei Hinsicht ein enormes Unterfangen. Zuerst war da der Betrieb selbst, um Compliance, Sicherheit und Datenschutz zu verbessern. Dann unsere Datenplattform-Infrastruktur. Und als drittes unsere Mitarbeiterbasis, die plötzlich von 15 auf 75 wuchs. Wir mussten innerhalb eines Jahres eine riesige Datenbank entwickeln, während wir zeitgleich unserem normalen Geschäft nachgingen. Um dies zu erreichen, benötigten wir mehr Fokus und Selbstverpflichtung als je zuvor.

Im Jahr 2015 unternahmen wir einen ersten Versuch, die OKRs bei uns zu implementieren. Als Ex-Googlerin war ich von der Wirkung der Objectives and Key Results überzeugt. Doch ich unterschätzte, wie viel Aufwand es war, sie einzuführen, geschweige denn, sie effektiv umzusetzen. Man muss die „Zielmuskeln" langsam und schrittweise aufbauen. Wie ich nur zu gut von meinem privaten OKR, einen Marathon zu laufen, wusste: zu schnell zu viel machen endet zweifelsohne mit Schmerzen.

Wir definierten vierteljährliche und jährliche OKRs und führten sie vom ersten Tag an bei allen Nuna-Mitarbeitern ein. Zu dem Zeitpunkt waren wir mit ungefähr 20 Personen noch winzig, weshalb man meinen könnte, dass das kein großer Akt sein dürfte. Doch der Prozess schlug nicht an. Manche Mitarbeiter bestimmten nie ihre individuellen OKRs, andere wiederum bestimmten sie zwar, steckten sie dann aber ohne weitere Beachtung in die Schublade.

Im Nachhinein hätte ich nur mit unserem fünfköpfigen Führungsteam beginnen sollen. Damit eine strukturierte Zielsetzung gedeiht, mussten sich die Führungskräfte zu diesem Prozess verpflichten. Das hat unser Unternehmen auf die harte Tour gelernt. Es kann durchaus ein oder zwei Quartale dauern, um den Widerstand der Führungskräfte zu überwinden und sie an die OKRs zu gewöhnen, damit sie sie nicht länger als notwendiges Übel oder routinemäßige Übung, sondern als praktisches Mittel wahrnehmen, um die obersten Prioritäten ihres Unternehmens umzusetzen.

Solange die Führungskräfte nicht mit an Bord sind, kann man nicht von den Mitarbeitern erwarten, dass sie in dieser Sache nachziehen, insbesondere wenn ein Unternehmens-OKR ambitioniert ist. Je herausfordernder ein Objective ist, desto verlockender ist es, es aufzugeben. Mitarbeiter schauen bei ihrer Zielsetzung und deren Umsetzung natürlich auf ihre Vorgesetzten. Verlässt der Kapitän während einer stürmischen Reise das Schiff, kann man nicht von den Matrosen erwarten, es sicher in den Hafen zu navigieren.

Mitte 2016 versuchten wir es erneut mit den OKRs. Doch selbst als ich sah, dass auch unser Führungsteam überzeugt war, wusste ich, dass ich nicht selbstzufrieden werden durfte. Als Chefin war es *meine* Aufgabe, den Leuten hinterherzulaufen. *Ich* musste unsere Mitarbeiter per E-Mail dazu auffordern, sich zur Bestimmung individueller OKRs zu verpflichten. Wenn sie mir nicht antworteten, meldete *ich* mich über die interne Instant-Messaging-App bei ihnen. Wenn sie dann nicht reagierten, schrieb *ich* ihnen erneut. Wenn sie dann *immer noch nicht* auf mich hörten, packte ich sie und sagte: „*Bitte* mach deine OKRs!"

Um echte Selbstverpflichtung zu inspirieren, müssen Führungskräfte das umsetzen, was sie vermitteln. Sie müssen das Verhalten, das sie von anderen erwarten, vorleben. Nachdem ich meine individuellen OKRs bei einer Sitzung allen Mitarbeitern präsentiert hatte, war ich überrascht, wie sehr es dem Unternehmen dabei geholfen hat, sich dieses Prozesses anzunehmen. Es zeigte jedem einzelnen, dass auch ich eine Rechenschaftspflicht hatte. Unsere Mitarbeiter zögerten nicht, meine OKRs zu bewerten und mir zu sagen, wie ich sie verbessern konnte, was letztlich den entscheidenden Unterschied gemacht hat. Im Folgenden ist ein Beispiel mit meinen Bewertungen (auf der Google-Skala von 0.1 bis 1.0) in Klammern. Ich kann Ihnen sagen, dass ich eine Menge konstruktiver Hinweise bei der Formulierung dieses trügerisch einfachen und alles entscheidenden Personaleinstellungs-OKR erhalten habe:

OBJECTIVE

Weiterführung des Aufbaus eines Weltklasse-Teams.

KEY RESULTS

1. Einstellung von zehn Programmierern [0.8].
2. Einstellung eines Commercial Sales Leaders [1.0].
3. 100 Prozent der Kandidaten haben das Gefühl, eine gut organisierte und professionelle Erfahrung gemacht zu haben, selbst wenn Nuna ihnen kein Angebot unterbreiten sollte [0.5].

Wir fügten außerdem zwei Key Results hinzu, um unser Engagement bei beruflicher Entwicklung zu messen.

OBJECTIVE

Schaffen eines gesunden und produktiven Arbeitsumfelds, da wir auf mehr als 150 Mitarbeiter anwachsen werden.

KEY RESULTS

1. 100 Prozent der Nuna-Mitarbeiter sind durch Leistungsbeurteilungen/Feedbackzyklen gegangen [1.0].
2. 100 Prozent der Nuna-Mitarbeiter erreichen ihre individuellen Q3-OKRs innerhalb der ersten Woche in Q4 [0.4].

Bei Nuna war unser Grad der Selbstverpflichtung gegenüber OKRs sehr offen und sichtbar. Es gab jedoch auch Zeiten, in denen das System in einer privaten Form nützlicher war. Im vierten Quartal 2016 konzentrierte ich mich auf die Einstellung eines Vice Presidents für unser Arbeitgebergeschäft, was einen erfolgskritischen Schritt zur Beschleunigung unseres Wachstums in diesem Geschäftsbereich darstellte. Es war eine neue Position im Unternehmen, und ich war mir nicht ganz sicher, wie sie intern aufgefasst werden würde. Die Bestimmung eines privaten OKRs, für das nur David und ich verantwortlich waren, stärkte meine Selbstverpflichtung, den Einstellungsprozess in Gang zu bringen. Ich zwang mich dazu, mit den wichtigsten Anspruchsgruppen im Unternehmen Einzelgespräche zu führen, potenzielle Kandidaten zu finden und schließlich einen formaleren Einstellungsprozess in die Wege zu leiten.

Per Definition kämpfen Start-ups mit Ambiguität. Da sich das Feld von Nuna von eigenversicherten Arbeitgebern, über riesige Medicaid-Datenbanken bis hin zu einer Reihe neuer Gesundheitsplanprodukte geweitet hat, verlassen wir uns mehr denn je auf OKRs. Unser gesamtes Team braucht einen schärferen Fokus und klarere Prioritäten, die eine Voraussetzung für tiefgreifendes Engagement darstellen. OKRs haben eine Reihe von Gesprächen in unserem Unternehmen erzwungen, die sonst nie stattgefunden hätten. Wir erhalten dadurch mehr Orientierung. Statt auf externe Ereignisse im laufenden Betrieb zu reagieren, arbeiten wir in jedem Quartal zielgerichtet an unseren Plänen. Unsere Fristen sind strikter, doch fühlen sie sich gleichzeitig auch umsetzbarer an. Wir haben uns dazu verpflichtet, das zu tun, von dem wir gesagt hatten, dass wir es tun wollen.

Was ist die Moral unserer OKR-Geschichte? Wie David zu sagen pflegt: „Du wirst das System nicht gleich auf Anhieb richtig verwenden. Es wird auch nicht beim zweiten oder dritten Mal perfekt sein. Aber lass dich nicht entmutigen, sondern halte durch. Du musst es anpassen und es dir zu eigen machen." Selbstverpflichtung verstärkt sich selbst. Bleib mit den OKRs auf Kurs und sie werden dir erstaunliche Vorteile einbringen – das habe ich aus erster Hand erfahren.

Heute, mit Unterstützung unserer Partner, hat Nuna eine sichere und flexible Datenbank zur Speicherung privater Gesundheitsdaten für mehr als 74 Millionen Amerikaner entwickelt. Aber wir wollen noch mehr. Wir möchten, dass unsere Plattform ein Informationsmedium für politische Entscheidungsträger ist, die sich mit der Verwaltung kostspieliger und komplexer Gesundheitssysteme auseinandersetzen. Wir möchten, dass es Analysen vorantreibt, die dabei helfen, zukünftige Erkrankungen zu erkennen und zu verhindern. Vor allem aber wollen wir, dass es eine große Rolle bei der Verbesserung der nationalen Gesundheitsvorsorge spielt. Es ist eine einschüchternde Vorstellung. Aber wie ich bei Google gelernt habe: je schwieriger die Mission, desto wichtiger sind deine OKRs.

Noch nach Jahren später beherrscht mein kleiner Bruder Kimong nur drei Wörter: *uhma*, *appa* und *nuna* – koreanisch für Mama, Papa und große Schwester. Kimong gab unserem Unternehmen sowohl seinen Namen als auch seine Mission. Nun liegt es an uns, unterstützt durch die Verpflichtung gegenüber OKRs, die Gesundheitsversorgung für einen jeden zu verbessern.

—

Im Januar 2017 zog Nuna den Vorhang vor seiner Medicaid-Arbeit zurück. Im Interview mit der *New York Times* beschreibt Andrew M. Slavitt, stellvertretender

Direktor der Centers for Medicare & Medicaid Services, Nunas cloudbasierte Datenbank als „geradezu epochal“, als einen Sprung von Computing-Silos auf staatlicher Ebene hin zu einer ersten „systemweiten Sicht auf das Programm.“

In nur wenigen Jahren hatte Nunas Team einen nachhaltigen Einfluss auf das Gesundheitssystem der USA. Doch jeder, der Jini und David – und den Grad ihrer Verpflichtung gegenüber OKRs – kennt, weiß, dass sie gerade erst angefangen haben.

7

ERFOLGSFAKTOR 2: AUSRICHTEN UND VERBINDEN FÜR TEAMARBEIT

Wir stellen intelligente Leute nicht an, um ihnen zu sagen, was sie tun sollen.
Wir stellen intelligente Leute ein, damit sie uns sagen, was zu tun ist.
Steve Jobs

Mit dem Siegeszug der sozialen Medien ist Transparenz der Standard unseres täglichen Lebens geworden. Es ist die Überholspur zu operativer Exzellenz. Dennoch bleiben Ziele heute in den meisten Unternehmen ein Geheimnis. Viele CEOs teilen die Frustration von Aaron Levie, Gründer und CEO von Box, dem Cloud-Betreiber: „Zu jeder Zeit arbeitet ein beträchtlicher Anteil der Belegschaft an den falschen Dingen. Die Herausforderung besteht darin, zu wissen, welcher.“, so Aaron.

Die Forschung zeigt, dass öffentlich gemachte Ziele eher erreicht werden, als solche, die für sich behalten werden. Das einfache Umlegen des Schalters auf „offen“ erhöht Leistung. In einer kürzlich durchgeführten Umfrage unter 1000 US-amerikanischen Arbeitnehmern gaben 92 Prozent an, dass sie motivierter wären, ihre Ziele zu erreichen, wenn ihre Kollegen den Fortschritt verfolgen könnten.

In einem OKR-System können selbst die jüngsten Mitarbeiter Ziele eines jeden, bis hin zum CEO, einsehen. Kritiken und Korrekturen sind öffentlich. Mitarbeiter haben die unbeschränkte Möglichkeit, die eigene Meinung einzubringen, sogar hinsichtlich etwaiger Schwächen im Zielsetzungsprozess selbst.

Eine Leistungsgesellschaft gedeiht unter freier Sonne. Wenn Menschen niederschreiben: „Daran arbeite ich gerade", ist es einfacher zu sehen, woher die besten Ideen kommen. Schnell wird offensichtlich, dass die Mitarbeiter, die aufsteigen, diejenigen sind, die das tun, was das Unternehmen am meisten wertschätzt. Negative organisationale Einflüsse, wie Misstrauen, Tiefstapelei, Politisieren, verlieren ihre giftige Wirkung. Wenn das Vertriebsteam den neuesten Marketingplan hasst, werden sie ihn nicht schweigend hinnehmen, sondern müssen ihre Differenzen herausarbeiten. OKRs machen Ziele *objektiv* – schwarz auf weiß.

Transparenz fördert Zusammenarbeit. Nehmen wir an, Mitarbeiterin A hat Schwierigkeiten, ein Quartals-Objective zu erreichen. Da sie ihren Fortschritt öffentlich nachverfolgt, können ihre Kollegen sehen, dass sie Hilfe benötigt. Sie bringen sich ein, indem sie Kommentare schreiben und Unterstützung anbieten. Ihre Arbeit verbessert sich und – gleichermaßen wichtig – die Arbeitsbeziehungen werden verbessert, vielleicht sogar nachhaltig verändert.

In größeren Organisationen arbeiten oftmals mehrere Personen unbewusst an derselben Sache. Durch die aufklärende Sicht auf die Ziele eines jeden Einzelnen zeigen OKRs redundante Anstrengungen und sparen Zeit und Geld.

Gleicher Meinung

Sobald die OKRs auf oberster Unternehmensebene festgelegt sind, beginnt die eigentliche Arbeit. Während sie von der Planung zur Ausführung übergehen, verknüpfen Vorgesetzte und Mitarbeiter ihre täglichen Aktivitäten mit der Vision der Organisation. Der Fachbegriff dieser Verknüpfung ist *alignment* [dt. „Ausrichtung"], und sein Wert sollte keineswegs unterschätzt werden. Laut *Harvard Business Review* sind Unternehmen, deren Mitarbeiter intensiv am Unternehmensziel ausgerichtet sind, mehr als doppelt so leistungsfähig wie ihre Wettbewerber.

Leider ist Ausrichtung ein seltenes Gut. Studien deuten darauf hin, dass nur 7 Prozent der Mitarbeiter „die Unternehmensstrategien ihrer Unternehmen vollständig verstehen und wissen, was von ihnen erwartet wird, damit sie dazu beitragen können, die gemeinsamen Ziele zu erreichen." Ein Mangel an Ausrichtung ist, laut einer Umfrage unter globalen CEOs, das größte Hindernis zwischen Strategie und Umsetzung.

„Wir haben einiges zu tun", sagt Amelia Merrill, Personalverantwortliche bei RMS, einem kalifornischen Risikomanagement-Unternehmen. „Wir haben Leute in mehreren Büros in unterschiedlichen Zeitzonen. Einige arbeiten parallel, andere wiederum zusammen. Und es ist wirklich schwer für die Mitarbeiter zu sehen, woran sie zuerst arbeiten sollten. Alles scheint wichtig und dringend. Aber was muss *wirklich* erledigt werden?"

Die Antwort findet man in fokussierten und transparenten OKRs. Sie verknüpfen die Arbeit jedes Einzelnen zu einer Teamarbeit, abteilungsweiten Projekten und zur übergeordneten Mission. Menschen sehnen sich nach Verbindungen. Im Arbeitsumfeld sind wir natürlicherweise neugierig darauf, was unsere Führungskräfte tun und wie unsere Arbeit mit ihrer zusammenpasst. (Untersuchungen zeigen, dass Mitarbeiter die Ziele ihrer Vorgesetzten 20 Prozent häufiger überprüfen, als die eigenen.) OKRs sind das Mittel der Wahl für vertikale Ausrichtung. Sichtbare Ziele können nicht per se helfen, aber fördern die Zusammenarbeit. Die Bemühungen des Einzelnen werden zu etwas Besonderem.

Der große Wasserfall

In der früheren Arbeitswelt wurde die Arbeit ausschließlich von oben gesteuert. Ziele wurden dem Organigramm entlang heruntergereicht wie Gesetzestafeln vom Sinaiberg. Die Geschäftsleitung bestimmte übergeordnete Ziele für ihre Bereichsleiter, die sie wiederum an die nächste Führungsebene weitergaben und so weiter.

Obwohl das Delegieren nicht länger allgemeingültig ist, bleibt es dennoch die häufigste Art der Zielsetzung. Der Reiz ist offensichtlich: delegierte Ziele zwingen Angestellte auf niedrigeren Hierarchiestufen dazu, an den Anliegen des Vorstands zu arbeiten. Im besten Fall führt Delegation zu einer gemeinsamen Bemühung; es verdeutlicht, dass alle im gleichen Boot sitzen.

In meiner Präsentation vor Google und vielen anderen Organisationen verwendete ich ein imaginäres Football-Team, um zu zeigen, wie das OKR-System effektiv funktionieren kann – oder auch nicht – wenn es auf diese Art und Weise verwendet wird.

Folgen Sie uns, während wir einen Satz von OKRs von oben herunterbrechen.

Die Sand Hill Unicorns: Fantasie-Football

Nehmen wir einmal an, ich sei der Geschäftsführer der Sand Hill Unicorns. Ich habe ein Objective, das *WAS*: Geld machen für den Besitzer.

Geschäftsführer

OBJECTIVE
Geld für den Eigentümer erwirtschaften.
KEY RESULTS
1. Gewinnen des Super Bowls. 2. Heimtribüne mit einer Auslastung von mindestens 90%+ füllen.

OKR-Chart 1 des Geschäftsführers

Mein Objective hat zwei Key Results: die Super Bowl gewinnen und die Tribüne mit einer Auslastung von mindestens 90 Prozent zu füllen, was zeigt, *Wie* ich das Geld für den Besitzer machen werde. Wenn ich diese beiden *Wie* erfülle, ist es unmöglich, keinen Gewinn zu machen. Ergo ist es ein gut gewähltes OKR.

Mit unserem übergeordneten OKR-Satz arbeiten wir uns in der Organisation herab.

Als Geschäftsführer delegiere ich meine Ziele herunter auf die nächste Führungsebene – an den Cheftrainer und den Senior Vice President (SVP) Marketing. Meine Key Results werden zu ihren Objectives. Das Objective des Cheftrainers ist es, den Super Bowl zu gewinnen, mit wiederum drei Key Results, die ihn dahinführen sollen: ein Passspiel von mindestens 300 Yards pro Spiel, eine Verteidigung, die maximal 17 gegnerische Punkte pro Spiel zulässt, und bei der Punt Return-Statistik zu den Top 3 gehören. Er delegiert seinerseits diese KRs als Objectives an seine drei besten Leute: den Offensivkoordinator, den Defensivkoordinator und den Special Team-Trainer. Diese wiederum entwickeln ihre eigenen, noch spezifischeren Key Results. Um ein 300-Yards-Passspiel pro Spiel zu erreichen, könnte der Offensivkoordinator zum Beispiel auf eine Passquote von 65 Prozent und weniger als eine Interception pro Spiel abzielen – nach der Einstellung eines neuen Quarterback-Trainers.

Cheftrainer

OBJECTIVE

Gewinnen des Super Bowls.

KEY RESULTS

1. Passspiel von mindestens 300+ Yards pro Spiel.
2. Verteidigung lässt maximal 17 gegnerische Punkte pro Spiel zu.
3. In der Punt Return-Statistik zu den Top 3 gehören.

Offensivkoordinator

OBJECTIVE

Gewinnen des Super Bowls.

KEY RESULTS

1. Erreichung einer Passquote von 65 Prozent.
2. Reduzierung der Interceptions auf weniger als eine pro Spiel.
3. Einstellung eines neuen Quarterback-Trainers.

Defensivkoordinator

OBJECTIVE

Verteidigung lässt maximal 17 gegnerische Punkte pro Spiel zu.

KEY RESULTS

1. Weniger als 100 Rushing Yards pro Spiel zulassen.
2. Erhöhung der Anzahl Sacks auf 3+ pro Spiel.
3. Entwicklung eines Pro-Bowl-Cornerbacks.

Special Team-Trainer

OBJECTIVE

Verbesserung in der Punt Return-Statistik in die Top 3.

KEY RESULTS

1. Weniger als zehn Yards pro Punt Return erlauben.
2. Verhinderung von 4+ Punts in der Saison.

OKR-Chart 2 der Führungsebene unter dem Geschäftsführer

Diese OKRs sind auf das Ziel des Geschäftsführers, den Super Bowl zu gewinnen, abgestimmt.

Wir sind noch nicht ganz fertig. Wir müssen definieren, wie wir unsere Heimtribüne füllen.

In der Zwischenzeit hat meine SVP Marketing ihr Objective aus meinen anderen Key Results (Tribüne mit einer Auslastung von mindestens 90 Prozent füllen) heraus abgeleitet. (Siehe OKR-Chart 3.) Sie hat drei Key Results entwickelt: Verbesserung des Brandings, Verbesserung der Medienberichterstattung und Revitalisierung der Werbemaßnahmen im Stadion. Ihre KRs werden dann jeweils als Objectives an den Marketingdirektor, den Pressesprecher und den Verantwortlichen für Merchandising delegiert.

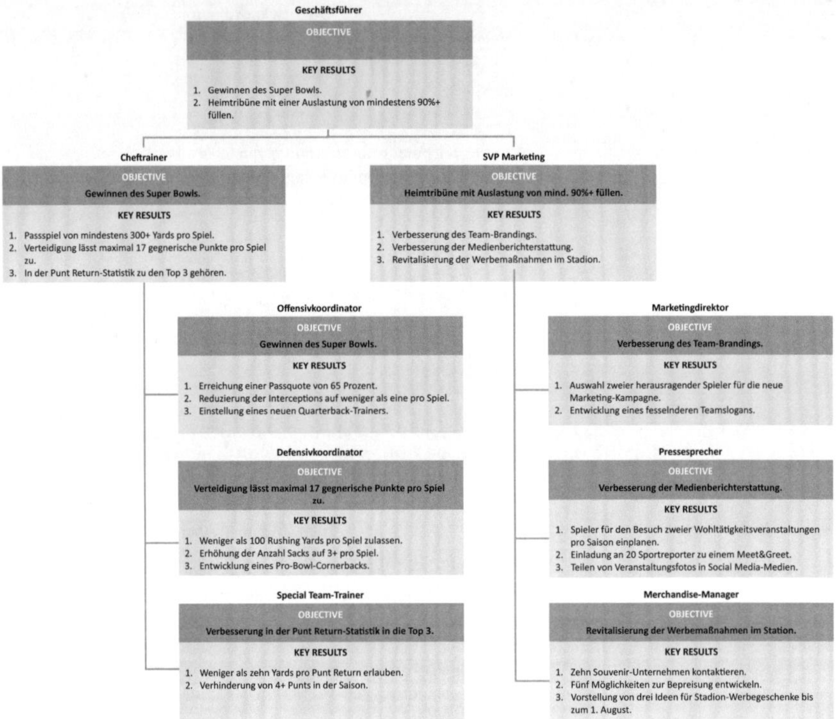

OKR-Chart 3 für die Organisation

Was ist nun falsch an diesem Gebilde? Nehmen Sie sich einen Moment Zeit, darüber nachzudenken. Hier ein kleiner Hinweis: Die Key Results des SVP Marketing sind unzureichend. Anders als bei den KRs des Cheftrainers sind sie nicht messbar. Sie sind weder spezifisch, noch zeitgebunden. Wie definieren wir beispielsweise „Verbesserung“ bei der Medienberichterstattung? (Fünf Spezialbeiträge in der Fachpresse? Eine Titelgeschichte in *Sports Illustrated*? 50 Prozent mehr Follower in den sozialen Medien?)

Aber selbst wenn die SVP bessere Key Results entwickelt hätten, bliebe der Zielsetzungsansatz der Organisation zutiefst fehlerbehaftet. Das übergeordnete Ziel – eine reiche Person noch reicher zu machen – lässt es an intrinsischer

Motivation für den Geschäftsführer vermissen, ganz zu schweigen von dem Ostküsten-Scout des Teams oder den Praktikanten in der PR-Abteilung, der am Kopierer schuftet.

Während einer Moderation kann ein maßvolles Kaskadieren einen Arbeitsablauf stimmiger machen. Wenn jedoch alle Objectives kaskadiert bzw. delegiert werden, kann der Prozess schnell zu einer mechanistischen Malen-nach-Zahlen-Übung mit gegenteiligen Effekten verkommen:

- **Agilitätsverlust:** Selbst mittelgroße Unternehmen haben möglicherweise sechs oder sieben Hierarchieebenen. Wenn jeder darauf wartet, dass der Wasserfall von oben herabrieselt und Sitzungen und Besprechungen wie Unkraut sprießen, kann die Verwaltung eines jeden Zielzyklus Wochen oder sogar Monate dauern. Intensiv kaskadierende Organisationen neigen dazu, schnellen und häufigen Zielsetzungen zu widerstehen. Die Umsetzung ist dabei so umständlich, dass vierteljährliche OKRs unpraktisch wären.
- **Flexibilitätsmangel:** Da es so aufwändig ist, kaskadierte Ziele zu formulieren, zögern die Leute, sie während des Zyklus nochmals zu überarbeiten. Selbst kleinste Aktualisierungen können diejenigen belasten, die in der Hierarchie weiter unten stehen, während sie sich darum bemühen, ihre Ziele zu erreichen. Im Laufe der Zeit wird es zunehmend schwieriger, dieses System zu pflegen.
- **Marginalisierte Mitarbeiter:** Starr kaskadierte Systeme verhindern Beiträge von operativen Mitarbeitern. Mitarbeiter werden sich beim Äußern von Einwänden gegenüber den Zielen oder vielversprechenden Ideen zurückhalten.
- **Eindimensionale Verknüpfungen**: Während die Delegation eine vertikale Ausrichtung gewährleistet, ist sie bei der horizontalen, abteilungsübergreifenden Verknüpfung von Kollegen wenig effektiv.

Von unten herauf!

Glücklicherweise haben wir eine Alternative. Gerade weil sie transparent sind, können OKRs auf oberster Ebene geteilt werden, ohne sie im Gleichschritt delegieren bzw. kaskadieren zu müssen. Wenn es dem übergeordneten Zweck dient, können mehrere Hierarchieebenen übersprungen werden. Statt vom CEO zu einem Vice President, dann zu einem Direktor und weiter zu einer Abteilungsleiterin heruntergereicht zu werden, könnte ein Objective auch direkt vom CEO zur Abteilungsleiterin oder von einem Direktor zu einem einzelnen Mitarbeiter springen. Alternativ kann die Geschäftsleitung ihre OKRs jedem gleichzeitig präsentieren und den Leuten vertrauen, wenn sie sagen: „In Ordnung, jetzt weiß ich, wohin wir wollen und ich werde meine Ziele darauf ausrichten."

Mit seinen unzähligen Mitarbeitern würde Googles innovative Kultur lahmgelegt werden, wenn die OKRs kaskadiert werden müssen. Wie Laszlo Bock, ehemaliger Leiter *People Operations* bei Google, in seinem Buch *Work Rules!*[24] beobachtet:

> Ziele zu haben, verbessert die Leistung. Stunden darauf zu verwenden, Ziele hinauf- und hinab zu delegieren hingegen, tut es nicht ... Wir haben einen marktorientierten Ansatz, bei dem sich unsere Ziele über die Zeit alle annähern, weil die wichtigsten OKRs bekannt und diejenigen aller anderen sichtbar sind. Teams, die stark von der Ausrichtung abweichen, fallen auf, und die wenigen großen Initiativen, die jeden betreffen, sind klar genug, um sie direkt führen zu können.

Die Antithese des Delegierens könnte Googles „20-Prozent-Zeit" sein, die es Ingenieuren freistellt, einen Tag pro Woche an Nebenprojekten zu arbeiten. Durch diese Befreiung hat Google die Welt, wie wir sie kannten, verändert. Im Jahr 2001 initiierte der junge Paul Buchheit ein 20-Prozent-Projekt mit der Tarnbezeichnung *Caribou*. Heute kennt man es als Gmail, den weltweit führenden webbasierten E-Mail-Service.

Um eine zwanghafte Überanpassung zu vermeiden, erlauben es gesunde Organisationen, dass einige Ziele bottom-up entwickelt werden. Nehmen wir an, die Physiotherapeutin der Sand Hill Unicorns nimmt an einer Konferenz für Sportmedizin teil und erfährt von einem neuen Programm zur Verletzungsprävention. Aus eigenen Stücken definiert sie ein Saisonpausen-OKR, um diese Behandlung einzuführen. Ihr Objective mag nicht an den OKRs ihrer direkten Vorgesetzten ausgerichtet sein, richtet sich aber zweifellos an dem übergeordneten Ziel der Geschäftsleitung aus. Wenn die besten Spieler der Unicorns während der Saison gesund bleiben, steigen die Chancen des Teams, den Super Bowl zu gewinnen.

Innovation liegt seltener im Zentrum des Unternehmens, als an der Front. Die beeindruckendsten OKRs sind typischerweise auf Einblicke außerhalb der Vorstandsebene zurückzuführen. Wie Andy Grove beobachtete: „Die Leute in den operativen Einheiten sind normalerweise diejenigen, die früh mit bevorstehenden Veränderungen in Kontakt kommen. Verkäufer verstehen die sich ändernden Kundenanforderungen, bevor die Geschäftsleitung das tut; Finanzanalysten sind die ersten, die wissen, wann sich die Fundamente eines Unternehmens verändern."

Mikromanagement ist Missmanagement. Ein gesundes OKR-Umfeld schafft ein Gleichgewicht zwischen Ausrichtung und Autonomie, zwischen gemeinsamer Zielsetzung und kreativem Spielraum. Ein „professioneller Mitarbeiter", so Peter Drucker, „benötigt klare Leistungsstandards und herausfordernde Ziele.

24 Laszlo Bock, Work Rules!, Vahlen 2016.

... wie er jedoch seine Arbeit macht, sollte immer in seiner Verantwortung und seiner Entscheidung sein." Bei Intel missbilligte Grove „Einmischung durch Vorgesetzte": „Der Unterstellte wird anfangen, die Dinge, die von ihm erwartet werden, viel eingeschränkter zu betrachten, und wird weniger Initiative dabei zeigen, die eigenen Probleme zu lösen und sich damit stattdessen eher an den Vorgesetzten wenden. ... Die Leistung der Organisation wird folglich abnehmen."

Ein gutes OKR-System ermutigt die Mitarbeiter, zumindest einige der eigenen Objectives und die meisten, wenn nicht sogar alle ihrer Key Results festzulegen. Diese Freiheit führt dazu, dass die Menschen nach mehr streben, ambitioniertere Ziele setzen und mehr von ihnen erreichen: „Je höher die Ziele, desto höher die Leistung." Menschen, die ihre Ziele selbst wählen, besitzen ein tieferes Bewusstsein dafür, was benötigt wird, um sie zu erreichen.

Wird unser *Wie* von anderen bestimmt, beschäftigt uns das Ziel nicht im gleichen Maße. Wenn mein Arzt mich anweist, meinen Blutdruck zu senken, indem ich für den San Francisco-Marathon trainiere, werde ich es vielleicht widerwillig in Erwägung ziehen. Entscheide ich mich aber aus freien Stücken, dieses Rennen zu laufen, ist die Wahrscheinlichkeit, die Ziellinie zu erreichen, wesentlich höher – insbesondere, wenn ich mit Freunden laufe.

Ich habe festgestellt, dass es in der Geschäftswelt nur selten die eine einzig richtige Antwort gibt. Indem wir die Zügel lockern und die Menschen bei ihren Bemühungen unterstützen, *ihre* richtigen Antworten zu finden, helfen wir allen dabei, zu gewinnen. Hochleistungsteams gedeihen durch eine kreative Spannung zwischen Top-down- und Bottom-up-Zielsetzung, einem Mix aus gerichteten und frei gewählten OKRs. In Zeiten operativer Dringlichkeit, wenn das einfache *Machen* Vorrang hat, können sich Organisationen eher einmal für einen direktiven Führungsstil entscheiden. Wenn die Zahlen jedoch stark sind und das Unternehmen zu vorsichtig und zugeknöpft geworden ist, kann eine lockerere Art genau richtig sein. Wenn sich Führungskräfte auf die sich verändernden Bedürfnisse von Unternehmen und Mitarbeitern einstellen, liegt die Mischung aus Top-down- und Bottom-up-Zielen bei jeweils ungefähr der Hälfte. Was meines Erachtens richtig ist.

Funktionsübergreifende Koordination

Moderne Zielsetzung überwindet das Organigramm. Ungeklärte Abhängigkeiten sind die Hauptursache für Projektverzögerungen. Seitliche, funktionsübergreifende Verbundenheit –von Kollege zu Kollege und von Team zu Team – ist folglich eine Notwendigkeit. Isolierte Einzelpersonen passen nicht zu der Fähigkeit einer verbundenen Gruppe, innovativ zu sein und bessere Lösungen zu finden. Produkte bedürfen der Entwicklung, des Marketings und des Verkaufs. Da Geschäfte immer komplizierter und Initiativen immer komplexer werden, benötigen die verschiedenen Abteilungen ein Werkzeug, das ihnen dabei hilft, die Ziellinie gemeinsam zu erreichen.

Verbundene Unternehmen sind schnellere Unternehmen. Um einen Wettbewerbsvorteil zu erlangen, müssen sich Vorgesetzte und Mitarbeiter horizontal verbinden und etwaige Barrieren auf ihrem Weg überwinden. Wie Laszlo Block hervorhebt, fördert ein transparentes OKR-System genau diese Art der unbekümmerten Zusammenarbeit: „Alle Leute im Unternehmen können herumstochern und sehen, was vor sich geht. Plötzlich hat man Leute, die ein mobiles Gadget entwerfen, und sich an ein anderes Team wendet, das Software entwickelt, weil sie eine interessante Sache gesehen haben, die man mit der Anwenderschnittstelle machen könnte."

Wenn Ziele öffentlich und für alle sichtbar sind, kann ein „Team von Teams" Krisenherde angehen, wo auch immer sie auftauchen. Bock fügt hinzu: „Sie können sich die gesamte Organisation anschauen und sehen sofort, wenn jemand ständig den Ball ins Aus schlägt – und sie gehen der Sache nach. Wenn jemand ständig fehlt, gehen Sie der Sache nach. Transparenz schafft sehr klare Zeichen für alle. Sie stoßen einen sich selbst verstärkenden Kreislauf an, der Ihre Fähigkeiten stärkt, Ihre Arbeit tatsächlich zu erledigen. Und die Kosten für die Geschäftsleitung liegen bei null!"

8

AUSRICHTEN: DIE MYFITNESSPAL-GESCHICHTE

Mike Lee
Mitgründer und CEO

Alles begann mit einer Strandhochzeit: Vor ihrer Eheschließung wollten Mike und Amy Lee etwas Gewicht verlieren. Ein Fitnesstrainer gab ihnen eine Liste der Nährwerte von 3000 Nahrungsmitteln und einen Schreibblock zur Kaloriennachverfolgung. Mike, der seit seinem zehnten Lebensjahr programmierte, wusste, dass es noch einen anderen Weg geben musste, und so stellte er sich eine Lösung vor, aus der später MyFitnessPal wurde. Acht Jahre lang finanzierten Mike und Albert die App selbst mit ihrem Ersparten und ihren Kreditkarten.

Heute stehen Mike und Albert im Zentrum einer gewaltigen Bewegung quantitativer Apps für Gesundheit und persönliches Wohlbefinden. Im Jahr 2013, als Kleiner Perkins in MyFitnessPal investierte, hatte die App 45 Millionen registrierte Nutzer. Heute sind es mehr als 120 Millionen, die dank der App kumuliert rund 150 Millionen Kilo verloren haben. Mit einer Datenbank von 14 Millionen Nahrungsmitteln und Echtzeit-Verbindungen zu Fitbit und einem Dutzend anderer Apps, macht es MyFitnessPal einfacher denn je, nachzuverfolgen, was man isst und wie man effektiv trainiert. Dadurch, dass sie explizit macht, was bisher unbekannt war – wie bspw. die Kalorien, die man beim morgendlichen Joggen verbrennt –, hilft MyFitnessPal den Nutzern, ambitionierte persönliche Ziele zu setzen und zu erreichen. Mitglieder treffen täglich Entscheidungen, die ihr Leben verändern. Darüber hinaus bietet die App ein Netzwerk an Freunden, die einen jeden Tag anfeuern.

OKRs sind keine Inseln, sondern verbinden die wesentlichsten Aufgaben einer Organisation vertikal, horizontal und diagonal miteinander. Wenn sich Mitarbeiter an den übergeordneten Zielen des Unternehmens ausrichten, wird ihre Bedeutung verstärkt. Sie hören auf, redundant und kontraproduktiv in die entgegengesetzten Richtungen zu arbeiten. Die Brüder Mike und Albert Lee stellten bei der Entwicklung von MyFitnessPal, der weltweit führenden Gesundheits- und Fitnessapp, fest, dass eine konsequente Ausrichtung entscheidend für den täglichen Fortschritt ist und den nächsten großen Sprung ermöglicht.

Wenn diese Geschichte für Sie wie die perfekte OKR-Anwendung klingt, liegen Sie keineswegs falsch. Mike und Albert kamen völlig natürlich zur Zielsetzung, auch wenn es, wie Sie sehen werden, nicht immer einfach war. Im Februar 2015 wurde MyFitnessPal für $475 Millionen Dollar von Under Armour aufgekauft. Der Zusammenschluss vereinte die technologische Stärke der Brüder Lee mit einer großen Marke der Branche. Plötzlich hatten die Brüder Zugang zu Weltklasse-Profisportlern und damit den nächsten Meilenstein zur digitalen Fitness erreicht. Wie Mike sagte: „Wir wollen da [auf dem Eis] sein, wo der Puck sich hinbewegt."

Die neue Unternehmensstruktur brachte, insbesondere hinsichtlich der Ausrichtung, neue Herausforderungen für die Zielsetzung mit sich. Mike und Albert würden OKRs nutzen, um sich durch ein Labyrinth aus internen Beziehungen zu navigieren. Da MyFitnessPal in ein viel größeres Becken eintauchte, würden die OKRs in Zukunft das wachsende Team und ihre Ziele ausrichten.

—

Mike Lee: Sie haben ein Gerät in Ihrer Tasche, das unglaublich mächtig ist. Die Daten, die es über Sie und Ihre Umwelt sammelt, explodieren. Zu einem geringen Preis, oder gar umsonst, können Sie jederzeit einen Trainer, Ernährungsberater oder sogar medizinischen Berater zur Hand haben. Dank unserer Smartphones können wir gesündere Entscheidungen treffen, die zu einem ebenso gesünderen Lebensstil führen.

MyFitnessPal bietet Einblicke, wir nennen sie die „Momente der Klarheit", die ihr ganzes Leben lang immer bei unseren Nutzern bleiben. Ich weiß aus erster Hand, dass es funktioniert. Als ich anfing nachzuverfolgen, was ich esse, erfuhr ich, dass Mayonnaise 90 und Senf nur fünf Kalorien pro Esslöffel hat. Seither habe ich nie wieder auch nur einen Tropfen Mayo angerührt. Macht man genügend solcher kleinen Änderungen, stellt man fest, dass sie sich summieren.

Ich arbeitete für eine Reihe von Unternehmen, bevor ich MyFitnessPal mitgründete. Keines von ihnen benutzte wirklich Zielsetzungssysteme. Sie hatten jährliche Finanzpläne und Umsatzzahlen, die es zu erreichen galt, sowie allgemeine Strategien, jedoch nichts Strukturiertes oder Kontinuierliches. Nicht ganz zufällig hatten diese Organisationen eines gemeinsam: einen eklatanten Mangel an Ausrichtung. Ich hatte keine Ahnung was andere Teams gerade taten oder wie wir zusammen auf ein gemeinsames Ziel hätten hinarbeiten können. Wir versuchten, das mit vermehrten Sitzungen zu kompensieren, die letztendlich jedoch reine Zeitverschwendung waren. Wenn man zwei Leute in ein Boot setzt und einer Richtung Osten und der andere Richtung Westen rudert, werden die beiden viel Energie verbrauchen und dennoch nirgendwo hinkommen.

In unseren frühen Tagen bei MyFitnessPal machten wir uns darüber lustig, dass wir tausend Dinge zu erledigen hatten – und wenn wir auch nur die ersten drei auf der Liste meisterten ... „In Ordnung, *das* war ein gutes Jahr.“, hätten wir gesagt. Unter dem Strich ließen wir einiges links liegen, aber das war in Ordnung. Wir haben bis an unsere Grenzen gearbeitet. Unsere Zielsetzung war dabei eher rudimentär: Einführung der Android-App, der BlackBerry-App oder der iPhone- beziehungsweise iPad-Version. Wir gingen jedes Ziel einzeln an und arbeiteten solange daran, bis es erledigt war, und gingen dann zum nächsten Punkt auf der Liste über. Nur selten gab es irgendwelche Überschneidungen.

Unser Prozess war nicht sonderlich ausgefeilt, aber er war fokussiert und leicht messbar. Wenn man die Strategie des Unternehmens selbst definiert und es nur eine weitere Person gibt, die an den Produkten arbeitet, ist die Ausrichtung einfach. Wir hatten ein Schlüsselziel zu erreichen – *Markteinführung auf dem iPad zu dem und dem Zeitpunkt* – und berichteten jeden Tag über unseren Fortschritt. Kleine Organisationen können auch mit weniger Prozessen klarkommen. Dennoch würde ich mir heute wünschen, dass wir unsere OKRs früher eingeführt hätten, noch bevor wir eine Finanzierung erhalten hatten. Wir wären besser darauf vorbereitet gewesen, klügere Entscheidungen zu treffen, wenn sich die Gelegenheit dazu bot.

Als MyFitnessPal dann auf dem iPhone und auf Android verfügbar war und lief, ging unser Wachstum durch die Decke. Eines Tages wachten wir auf und hatten 35 Millionen registrierte Nutzer. Wir wuchsen schlicht zu schnell, um nur noch eine Sache auf einmal machen zu können. Meiner Erfahrung nach beginnt die Unordnung dann, wenn man zwei großartige Personen unter sich hat. Man möchte beiden etwas Großes und Bedeutsames geben, woran sie arbeiten können, und beide wollen natürlich ihren Teil des Projektes führen. Schon bald entfernen sie sich von der Ausrichtung auf das gemeinsame Ziel und machen sich auf den Weg in verschiedene Richtungen. Bevor man es erfährt, arbeiten beide bereits an unterschiedlichen Dingen. Es bringt nichts, sie noch stärker anzutreiben. Wenn zwei Nägel nur im Geringsten falsch positioniert sind, wird sie auch der beste Hammer schief in das Holz hauen.

Obwohl Albert und ich wussten, dass wir mehr Struktur in unserer Zielsetzung benötigten, waren wir uns dennoch nicht sicher, we wir fortfahren sollten. 2013, kurz nachdem Kleiner Perkins zum ersten Mal in unser Unternehmen

Die Mitgründer von MyFitnessPal Mike und Albert Lee, 2012.

investiert hatte, kam John Doerr bei uns vorbei, um die OKRs bei uns zu pitchen. Seine Football-Team-Analogie war bei mit angekommen; das hatte ich *verstanden*. Ich liebte die Einfachheit des Objectives und die Art und Weise, wie es heruntergebrochen und über das Unternehmen hinweg kaskadiert wird. Und ich dachte mir: *Das* ist es, nachdem wir unser Unternehmen ausrichten könnten.

Teamübergreifende Integration

Als wir dann tatsächlich mit der Implementierung von OKRs begannen, war es schwieriger, als erwartet. Wir hatten unterschätzt, wie anspruchsvoll es ist, die richtigen Unternehmensziele zu setzen und sie dann herunterzubrechen, um damit wiederum das Verhalten der Mitarbeiter zu steuern. Es war eine Herausforderung, ein Gleichgewicht zwischen strategischem Denken auf höchster Ebene und präziserer, direktiver Kommunikation zu finden. Als wir unsere Erstrundenfinanzierung abgeschlossen und unser Führungsteam erweitert hatten, war auch unser Bereich des Möglichen gewachsen. Um Rechenschaft zu stärken, definierten wir ein großes Ziel für jedes Vorstandsmitglied. Wir entwickelten Unternehmens-OKRs für alle Mitarbeiter, statt sie unseren OKRs auf oberster Ebene zuzuordnen – das ging jedoch nach hinten los. Manche Objectives waren zu eng, andere zu unklar. Wenn ein Personalverantwortlicher damit zu kämpfen hatte, eine Verbindung zu unseren OKRs für Produkte oder Umsatz auf höchster Ebene aufzubauen, fügten wir schlicht ein Unternehmensziel für ebendiese Person hinzu. Schon bald hatten wir einen Überfluss an Unternehmens-OKRs.

Aber was war bei MyFitnessPal wirklich *relevant*? Wir sahen den Wald vor lauter Bäumen nicht mehr.

Als wir 2013 von zehn auf 30 Personen wuchsen, ging ich davon aus, dass wir um 200 Prozent produktiver würden. Ich unterschätzte, wie sehr Wachstum einen verlangsamen würde. Neue Ingenieure benötigen umfangreiche Schulungen, bevor sie so gut sind, wie ihre versierteren Kollegen. Und da mehrere Ingenieure am gleichen Projekt arbeiteten, mussten wir neue Prozesse entwickeln, um zu verhindern, dass sie sich gegenseitig dabei behinderten. In dieser Übergangsphase hat unsere Produktivität zweifelsohne gelitten.

Im Kern geht es bei der Ausrichtung darum, den Mitarbeitern zum Verständnis zu verhelfen, was man von ihnen will. Die meisten Mitarbeiter sind motiviert, zu den obersten OKRs heraufzuklettern, sofern sie wissen, wo sie die Leiter platzieren müssen. Als unser Team größer und vielschichtiger wurde, waren wir mit neuen Schwierigkeiten konfrontiert. Einer unserer drei Produktverantwortlichen arbeitete an Premium, der erweiterten Abonnementversion unserer App. Ein anderer fokussierte sich auf unsere API-Plattform, um es Drittanbietern wie Fitbit zu ermöglichen, sich mit MyFitnessPal zu verbinden und Daten oder weitere Applikationen hinzuzufügen. Der dritte befasste sich mit unserer Anmeldung als Kernelement. Alle drei hatten individuelle OKRs mit den Dingen, die sie erreichen wollten – so weit, so gut.

Das Problem war jedoch unser Ingenieur-Team, das sich dazwischen befand. Die Ingenieure waren nicht an den Objectives der Produktverantwortlichen ausgerichtet. Sie hatten ihre eigenen OKRs, um die Infrastruktur aufrechtzuhalten, die Wasserversorgung sicherzustellen und das Licht zum Brennen zu bringen. Wir gingen davon aus, dass sie das alles meistern konnten, was sich als großer Fehler erwies. Sie waren unsicher, woran sie nun arbeiten sollten, da sich das jederzeit und ohne Vorankündigung ändern konnte. (Manchmal kam es nur darauf an, welcher Produktverantwortliche am lautesten schrie.) Die Ingenieure wechselten von Woche zu Woche zwischen den Projekten, was die Effizienz stark beeinträchtigte. Wenn sie nach einer Unterbrechung zu einem Produkt zurückkehrten, mussten sie sich zuerst selbst fragen: *Worum ging es nochmal?* Die Arbeit an Premium war besonders dringlich für den Umsatz, dennoch wurde es nur stoßweise bearbeitet.

Ich war extrem frustriert. Wir hatten all diese talentierten Leute eingestellt und gaben viel Geld aus, und dennoch ging es nicht schneller. Bei einem hochpriorisierten Marketing-OKR spitzte sich die Sache schließlich zu: personalisierte E-Mails mit gezieltem Inhalt. Das Objective war klar formuliert und die Idee war, eine Mindestzahl an monatlichen Nutzern auf unseren Blog zu bringen. Ein wichtiges Key Result dafür war die Steigerung der Klickrate in den E-Mails. Der Haken war, dass niemand im Marketing daran gedacht hatte, die Ingenieure zu informieren, die in diesem Quartal ihre eigenen Prioritäten gesetzt hatten. Ohne die Zustimmung der Ingenieure war das OKR schon vor dem Start zum Scheitern verurteilt. Schlimmer war jedoch, dass wir bis zu unserer vierteljährlichen Nachbesprechung, bei der wir feststellten, dass das Marketing die Frist verpasst hatte, nicht wussten, dass es gestorben war. (Das Projekt wurde schließlich ein Quartal später umgesetzt.)

Das war unser Weckruf, dank dem wir die Notwendigkeit einer stärkeren Abstimmung zwischen unseren Teams erkannten. Unsere OKRs waren gut genug formuliert, jedoch hatten wir sie nicht richtig implementiert. Wenn Abteilungen aufeinander angewiesen waren, entscheidende Unterstützung zu erhalten, hatten wir es versäumt, vorab die Abhängigkeiten eindeutig zu kommunizieren. Die Koordination hatte gelitten und mit ihr auch unsere Fristen. Uns mangelte es nicht an OKRs, jedoch entfernten sich unsere Teams immer wieder voneinander.

Im darauffolgenden Jahr versuchten wir, dem Problem mit regelmäßigen Integrationssitzungen für die Geschäftsleitung zu begegnen. Jedes Quartal stellten unsere Spartenleiter ihre Ziele und die identifizierten Abhängigkeiten vor. Niemand verließ den Raum, bis wir nicht einige grundsätzliche Fragen beantwortet hatten: Haben wir die Zustimmung von allen? Ist ein Team überfordert? Wenn dem so sein sollte, wie können wir ihre Objectives realistischer gestalten?

Ausrichtung bedeutet keineswegs Redundanz. Bei MyFitnessPal hat jedes OKR einen einzelnen Besitzer, wobei sich Teams bei Bedarf zusammenschließen konnten. Aus meiner Sicht untergräbt Miteigentum Verantwortlichkeit. Wenn ein OKR misslingt, will ich nicht, dass sich zwei Leute gegenseitig die Schuld dafür geben. Selbst wenn zwei oder mehr Teams die gleichen Objectives haben, sollten ihre Key Results eindeutig zugeordnet sein.

Jedes Mal, wenn wir den OKR-Prozess durchlaufen hatten, haben wir uns etwas besser geschlagen. Unsere Objectives wurden präziser, unsere Key Results messbarer und unsere Erfolgsquote höher. Wir benötigten zwei bis drei Quartale, um wirklich den Dreh herauszubekommen, insbesondere bei Produktfunktionen, die auf ein weitreichenderes Ziel ausgerichtet waren. Es ist nicht einfach, den Markt für etwas konzeptionell Neues vorherzusagen; wir würden unsere Zahlen entweder wahnsinnig übertreffen oder wahnsinnig verfehlen. Deswegen änderten wir unsere Situation: Wir haben begonnen, unsere wichtigsten Key Results an Fristen, statt an den Umsatz oder eine voraussichtliche Anzahl Nutzer zu knüpfen (Beispiel: „Einführung MFP Premium bis zum 1. Mai 2015".) Nachdem eine Funktion eingeführt wurde und einige echte Daten zurückkamen, waren wir in einer besseren Position, um ihren Einfluss und ihr Potenzial zu bewerten. Danach konnte unser nächster OKR-Satz realistischer auf unsere Ergebnisse abgestimmt (oder herausfordernder formuliert) werden.

Besorgt waren wir, wenn unser Team risikoaverse Key Results, wie beispielsweise den Versand von E-Mails oder Push-Benachrichtigungen, wählte. Je ambitionierter die Herausforderung im Objective war, desto konservativer wählten die

Mitarbeiter ihre KRs – eine bekannte unbeabsichtigte Konsequenz. Also lernten wir, unsere Ziele dem Kontext anzupassen. Wenn es angebracht war, zielten wir auch auf schrittweise Verbesserungen ab. Es gab jedoch auch Zeiten, in denen wir zum Team sagten: „Macht euch hier keine Sorgen über den monatlichen aktiven Nutzereinfluss. Entwickelt einfach die bestmögliche Funktion. Wir möchten, dass ihr nach den Sternen greift!"

Ungeklärte Abhängigkeiten, wie sie im Buche stehen

Der Zusammenschluss mit Under Armour bedeutete, sich an ein Unternehmen mit einer komplett anderen Zielsetzungsmethode anzupassen. Plötzlich hatte ich einen Vorgesetzten, an dem ich mich ausrichten musste. Zusätzlich hatte ich eine neu gegründete Sparte zu führen: *UA Connected Fitness – North America*. Die Einheit wurde zur wirksamen Umsetzung aufstrebender digitaler Technologien gegründet, um Fitness und Leistung zu verbessern. Ich hatte drei zusätzliche Apps zu koordinieren, von denen die Teams alle eine unterschiedliche Kultur und einen unterschiedlichen Arbeitsstil pflegten.

In der Wachstumsphase wird die Ausrichtung exponentiell komplexer. Wie sollten wir 400 Personen zeigen, was wir erreichen wollen und sie dabei stärken, sich miteinander und mit uns abzustimmen? Wie konnten wir alle dazu bringen, in die gleiche Richtung zu rudern und ihren Einsatz am produktivsten einzubringen? Am Anfang fand ich das wirklich schwierig, und ich kann mir nur schwer vorstellen, wie Amazon und Apple damit zurechtkommen. Als wir dann die OKRs in unserer Sparte einführten, hat uns das enorm geholfen.

Aber Connected Fitness hatte auch einige Anspruchsgruppen innerhalb von Under Armour. Ein paar Wochen nach unserer Übernahme beraumte mein Vorgesetzter eine externe Führungssitzung für 20 Leute an. Under Armour folgte einem jährlichen Rhythmus und die Abteilungsleiter wurden gefragt, was sie in diesem Jahr erreichen wollten. Bei MyFitnessPal waren wir es gewohnt, ausreichend Zeit für eine saubere Zielplanung zu investieren. Wir waren vorbereitet.

Als das Meeting dann begann, bemerkten Albert und ich zu unserer Überraschung, dass das E-Commerce-Team darauf zählte, dass wir erheblichen Datenverkehr mit unseren Apps generieren würden. Auch das Daten-Team ging davon aus, dass wir eine ganze Masse an Daten liefern würden. Das Verkaufsteam wiederum hatte sich bereits einen spezifischen Betrag an Werbeumsätzen unsererseits vorgestellt. Alle drei Abteilungen hatten also vorgefertigte Meinungen darüber, was sie von uns erwarten konnten, ohne zu wissen, was andere Teams verlangten. Ebenso wenig konnte irgendjemand erkennen, wie ihre Ziele zu unseren eigenen Wachstumszielen passten und noch viel weniger zum übergeordneten Unternehmensziel. Wo man auch hinsah, gab es ungeklärte Abhängigkeiten; es war das gleiche Problem, das wir auch intern bei MyFitnessPal hatten. Wir hatten einfach keine Chance, all diese Dinge zu erledigen.

Es dauerte 18 Monate, um die Ausrichtung unserer neuen Sparte zu korrigieren, und wir hätten das nie ohne OKRs geschafft. Zunächst mussten wir unsere Kapazitätsengpässe für die Entwicklung neuer Software definieren, danach unsere obersten Prioritäten spezifizieren. Da wir unsere eigenen OKRs mit allen teilten, konnte ich erklären, weshalb bestimmte Projekte entsprechend viel Zeit benötigten und wo wir unsere Anstrengungen mit Blick auf die obersten Unternehmensziele steigern mussten. Ich sagte: „Das ist der Prozess, den wir verwenden, und ich zeige euch unsere OKRs. Ihr müsst mich wissen lassen, wenn ihr glaubt, dass irgendetwas fehlt oder wenn ihr denkt, dass wir an den falschen Dingen arbeiten."

Es war eine strikt einseitige Transparenz, und ich war etwas nervös, das so durchzuziehen, aber letztlich funktionierte es. Die Leute begannen, unsere Grenzen zu respektieren und ihre Erwartungen entsprechend anzupassen. Wir haben wiederum unser Bestes gegeben, um mit ihnen zusammenzuarbeiten, indem wir Projekte gefunden haben, die den abteilungsübergreifenden Zielen entsprachen.

Als Albert das MapMyFitness-Produktteam übernahm, überprüfte er zunächst eingehend den Fahrplan und sagte: „Wir müssen das hier um die Hälfte reduzieren, richtig? Wir müssen es auf die Dinge herunterbrechen, die wirklich relevant sind." Nun bewerteten wir die Produktfunktionen in alter MyFitnessPal-Manier: „Was passiert, wenn wir diesen Punkt hier für dieses Quartal aus dem Fahrplan streichen? Würde es sich wirklich auf das Nutzererlebnis auswirken?" In den meisten Fällen würden die betroffenen Funktionen keinen großen Unterschied ausmachen. Und das ist auch keine subjektive Auffassung – wir haben schließlich die entsprechenden Messgrößen, um den Einfluss zu messen. Heute treffen wir härtere und klarere Entscheidungen darüber, worauf wir setzen sollten, und sie stammen alle aus dem OKR-Prozess.

Fokus und Ausrichtung sind abhängig voneinander. Im Mai 2015, drei Monate nach der Übernahme durch Under Armour, wurde unser Premium-Abonnement endlich eingeführt. Das hätte nie passieren können, ohne offen einzugestehen: „Schaut, wir können nicht all diese Dinge erledigen. Wir müssen uns entscheiden." Wir haben dem Unternehmen klargemacht, dass Premium unser wichtigstes Objective war.

Wir sind aber immer noch im Arbeitsprozess. Kurz nach dem Zusammenschluss wurden in zwei unserer vier Apps gleichzeitig Karten in ihre Streckenverfolgungsfunktion implementiert. Da die Teams es allerdings versäumt hatten, bei der Entwicklung zusammenzuarbeiten, entwickelten sie ihre Karten auf unterschiedlichen Arten und mit verschiedenen Anbietern. Abgesehen von der offensichtlichen Ineffizienz, hatten auch unsere Nutzer ein inkonsistentes Erlebnis. Aufgrund dessen hatten sich die beiden Teams auf monatliche Abstimmungen geeinigt, um ähnliche Probleme in Zukunft zu vermeiden. Kurz darauf haben wir OKRs über die gesamte Sparte hinweg eingeführt. Nun sind wir alle auf derselben Wellenlänge und jeder kennt die obersten Prioritäten unserer Gruppe, was ihnen die Freiheit einräumt, ‚nein' zu anderen Dingen zu sagen.

Ausrichtung

Obwohl wir unsere Start-up-Tage hinter uns haben und MyFitnessPal jetzt zu einem viel größeren Unternehmen gehört, haben wir dennoch unsere ambitionierten Objectives. Wir stehen auch immer noch zu unseren OKR-Werten der Transparenz und der Verantwortlichkeit. Wir veröffentlichen unsere Sparten-Objectives in einem Wiki, das jeder im Unternehmen einsehen kann, und wir diskutieren sie jede Woche in einer Sitzung mit Mitarbeitern. Vor Kurzem präsentierte ich unseren OKR-Prozess der erweiterten Geschäftsleitung bei einer Klausurtagung, und sie waren begeistert. Sie fraßen mir geradezu aus der Hand. „Die beste Veranstaltung, die wir je hatten", meinte ein Führungsmitglied.

OKRs sind die operative Grundlage für das gesamte Connected Fitness-Team und ich hoffe, dass ich mit ihnen bei Under Armour mit gutem Beispiel vorangehen kann. Je größer die Organisation, desto größer der Wert, den dieses System liefert.

Abgesehen davon, dass es die Ziele innerhalb eines Unternehmens konsistenter werden lässt, hat die Ausrichtung eine tiefere Bedeutung. Es geht darum, Ihre Ziele auch an den grundlegenden Werten ausgerichtet zu halten. Wir haben unsere Mission auf diejenige von Under Armour, „Alle Athleten besser zu machen", angepasst. In der Connected Fitness-Abteilung leben wir aber immer noch nach dem MyFitnessPal-Mantra: *Wenn unsere Kunden erfolgreich bei der Erreichung ihrer Gesundheits- und Fitnessziele sind, sind wir als Unternehmen erfolgreich.* Als Team stellen wir uns immer noch die gleiche Frage, die Albert und ich uns gestellt hatten, als es im Grunde nur uns beide im Unternehmen gab. Wird diese Funktion – oder diese Partnerschaft – unseren Kunden dabei helfen, erfolgreich zu sein?

Schließlich sind es unsere Nutzer, die hart daran arbeiten, ihr Leben zu verändern. Wie beispielsweise eine Frau, die uns erzählte, wie sie zum ersten Mal seit 20 Jahren wieder von ihrem Stuhl aufstehen konnte, ohne ihre Hände benutzen zu müssen; ein packender Moment der Einsicht für sie. Es sind genau diese Momente, die uns zeigen, wie groß unser Erfolg als Unternehmen ist. Wann immer möglich, legen wir dies in unseren übergeordneten Zielen fest, wie Sie in dem folgenden OKR von vor ein paar Jahren sehen können:

OBJECTIVE
Mehr Menschen weltweit helfen.
KEY RESULTS
1. 27 Millionen neue Nutzer in 2014 gewinnen.
2. 80 Millionen registrierte Nutzer erreichen.

Jede Entscheidung, die wir treffen, muss unsere Vision stärken. Wenn wir uns zwischen unseren Kunden und einem Geschäftsziel entscheiden müssen, entscheiden wir uns immer für unsere Kunden. Wenn ein Ziel nicht zu unserem Mantra zu passen scheint, wird es genauer untersucht. Wir stellen sicher, dass es zu unseren grundsätzlichen Werten passt. Das ist genau das, was uns mit den Leuten, denen wir dienen, verbunden hält. Das macht uns zu dem, was wir sind.

9

VERBINDEN: DIE INTUIT-GESCHICHTE

Atticus Tysen
Chief Information Officer

Intuit hat es 14 Jahre in Folge in die renommierte Liste der „World's Most Admired Companies" des *Forbes*-Magazins geschafft. Es sorgte erstmals in den 1980er-Jahren für Furore, als es mit Quicken, das in der Branche daraufhin zu einem Gattungsbegriff wurde, erstmals die persönlichen Finanzen auf den Desktop abzubilden vermochte. Später kamen eine Software für die Steuererklärung (TurboTax) und die Buchhaltung (QuickBooks) dazu, die mittlerweile beide online arbeiteten. Über die lange Unternehmensgeschichte hinweg hat Intuit hinsichtlich technologischer Standards eine Bedrohung nach der anderen durch Konkurrenten überlebt, indem es immer einen Schritt voraus war. Zuletzt wurde Quicken verkauft und QuickBooks Online als eine offene Plattform neu implementiert. In der Folge stieg die Anzahl abgeschlossener Abonnemente um 49 Prozent. „Immer wenn Intuit den falschen Weg eingeschlagen hat, ist es schnell wieder runter vom Holzweg und zurück auf die Siegerstraße. Deshalb hat das Unternehmen über so lange Zeit so gut abgeschnitten", meinte der UBS-Analyst Brent Thill gegenüber der *New York Times*.

Menschen können sich nicht mit etwas verbinden, was sie nicht sehen, und Netzwerke können nicht im Silodenken gedeihen. Definitionsgemäß sind OKRs für alle Teile einer Organisation und jede Hierarchieebene in jeder Abteilung offen zugänglich und einsehbar. Als Folge erscheinen Unternehmen, die mit OKRs arbeiten, geschlossener und stimmiger.

Anpassungsfähige Organisationen tendieren dazu, intern offener zu sein. In dieser Hinsicht ist Intuit geradezu beispielhaft. Eine Kultur der Transparenz wurde von Mitgründer Scott Cook tief verankert und von „Coach" Bill Campbell als ehemaliger Intuit-CEO und langjähriger Aufsichtsratsvorsitzender noch weiter verstärkt. „Bill Campbell war eine der offensten Personen, die ich je getroffen habe", sagt Atticus Tysen, Intuits Senior Vice President und Chief Information Officer. „Er konnte Menschen lesen und investierte in sie. Man wusste immer, dass er nachdachte und auf Deiner Seite war."

Intuit-CIO Atticus Tysen auf dem Goal Summit 2017.

Das Vermächtnis des Coaches lebt weiter: vor ein paar Jahren stellte Atticus seinen Mitarbeitern die OKRs vor, um der IT-Abteilung bei den Anpassungen zu helfen, als Intuit in die Cloud wechselte. Im darauffolgenden Quartal führte er das System auf Direktoren-Ebene ein und im Quartal danach bei allen 600 IT-Mitarbeitern. Er war jedoch entschlossen, den neuen Prozess nicht zu erzwingen. „Wir wollten keine bürokratische, sondern eine enthusiastische Compliance. Ich wollte sehen, ob das OKR-System von alleine erfolgreich sein würde, was es dann auch tatsächlich war", so Atticus.

Jedes Quartal nimmt Intuits IT-Abteilung rund 2.500 aktive Objectives in Angriff. Da sie ihr Zielsetzungssystem auf Echtzeit- und automatisierten Daten sowie routinemäßige Bestandsaufnahmen aufgebaut haben, richten die Mitarbeiter ungefähr die Hälfte ihrer Objectives an den Zielen der Vorgesetzten oder der Abteilung aus. Insgesamt betrachten sie die OKRs ihrer Vorgesetzten mehr als 4.000 Mal pro Quartal beziehungsweise sieben Mal pro Mitarbeiter, was ein starker Indikator für das Engagement aller Beteiligten ist. Nach der Einführung von OKRs können die Mitarbeiter die Verbindung zwischen ihrer eigenen täglichen Arbeit, den Prioritäten ihrer Kollegen, den Quartals-Objectives ihres Teams und der übergeordneten Unternehmensmission viel klarer sehen. Individuen, Abteilungen und Ziele sind alle eins.

Intuits Geschichte zeigt die Vorteile eines OKR-Pilotprojekts, bevor es unternehmensweit skaliert wird. Ein paar hundert Mitarbeiter reichen für ein OKR-Laboratorium aus, in welchem alle Macken ausgemerzt werden können, bevor es weitläufiger eingeführt wird. Bei Intuit, so CEO Brad Smith, der seine eigenen Ziele immer in seinem Büro aufhängt, damit sie jeder sehen kann, ist eine untereinander verbundene Zielsetzung „erfolgskritisch, um die Mitarbeiter dazu zu bringen, die beste Arbeit ihres Lebens zu leisten."

—

Atticus Tysen: Ich arbeitete elf Jahre lang auf der Produktseite bei Intuit, bevor ich in die IT-Abteilung wechselte und dann 2013 CIO wurde. Ich vollzog diesen Wechsel, weil ich dieses Unternehmen liebte, und ich wusste, dass sich die IT weiterentwickeln musste, um Intuit bei seiner cloudbasierten Mission zu helfen. Es war eine stressige und aufregende Zeit. Die Organisation bewegte sich gleichzeitig in mehrere Richtungen: von der Desktop-Software zur cloudbasierten Software, von einer geschlossenen zu einer offenen Plattform, die Tausenden von Apps von Drittanbietern zugänglich war, und von einem nordamerikanischem zu einem globalen Unternehmen. Während wir uns an unserer Langzeitstrategie, ein integriertes Ökosystem zu werden, orientierten, entwickelten wir uns schrittweise von einem Sammelsurium von Marken (TurboTax, Quicken, QuickBooks) zum Markennamen Intuit.

Bei vielen Disruptionen trägt die IT die Hauptlast der internen Frustration. Jedes Unternehmen, das älter als 30 Jahre ist, sammelt Schichten komplexer Technologie an. Allen voran natürlich ein Technologieunternehmen. In der IT jonglieren wir stets mit den Bedürfnissen interner Partner und den Anforderungen unserer Endnutzer. Wir schlagen die Brücke zwischen Technologie und Geschäftsergebnissen. Das vielleicht Schwierigste ist jedoch, dass wir stets zwischen einem heute perfekt funktionierenden System (wie unsere Leute es erwarten) und unserer Aufgabe, in die Zukunft zu investieren, abwägen müssen. Als Beispiel: Intuit hatte früher neun verschiedene Abrechnungssysteme, um unsere gesamte Produktpalette zu bedienen, und jedes einzelne hatte seine besonderen Herausforderungen. Wenn man jeden Tag damit beschäftigt ist, irgendwelche Feuer zu löschen, ist es schwierig, eine vereinheitlichte Abrechnungstechnologie der nächsten Generation zu entwickeln.

Wie konnten wir nun unseren Mitarbeitern vermitteln, was am relevantesten war, sodass sie dennoch miteinander verbunden blieben? Und wie konnten wir allen bei Intuit versichern, dass wir ihre Anliegen angehen würden? In einer Organisation, in der Silodenken üblich ist, sind die Tätigkeiten oftmals undurchsichtig. Die Leute versuchen vielleicht, in Erfahrung zu bringen, was außerhalb ihrer eigenen Abteilung passiert, wissen aber oftmals gar nicht, wo sie beginnen sollen oder haben keine Zeit, die Dinge weiterzuverfolgen.

Bei Intuit begann der Wandel ganz oben. Um unsere Transformation zu beschleunigen, führte unser CEO Brad Smith ein unternehmensweites Zielsetzungssystem ein. Brad handelte in dieser Hinsicht sehr bewusst und absichtlich. Einmal im Monat treffen sich die Führungskräfte mit ihren Mitarbeitern, um die individuellen Ziele zu diskutieren. Das System verfügt über ein integriertes 360-Grad-Feedback, bei dem beide Parteien regelmäßig ihre Sichtweisen abgleichen.

Intuit weist eine langjährige Kultur des Lernens und Experimentierens auf. Wir versuchen viele Dinge, behalten die Elemente, die am besten funktionieren, und passen sie an, um sie uns zu eigen zu machen. Ich erklärte mich bereit, mit der Personalabteilung zusammenzuarbeiten, um OKRs in der Abteilung „Enterprise Business Solutions“ oder EBS (unserem Spitznamen für die IT) zu testen. Ich stieß 2014 zum ersten Mal auf Objectives and Key Results, als ich „Zielsetzungen“ googelte. Meine Recherchen legten nahe, dass die OKRs uns dabei helfen könnten, nicht nur unsere Arbeitsweise zu ändern, sondern sogar wie wir uns wahrnahmen.

Moderne IT geht weit über das Abarbeiten von Hilfestellungen und Änderungsanfragen hinaus. Es geht darum, einen *Mehrwert* für das Unternehmen zu schaffen: Eliminierung redundanter Systeme, Entwicklung neuer Funktionen und das Finden zukunftsorientierter Lösungen. Indem wir unseren Leuten die Möglichkeit einräumen, Teile des Tagesgeschäfts zurückzustellen, können ihnen die IT-Verantwortlichen dabei helfen, sich auf wichtigere, langfristige Projekte zu konzentrieren. Doch um zu dem Team zu werden, das Intuit benötigte, bedurfte es bei EBS grundlegender Veränderungen.

Heute besitzt jeder Mitarbeiter in meiner Abteilung drei bis fünf Geschäfts-Objectives pro Quartal, zusammen mit ein oder zwei persönlichen. Das System ist sehr wirksam, gerade weil es so einfach und transparent ist. Damit unsere OKRs effektiv wurden, wusste ich, dass sie über ganz Intuit hinweg sichtbar sein mussten, selbst wenn sie niemand außerhalb von EBS benutzte. Ich wollte, dass jeder im Unternehmen genau wusste, was, wie und weshalb wir etwas taten. Wenn die Leute unsere Prioritäten und Herausforderungen verstehen, sind sie viel eher dazu bereit, jemandem zu vertrauen, wenn etwas danebengeht.

Schon früh fand ich es schwierig, meine eigenen Ziele von denjenigen der Abteilung zu trennen. Als Leiter der IT dachte ich, dass sie logischerweise übereinstimmen müssten. Das war jedoch eine falsche Ansicht. Die meisten unserer übergeordneten Objectives liefen von Quartal zu Quartal und üblicherweise 18 Monate lang. Auf den Ebenen darunter passten die Mitarbeiter ihre eigenen OKRs an, wann immer sich das Umfeld veränderte. Berechtigterweise fragten sie irgendwann: „Was macht der CIO eigentlich, wenn sich seine OKRs nie ändern?“. Ich hatte die Botschaft verstanden. Inzwischen habe ich meine eigenen Objectives, und ich arbeite genauso auf die übergeordneten OKRs hin, wie jeder andere.

Neben unserem Hauptsitz in der Bay Area hatten wir es uns zur Aufgabe gemacht, das System weltweit zu implementieren. EBS hat eigene Teams in vier US-Regionen und in Bengaluru, dem High-Tech-Zentrum im Süden Indiens, sowie Support-Teams an jedem Intuit-Standort rund um den Globus. Wenn Mitarbeiter außerhalb des Zentrums arbeiten, fragen sie sich oft, was am Hauptsitz passiert. (Und der Hauptsitz fragt sich das möglicherweise umgekehrt.) OKRs lüften dieses Geheimnis. Sie haben uns zusammengebracht und uns geschlossener werden lassen.

Eines unserer übergeordneten EBS-Objectives ist es, „sämtliche Technologien, die beim Betrieb von Intuit verwendet werden, zu rationalisieren, zu modernisieren und zu sichern.“ In letzter Zeit höre ich, wenn ich ein Team in Texas oder Arizona besuche, immer wieder: „Dieses Projekt rationalisiert unser Portfolio.“ oder „Wie können wir dieses System modernisieren?“ Egal wo sie sich befinden, sie verwenden dieselben drei Verben. Wenn ein neues Projekt zur Diskussion steht, fragen sie sich gegenseitig, wie es in unsere OKR-Vorlage passt. Tut es das nicht, heben sie zu recht die rote Fahne und fragen: „Weshalb tun wir das?“

OBJECTIVE

Modernisierung, Rationalisierung und Sicherung der Technologie, die für den Geschäftsbetrieb von Intuit verwendet wird.

KEY RESULTS

1. Abschluss der Migration der Oracle eBusiness Suite auf R12 und Aufgabe von 11.5.9 in diesem Quartal.
2. Bereitstellung der Rechnungsstellung im Großhandel als Plattformfunktionalität bis zum Ende des Geschäftsjahres 2016.
3. Alle Verkaufsmitarbeiter in der Abteilung Kleinunternehmen auf Salesforce geschult haben.
4. Entwicklung eines Zeitplans zur Ausphasung veralteter Technologie.
5. Entwurf neuer Mitarbeitertechnologie-Strategien, -Roadmaps und -Prinzipien.

Echtzeitdaten aus der Cloud

Intuit sieht sich selbst als ein 34 Jahre altes Start-up. Beginnend mit dem PC in den 1980er-Jahren, spiegelt unsere Geschichte eine Reihe technologischer Disruptionen wider, wobei jede neue Entwicklung die Vorgängerversion auf den Kopf stellte. Unser allererstes Produkt lief auf DOS. Danach wechselten wir auf die Desktop-Versionen von Windows und Macintosh, dann auf mobile Endgeräte und zuletzt in die Cloud.

OKRs können in der Ära der Cloud mit einem sogar noch größeren Effekt eingesetzt werden. Horizontale Ausrichtung geschieht auf natürliche Art und Weise. Mit einer offenen und stets einsehbaren Zielsetzung kann unser Daten- und Analyseteam von Anfang an sehen, was unser Finanzsystem-Team im Sinn hat. Es ist auf Anhieb offensichtlich, dass sie parallel zusammenarbeiten sollten. Als Ergebnis dessen verbinden die Teams ihre Objectives quasi in Echtzeit und nicht erst im Nachhinein, was eine grundlegende Veränderung im Vergleich zu unserer bisherigen Vorgehensweise darstellt.

OBJECTIVE

Befähigung jedes Intuit-Mitarbeiters, Entscheidungen auf Basis von „Live"-Daten zu treffen.

KEY RESULTS

1. Bereitstellung funktionaler Data Marts für Personal- und Verkaufsabteilung.
2. Abschluss der Migration auf das neue Enterprise Data Warehouse, das für einen Echtzeit-Zugang entwickelt wurde.
3. Bestimmung eines einzigen Teams, welches alle Datenvisualisierungswerkzeuge über Intuit hinweg betreut, um eine einheitliche Strategie zu fahren.
4. Entwicklung eines Lehrmoduls, um Mitarbeitern in anderen Teams bei der Nutzung der Datenvisualisierungswerkzeuge zu helfen.

Bei einem Desktop-Softwareunternehmen betrachten die Führungskräfte den Geschäftsbetrieb aus der Einzelhandelsperspektive des 20. Jahrhunderts mit Post-Mortem-Verkaufsberichten und -Absätzen. Während sie ihr Bestes geben, um vorherzusagen, wohin sich das Geschäft entwickeln wird, ist ihr Sehvermögen weitestgehend auf das Sichtfeld des Rückspiegels beschränkt. Im Gegensatz dazu möchte ein cloudbasiertes Unternehmen wissen, was *jetzt gerade* passiert. Wie viele neue Abonnenten gab es *diese Woche*? Wie viele Demoversionen laufen *gerade*? Wie hoch ist unsere *Konversionsrate*? Ein Kunde kann ein Onlineprodukt googeln, die Marketingseite überfliegen, einen kurzen Test durchführen und einen Kauf tätigen; all das in weniger als zehn Minuten. Damit Führungskräfte den Anschluss nicht verlieren, sollten sie ihren Verkaufstrichter täglich überprüfen. Die IT muss über Echtzeitberichte, -daten und -analysen nachdenken, selbst wenn es Funktionen für die Rechnungsstellung im Großhandel entwickelt. Wir haben diese Notwendigkeit im folgenden übergeordneten Objective festgehalten:

Ein Werkzeug für globale Zusammenarbeit

Da Intuit immer globaler wird, gehört asynchrone Zusammenarbeit zunehmend zum Geschäftsleben. Wenn wir von unserem Hauptsitz aus mit unserem Team in Bengaluru zusammenarbeiten, hat eine Videoübertragung nur begrenzten Nutzen. Aufgrund der dreizehn Stunden Zeitverschiebung schlafen unsere Mitarbeiter in Indien, während wir arbeiten, und umgekehrt. Vor drei Jahren gab es nur wenige echte Optionen für eine effektive Zusammenarbeit. Intuit investierte zwar in die neuesten Arbeitsplatztechnologien, doch fehlte es uns an Lösungen für dauerhafte Chatumgebungen, kollaboratives Schreiben und Videokonferenzen. Unsere Leute waren gezwungen, zu improvisieren, und die Produktivität hatte gelitten.

Um das Problem auf eine ganzheitlichere Art und Weise anzugehen, machten wir aus einem Key Result der Arbeitsplatztechnologie ein eigenes übergeordnetes OKR. Innerhalb von sechs Monaten führte uns ein neuer strategischer Schwerpunkt dazu, mehrere neue Werkzeuge einzusetzen, die allesamt unter einem einzigen Authentifizierungssystem integriert sind: Slack für dauerhafte Chatumgebungen, Google Docs für kollaboratives Schreiben, Box für Content Management, BlueJeans für die Videotechnologie der neuen Art. Unsere offene OKR-Plattform half den Teams bei EBS dabei, diesen Übergang zu bewältigen und sich an unserem neuen übergeordneten Objective auszurichten. Jetzt können sich unsere Mitarbeiter auf ihre Arbeit konzentrieren, statt ihre Zeit damit zu verschwenden, herauszufinden, welches Programm sie verwenden sollen.

Gute Ziele zu setzen ist eine Kunst und viel mehr, als reine Ermessensentscheidungen zu treffen. Wenn Sie sich dazu entscheiden, ein Key Result in seiner Relevanz anzuheben, hilft es, ehrlich zu sein. Führungskräfte müssen erklären: „Ja, ich möchte, dass wir uns jetzt auf dieses hier als ein übergeordnetes Objective konzentrieren. Sobald es die zusätzliche Aufmerksamkeit nicht mehr benötigt, werden wir es wieder auf ein KR zurückstufen.“ Es ist ein dynamisches System, in dem Sie immer die Höhe anpassen.

OBJECTIVE

Bereitstellung großartiger Mitarbeitertechnologie-Lösungen und -Strategien.

KEY RESULTS

1. Implementierung eines Piloten für die ersten 100 Nutzer bis Quartalsmitte.
2. Abschluss der BlueJeans-Markteinführung an Endnutzer bis Quartalsende.
3. Transfer der ersten 50 Google-Privatkontonutzer zu Unternehmenskonto-Nutzern bis Quartalsende.
4. Finalisierung des Slack-Vertrags bis zum Ende des ersten Monats und Abschluss der unternehmensweiten Einführung bis Quartalsende.

Studien haben uns immer nahegelegt, dass operative Mitarbeiter aufblühen, wenn sie sehen können, wie ihre Arbeit an den Gesamtzielen des Unternehmens ausgerichtet ist. Ich kann genau das für unsere entfernten Standorte bestätigen, denn ich habe es aus erster Hand von Mitarbeitern in Bengaluru erfahren: „Mein Objective ist ein direktes Key Result des OKRs meines Vorgesetzten, was wiederum direkt an das übergeordnete EBS-Objective geknüpft ist und das wiederum mit der Umstellung des Unternehmens auf die Cloud verbunden ist. Jetzt verstehe ich, wie das, was ich in Indien mache, mit der Unternehmensmission in Verbindung steht.“ Das ist eine gewaltige Erkenntnis. OKRs haben unsere weit verstreuten Abteilungen vereinigt. Dank der strukturierten, sichtbaren Zielsetzung haben sich unsere Grenzen aufgelöst.

Horizontale Verbindungen

Intuit hatte von Anfang an eine flache Organisationsstruktur, mit nur wenigen Schichten zwischen dem CEO und den Mitarbeiten auf der untersten Ebene. Unser Gründer Scott Cook war der Auffassung, dass die beste Idee und weniger die höchste Position gewinnen sollte, was auch heute noch gilt. Vom ersten Tag an, als ich als Teamleiter ins Unternehmen kam, war ich von dieser kollaborativen Kultur beeindruckt. Selbst wenn wir Dinge in Silos erledigten, waren wir dennoch vertikal sehr offen. Man konnte stets mit seinem Vorgesetzten oder auch dessen Vorgesetzten sprechen und es wurde einem respektvoll zugehört.

Die OKRs haben unsere Abteilung horizontal über alle Teams hinweg geöffnet. Anfänglich war es ein wenig komisch. Jeder in der IT wollte sich an den Zielen seines Vorgesetzten oder an meinen ausrichten. In unserem ersten Quartal mit

OKRs ging ich eines Tages auf die Plattform und fand buchstäblich Hunderte von Key Results, die direkt mit einem meiner übergeordneten Objectives verknüpft waren. Ich sagte zu den Leuten: „Eure Vorgesetzten sind immer noch eure Vorgesetzten. Wir werden auch weiterhin zusammenarbeiten und nichts davon wird sich ändern. Aber ihr müsst euch unabhängiger von den Vorgesetzten Ziele setzen und die untereinander verbinden."

Unsere E-Commerce- und Abrechnungsteams arbeiteten unter verschiedenen Vice Presidents, die an mich berichteten. Wenn das E-Commerce-Team einen Einkaufswagen baute, musste das Abrechnungsteam zugehörige Funktionen entwickeln. Auf die alte Art und Weise würden die beiden Programmierer-Teams unabhängig voneinander arbeiten und an ihre jeweiligen Programmverantwortlichen berichten, die wiederum (mit unterschiedlichem Erfolg) versuchen würden, zusammenzufinden.

Doch jetzt, mit horizontal transparenten OKRs, schließen sich unsere Programmierer willentlich zusammen, indem sie sich über die gegenseitigen Objectives miteinander verbinden. Quartal für Quartal stimmen sie sich an den Objectives der Abteilung ab und überlegen, wie sie sich am besten mit ihren Kollegen koordinieren können. Wir bewegen uns weg von delegierten Aufgaben der Führungsebene hin zu echter Autonomie. Unsere EBS-Führungskräfte bestimmen zwar immer noch den Kontext, stellen die wichtigen Fragen und liefern die relevanten Daten, doch sind es unsere untereinander vernetzten Teams, deren Verständnis und Entscheidungen uns letztlich alle gemeinsam voranbringen.

10

ERFOLGSFAKTOR 3: VERFOLGEN DER VERANTWORTLICHKEIT

Auf Gott vertrauen wir; alle anderen müssen Fakten liefern.
W. Edwards Deming

Die Vorteile des logischen Zusammenhangs und der Transparenz von OKRs, wie bei Intuit aufgezeigt, werden noch einmal durch unseren dritten Erfolgsfaktor verstärkt. Eine der eher unterschätzten Eigenschaften von OKRs ist, dass sie nachverfolgt und jederzeit überarbeitet oder angepasst werden können, falls die Umstände es verlangen. Im Gegensatz zu traditionellen, starren, „Setz-und-vergiss-sie"-Geschäftszielen sind OKRs lebende und atmende Organismen. Ihr Lebenszyklus entfaltet sich in drei Phasen, auf die ich nachfolgend eingehen werde.

Das Aufsetzen

Bereits eine einfache Software kann einen OKR-Prozess zum Laufen bringen. Es gibt aber einen Haken: sie skaliert nicht. Als ein Fortune-500-Unternehmen kürzlich versucht hat, die Zielsetzungskadenz zu erhöhen, ist es an seine Grenzen gestoßen. Alle 82.000 Mitarbeiter hatten pflichtbewusst ihre jährlichen Ziele in Word-Dokumenten festgehalten! Ein Wechsel zu vierteljährlichen OKRs hätte 328.000 Dateien pro Jahr bedeutet. Theoretisch wären sie alle intern öffentlich einsehbar gewesen. Aber wer bringt die Geduld auf, Verbindungen und Abgleiche ausfindig zu machen? Ist das System *wirklich* transparent, wenn man ein Ziel teilt, das niemand wahrnimmt?

Als Bill Pence 2014 als Global Chief Technology Officer zu AOL kam, wurden die obersten Unternehmens- und Spartenziele in einer Tabelle vorgestellt und von da aus die Hierarchie hinab kaskadiert. „Die Ziele hatten jedoch nie wirklich ein zuhause, wo sie auf täglicher Basis mit Menschen verbunden werden konnten", sagt Pence. Ohne regelmäßige Statusaktualisierungen rutschen Ziele in die Irrelevanz ab. Die Lücke zwischen Plan und Realität wird jeden Tag größer. Am Ende des Quartals (oder noch schlimmer: am Ende des Jahres) bleiben wir auf Zombie-OKRs sitzen mit „*Was*" und „*Wie*", die leb- und bedeutungslos zu Papier gebracht wurden.

Mitarbeiter sind engagierter, wenn sie tatsächlich sehen, wie ihre Arbeit zum Unternehmenserfolg beiträgt. Von Quartal zu Quartal, von Tag zu Tag suchen sie nach handfesten Messgrößen für ihre Erfolge. Extrinsische Anreize – der Bonus-Scheck zum Jahresende – bestätigt bloß, was sie schon wissen. OKRs sprechen etwas Stärkeres an: den intrinsischen Wert der Arbeit selbst.

Da die Messlatte für strukturierte Zielsetzung stetig höher gelegt wird, führen immer mehr Organisationen eine robuste, gezielte, cloudbasierte OKR-Verwaltungssoftware ein. Die branchenführenden Plattformen bieten mobile Apps, automatische Aktualisierungen, Analysebericht-Werkzeuge, Echtzeitwarnungen und eine Integration mit Salesforce, JIRA und Zendesk an. Mit drei bis vier Klicks können die Nutzer durch ein Dashboard navigieren, um ihre OKRs zu erstellen, nachzuverfolgen, zu bearbeiten und zu bewerten. Diese Plattformen liefern die umgestaltenden OKR-Werte:

- **Sie machen die Ziele eines jeden sichtbarer.** Die Mitarbeiter erhalten ungehinderten Zugang zu den OKRs ihrer Vorgesetzten, ihrer Mitarbeiter und der Organisation als Ganzes.
- **Sie treiben Engagement an.** Wenn man weiß, dass man an den richtigen Dingen arbeitet, ist es wesentlicher einfacher, motiviert zu bleiben.
- **Sie fördern interne Vernetzung.** Eine transparente Plattform führt Individuen zu Kollegen mit gemeinsamen beruflichen Anliegen.
- **Sie sparen Zeit, Geld und Frustration.** In der konventionellen Zielsetzung werden Stunden bei der Suche nach Dokumentationen in Sitzungsprotokollen, E-Mails, Word-Dokumenten und PowerPoint-Folien verschwendet. Mit einer OKR-Verwaltungsplattform stehen alle relevanten Informationen bei Bedarf zur Verfügung.

Bill Pence erinnert sich, dass der CEO von AOL, Tim Armstrong, das Gefühl hatte, dass die Unternehmensziele „zu zusammenhangslos" waren. „Sie waren nicht miteinander verbunden. Sie kaskadierten weder aufwärts, noch abwärts.

Sie blieben im Laufe des Jahres schlicht nicht an den Angestellten und ihre Arbeit gebunden.“ 2016 führte Armstrong eine zweckmäßige Plattform und OKRs ein. Das Ergebnis, so sagt Pence, war radikale Transparenz, Echtzeitverbindung und ein Unternehmen, dass die Abläufe wie selbstverständlich koordinierte.

Der OKR-Kümmerer

Damit ein OKR-System effektiv funktioniert, muss die Einheit, die es umsetzen möchte – wie beispielsweise ein Führungsteam, eine Abteilung oder eine gesamte Organisation – ohne Ausnahmen auf die durchgängige Umsetzung bestehen. Keine Ausnahmen, keine Organisationsmitglieder, die nicht mitmachen. Ja, es wird Späteinsteiger, Gegner und Aufschieber geben. Der beste Weg, um sie dazu zu bringen, sich der Organisation anzuschließen, ist die Benennung eines oder zweier OKR-Kümmerer. Diese Funktion hatte vor einige Jahren Jonathan Rosenberg inne. Er was damals als SVP für Googles Produktabteilung verantwortlich. Im Folgenden ist eines von Jonathans klassischen Kommuniqués, ohne Namen, um die Schuldigen zu schützen:

Von: Jonathan Rosenberg
Datum: Donnerstag, 5. August 2010, 14:59 Uhr
Betreff: Inmitten grenzenloser Möglichkeiten, 13 Projektmanager pfeifen auf OKRs (Namen inkludiert)

Wertes Produktteam,
Wie die meisten von euch wissen, glaube ich fest daran, dass ein guter Satz an vierteljährlichen OKRs ein wichtiger Bestandteil für Erfolg bei Google ist. Das ist der Grund, weshalb ich euch regelmäßig Erinnerungen schicke, sie pünktlich zu erledigen, und weshalb ich Führungskräfte darum bitte, sie zu überprüfen; um sicherzugehen, dass alle unsere OKRs gut sind. Ich habe es mit netten und mit unfreundlichen Erinnerungen versucht. Zu meinen persönlichen Favoriten gehören die Drohungen mit Isolationshaft am 7. Oktober und die perfekte Feier am 8. Juli. Mit der Zeit wiederholte ich diesen Zuckerbrot-und-Peitschen-Ansatz, bis wir nahezu einhundertprozentige Zustimmung hatten. Juhu!

Also stoppte ich das Versenden von Erinnerungen und seht an, was passiert ist: in diesem Quartal haben MEHRERE von Euch die OKRs nicht rechtzeitig geschafft und mehrere andere haben eure Q2-OKRs nicht bewertet. Es stellt sich also heraus, dass es nicht die Art der Erinnerung ist, die ich sende, sondern dass ich überhaupt etwas sende! Die Namen der Gefallenen werden im Folgenden aufgeführt (mit einem Freipass für mehrere AdMob-Mitarbeiter, die mit der Google-Arbeitsweise noch nicht vertraut sind, und mehreren von Euch, welche die Frist verpasst haben, sie aber dennoch im Juli erreicht haben).

Wir haben so viele großartige Möglichkeiten vor uns (Suchmaschine, Werbung, Display, YouTube, Android, Unternehmen, lokal, Verkauf, Chrome, TV, mobil, sozial ...), dass irgendetwas nicht stimmen kann, wenn ihr nicht mit OKRs um die Ecke kommen könnt, die euch dazu motivieren, jeden Tag zur Arbeit zu kommen.

Falls doch, kommt bei mir vorbei.

In der Zwischenzeit würde ich euch darum bitten, eure OKRs rechtzeitig zu erledigen, eure vorangegangenen vierteljährlichen OKRs zu bewerten, eine gute Arbeit dabei zu leisten, und sie zu publizieren, sodass der OKR-Link eurer Moma-Seite [Intranet] funktioniert.

Das ist keine administrative Schwerstarbeit. Es ist ein wichtiger Weg, um Eure Prioritäten für das Quartal zu bestimmen und um sicherzustellen, dass wir alle zusammenarbeiten.

Jonathan

Statusüberprüfungen

Wie der Fitbit-Hype beweist, sehnen sich Menschen danach zu wissen, wie sie sich entwickeln, und wollen dies, bis auf Prozentpunkte heruntergebrochen, vor Augen haben. Die Forschung legt nahe, dass messbarer Fortschritt einen größeren Anreiz darstellen kann, als öffentliche Anerkennung, finanzielle Anreize oder sogar die Zielerreichung selbst. Daniel Pink, der Autor des Buches *Drive*, stimmt dem zu: „Der größte Motivator ist ‚Fortschritte bei der eigenen Arbeit machen'. Die Tage, an denen Menschen Fortschritte machen, sind die Tage, an denen sie am motiviertesten und engagiertesten sind."

Die meisten Zielverwaltungsplattformen verwenden visuelle Unterstützungen, um Fortschritt bei den Objectives and Key Results anzuzeigen. Im Gegensatz zu der Schrittzahl bei Fitbit bedarf es bei OKRs jedoch keiner täglichen Nachverfolgung. Reguläre Bestandsaufnahmen – vorzugsweise wöchentlich – sind ausreichend, um Abweichungen vorzubeugen. Wie Peter Drucker beobachtete: „Ohne einen Handlungsplan wird eine Führungskraft zu einem Gefangenen von Ereignissen. Und ohne Bestandsaufnahmen – um den Plan im Falle solcher Ereignisse zu überdenken – hat die Führungskraft keine Möglichkeit zu wissen, welche Ereignisse wirklich wichtig sind und welche nur Unruhe stiften."

Wie in Kapitel 4 erwähnt, erhöht der einfache Akt des Niederschreibens von Zielen die Chancen auf ihre Erreichung. Die Wahrscheinlichkeit ist jedoch höher, wenn man eine Nachverfolgung des Fortschritts durchführt und dabei die Ziele mit den Kollegen teilt – zwei integrale OKR-Bestandteile. In einer kalifornischen Studie erreichten Menschen, die ihre Ziele niederschrieben *und* einem Freund wöchentliche Fortschrittsberichte schickten, 43 Prozent mehr ihrer Ziele als diejenigen, die nur über ihre Ziele nachdachten, ohne sie zu teilen.

—

OKRs sind von Hause aus flexibel. Sie sind als Leitplanken gedacht, nicht als Ketten oder Scheuklappen. Da Führungskräfte und Mitarbeiter ihre OKRs prüfen, haben sie zu jedem Zeitpunkt im Zyklus vier Optionen:

- **Fortfahren**: Falls ein Ziel im grünen Bereich („auf Kurs") nicht problembehaftet ist, kümmern Sie sich nicht darum.
- **Anpassen**: Modifizieren Sie ein Key Result oder Objective im gelben Bereich („benötigt Aufmerksamkeit"), um auf Änderungen im Arbeitsfluss oder in der Umwelt zu reagieren. Wo liegen Hindernisse? Was könnte anders gemacht werden, um das Ziel wieder auf Kurs zu bringen? Verlangt es nach einem überarbeiteten Zeitplan? Stellen wir andere Initiativen zurück, um Ressourcen für dieses eine freizuschaufeln?
- **Beginnen**: Einführung eines neuen OKR-Zwischenzyklus, wann immer das Bedürfnis aufkommt.
- **Beenden**: Wenn ein Ziel im roten Bereich („in Gefahr") nicht mehr nötig ist, könnte die beste Lösung sein, es zu streichen.[25] Sture Beharrlichkeit kann kontraproduktiv sein.

Der Sinn hinter einem Echtzeit-Dashboard ist die Quantifizierung eines Prozesses im Vergleich zu einem Ziel und die Markierung der Themen, die besonderer Aufmerksamkeit bedürfen. Während OKRs primär eine positive Kraft für *mehr* sind, bewahren sie uns darüber hinaus davor, am Falschen festzuhalten. Wie Stephen Covey bemerkte: „Wenn die Leiter nicht gegen die richtige Wand gelehnt ist, führt uns jede Stufe nur noch schneller in die falsche Richtung." Unverhoffte Überraschungen sind unwahrscheinlicher, wenn man die eigenen OKRs für ein kontinuierliches Feedback nachverfolgt. Ob gute oder schlechte Nachrichten, die Realität wird so oder so eintreten. In diesem Prozess „können Leute von Fehlern lernen, fortfahren und vielleicht sogar einige Aspekte eines Rückschlags als Saatkörner für neuen Erfolg nutzen."

Als die Schulnachrichtenplattform von Remind einen Prototyp des ersten Umsatz bringenden Services, ein Peer-to-Peer-Bezahlservice, vorstellte, war es ein totaler Flop. „Niemand nutzte es", sagt Brett Kopf. „Es löste kein offensichtliches Problem. Wir änderten das Ziel unverzüglich zu einem ereignisgesteuerten System, bei dem Lehrer sagen konnten ‚Ich habe eine Exkursion nächste Woche.

25 Üblicherweise gilt dies für ein Key Result oder *wie* man etwas angeht. Ein gut gewähltes Objective bricht mit geringerer Wahrscheinlichkeit innerhalb von 90 Tagen zusammen.

Kommst Du, ja oder nein? Und bezahlst Du?‘ Das veränderte alles. Es begann, wie verrückt zu laufen und zu wachsen.“

Wann immer ein Key Result oder Objective obsolet oder unpraktisch wird, tun Sie sich keinen Zwang an und schaffen Sie es mittendrin ab. Es gibt keinen Grund dafür, an einer zwei Monate alten Prognose festzuhalten. Streichen Sie es von der Liste und machen Sie mit den anderen weiter. Unsere Ziele müssen dem Zweck dienen, nicht umgekehrt.

Nur eine Bedingung: Wann immer ein Objective vor dem Ende des OKR-Intervalls gestrichen wird, ist es wichtig, jeden davon Betroffenen zu informieren. Danach folgt die Reflexion: *Was habe ich daraus gelernt, was ich zu Beginn des Quartals nicht vorhergesehen habe?* Und: *Wie werde ich das daraus Gelernte in der Zukunft anwenden?*

Mehrfach im Quartal sollten die OKRs in Sitzungen zwischen dem Mitarbeiter und dem Vorgesetzten hinterfragt werden. Fortschritte werden festgehalten, Hindernisse identifiziert und Key Results neu definiert. Zusätzlich zu den Einzelgesprächen vereinbaren Teams und Abteilungen reguläre Sitzungen, um den Fortschritt in Richtung gemeinsamer Objectives zu evaluieren. Wo auch immer ein festgeschriebenes OKR scheitert, muss ein Rettungsplan entwickelt werden. Bei Google variiert die Anzahl der Status-Meetings in Abhängigkeit von den aktuellen Geschäftsanforderungen, der Lücke zwischen prognostizierten Ergebnissen und der Ausführung, der Qualität der Kommunikation innerhalb der Gruppe und der Gruppengröße sowie ihrem Standort. Je verstreuter die Teammitglieder sind, desto öfter müssen sie sich miteinander in Verbindung setzen. Googles Richtwert zum Zyklus der Statusüberprüfungen ist mindestens monatlich, wobei Zieldiskussionen so allgegenwärtig sind, dass formelle Sitzungen manchmal unter den Tisch fallen.

Zusammenfassung: die Endlosschleife

OKRs enden nicht mit der Erreichen der Ziele. Wie in jedem anderen datengetriebenen System kann enormer Wert dank nachträglicher Evaluationen und Analysen generiert werden. Diese Zusammenfassungen, in Form von Einzelgesprächen oder Teamsitzungen, bestehen aus drei Teilen: objektive Bewertung, subjektive Selbstbeurteilung und Reflexion.

Bewertung

Durch die Bewertung unserer OKRs benoten wir, was wir erreicht haben und thematisieren, wie wir etwas beim nächsten Mal anders machen könnten. Eine niedrige Bewertung erfordert einer Neubeurteilung: Sollte das Objective noch weiterverfolgt werden? Wenn ja, was können wir ändern, damit es erreicht wird?

Auf branchenführenden Zielverwaltungsplattformen sind OKR-Bewertungen system-generiert. Die Zahlen sind objektiv und nicht von Menschen gesetzt. (Bei weniger automatisierten, selbst gebastelten Plattformen müssen Nutzer unter Umständen eigene Berechnungen anstellen.) Die simpelste und sauberste Art, ein Objective zu bewerten, ist durch die Berechnung des Durchschnitts der prozentualen Erledigung der dazugehörigen Key Results. Google verwendet eine Skala von 0 bis 1.0:

- 0.7 bis 1.0 = grün[26] (Wir haben geliefert.)
- 0.4 bis 0.6 = gelb (Wir haben Fortschritte gemacht, aber das Ziel nicht erreicht.)
- 0.0 bis 0.3 = rot (Wir sind daran gescheitert, wirklichen Fortschritt zu machen.)

Intel wendete eine ähnliche Formel an. Sie erinnern sich vielleicht an das OKR für die „Operation Crush", der Vorstoß des Unternehmens, den Mikroprozessormarkt zurückzugewinnen. Hier sind Andy Groves tatsächliche Marschbefehle aus dem zweiten Quartal 1980, wie sie von seinem Führungsteam unterstützt wurden (inklusive der Noten zum Quartalsende):

OBJECTIVE

Etablierung des 8086 als leistungsstärkste 16-bit-Mikroprozessoren-Familie, gemessen durch:

KEY RESULTS (Q2 1980)

1. Entwicklung und Veröffentlichung von fünf Benchmarks, welche eine gesteigerte Leistung bei der 8086-Familie zeigen (Anwendungen).
2. Neugestaltung der gesamten 8086-Produktfamilie (Marketing).
3. Produktionsstart des 8MHz-Teils (Entwicklung, Produktion).
4. Prototyp für den arithmetischen Koprozessor bis spätestens zum 15. Juni (Entwicklung).

- Wir erfüllten drei von fünf Vorgaben und hatten folglich eine Bewertung von 0.6, was fast grün war.

26 Googles Mindestanforderung von 0.7 für eine erfolgreiche Umsetzung spiegelt die hohen Ambitionen ihrer Ziele wider (siehe Kapitel 12). Dieser Schwellenwert gilt nicht für die festgeschriebenen operativen Ziele. Bei Verkaufszielen und Produkteinführungen würde jedes Ergebnis unter 1.0 als Versagen gelten.

- Wir haben die 8086-Familie tatsächlich unter einer neuen Produktlinie namens „iAPX" verpackt. Das ist eine perfekte 1.0.
- Die Produktion der 8MHz-Teile, angesetzt für den frühen Mai, war ein Fiasko.[27] Nach Problemen mit dem Polysilizium musste das Ziel auf Oktober verschoben werden. Das ist eine Null.
- Beim arithmetischen Koprozessor war das Ziel, 500 Stück bis zum 15. Juni auszuliefern. Wir erreichten 470, was eine 0.9 bedeutet; wiederum grün.

Insgesamt erzielten wir einen Durchschnitt von 62,5 Prozent (oder eine Rohbewertung von 0.625) bei unseren KRs dieses Objectives – eine respektable Bewertung. Der Intel-Vorstand beurteilte sie als unter den Erwartungen, jedoch nicht zu sehr, da sie wussten, wie aggressiv die Ziele gesetzt waren. In der Regel wussten wir schon zu Beginn eines Quartals, dass wir nicht die 100 Prozent erreichen würden. Wenn eine Abteilung zu nahe an die 100 Prozent herangekommen wäre, hätte es die Ziele zu niedrig angesetzt haben müssen – und dann wäre der Teufel los gewesen.

Selbstbeurteilung

Bei der OKR-Bewertung werden objektive Daten durch subjektive, ganzheitliche Beurteilungen des Zielsetzungsgremiums ergänzt. Für jedes gesetzte Ziel in einem bestimmten Quartal kann es mildernde Umstände geben. Schwache Zahlen können einen enormen Einsatz verdecken, starke Zahlen können künstlich aufgeblasen sein.

Angenommen, das Team-Objective ist die Akquise neuer Kunden, und Ihr persönliches Key Result sind 50 Telefonate. Sie erreichen 35 vielversprechende Anrufe und erzielen damit eine Zielbewertung von 70 Prozent. Waren Sie erfolgreich oder sind Sie gescheitert? Die Daten selbst erlauben uns keinen eindeutigen Rückschluss. Aber wenn ein Dutzend Ihrer Telefonate je mehrere Stunden dauerte und zu acht neuen Kunden führten, geben Sie sich möglicherweise selbst eine perfekte 1.0. Wenn Sie dagegen das KR vor sich hergeschoben haben, durch alle 50 Telefonate gehuscht sind und am Ende nur einen neuen Kunden hatten, bewerten Sie ihre Leistung möglicherweise mit einer 0.25 – Sie hätten mehr tun können. (Und im Nachhinein: Hätte das Key Result nicht eher Anzahl neue Kunden als die Anzahl der Telefonate sein sollen?)

Oder sagen wir, Sie sind ein PR-Verantwortlicher, und das Key Result Ihres Teams ist die landesweite Platzierung von drei Artikel über Ihr Unternehmen. Jedoch werden nur zwei veröffentlicht, wobei einer eine Titelgeschichte im *Wall*

27 Dieses KR unterstreicht die großartige, verbindende Kraft des Mooreschen Gesetzes. Acht Megahertz waren zu der Zeit blitzschnell. Heute kann man jedoch ein $300-Chromebook kaufen, dass mit mehr als zwei *Giga*hertz läuft – 250-mal schneller!

Street Journal ist. Ihre Rohbewertung sind 67 Prozent und dennoch sagen Sie: „Ich gebe uns 9 von 10 Punkten, weil wir einen Volltreffer gelandet haben."

OKR	Fortschritt	Ergebnis	Selbstbeurteilung
Zehn neue Kunden akquirieren.	70%	0.9	Aufgrund eines Markteinbruchs war die Erreichung des OKRs signifikant schwerer, als ich dachte. Unsere sieben neuen Kunden stellen ein außergewöhnlich guten Einsatz und ein ebenso gutes Ergebnis dar.
Zehn neue Kunden akquirieren.	100%	0.7	Als ich das Objective nach nur acht Wochen im laufenden Quartal erreicht hatte, realisierte ich, dass ich das OKR zu niedrig angesetzt hatte.
Zehn neue Kunden akquirieren.	80%	0.6	Dass ich acht neue Kunden akquirieren konnte, war eher dem Glück als harter Arbeit geschuldet. Eine Kundin brachte fünf weitere mit.
Zehn neue Kunden akquirieren.	90%	0.5	Während ich es schaffte, neun neue Kunden an Land zu ziehen, fand ich heraus, dass sieben von ihnen nur geringen Umsatz einbringen würden.

Tabelle 10.1: Bewertungs- und Beurteilungsvariationen

Googlers werden dazu ermutigt, ihre OKRs in ihren Selbstbeurteilungen zu nutzen – als Richtwerte, nicht als Noten. Wie Shona Brown, ehemalige Senior Vice President of Business Operations erklärt: „Es war nicht so, dass Teams ein rot, gelb oder grün hatten. Sondern es gab eine Übersicht darüber, wo sie was geliefert hatten und wie das mit dem alltäglichen Geschäft sowie mit den übergeordneten Zielen des Unternehmens verbunden war." Der springende Punkt bei Objectives and Key Results ist am Ende, jeden dazu zu bringen, an den richtigen Dingen zu arbeiten.

Durch die Einführung der ganzheitlichen Urteile des Zielsetzungsteams stärkt die öffentliche Selbstbeurteilung jedes OKR-System.

Manche Leute werden sich selbst zu hart bewerten; andere wiederum müssen etwas herausgefordert werden. In beiden Fällen springt ein aufmerksamer Moderator oder Teamleiter ein und hilft bei der Neuausrichtung. Am Ende sind die Zahlen vermutlich weniger wichtig, als das kontextabhängige Feedback und eine ausführliche Diskussion innerhalb des Teams.

Während OKR-Ergebnisse zeigen, was bei der Arbeit richtig oder falsch gelaufen ist und wie sich das Team verbessern könnte, führen Selbstbeurteilungen zu einem übergeordneten Zielsetzungs*prozess* für das nächste Quartal. Dabei geht es nicht um Urteile, sondern nur ums Lernen.

Reflexion

OKRs sind von Natur aus handlungsorientiert. Wenn das Handeln aber unerbittlich und unaufhörlich wird, kann es zu einem trostlosen Hamsterrad werden. Der Schlüssel zur Zufriedenheit liegt meines Erachtens darin, aggressive Ziele zu setzen, die meisten davon zu erreichen, innezuhalten, um über die Erfolge nachzudenken, und *dann* den Zyklus zu wiederholen. „Von unmittelbarer Erfahrung" zu lernen, so fand eine Harvard Business School-Studie heraus, „kann effektiver sein, wenn sie mit Reflexion verknüpft wird – das ist der bewusste Versuch, die wichtigsten Erkenntnisse aus der Erfahrung zusammenzufassen, zu abstrahieren und zu artikulieren." Der Philosoph und Pädagoge John Dewey ging noch einen Schritt weiter: „Wir lernen nicht von Erfahrungen. ... Wir lernen von der Reflexion über Erfahrungen."

Hier sind einige Reflexionen für den Abschluss eines OKR-Zyklus:

- Habe ich alle meine Objectives erreicht? Wenn dem so sein sollte, was hat zu meinem Erfolg beigetragen?
- Wenn dem nicht so sein sollte, welchen Hindernissen bin ich begegnet?
- Wenn ich ein Ziel, dass ich vollständig erfüllt habe, neu formulieren müsste, was würde ich ändern?
- Was habe ich gelernt, das meine Herangehensweise an den nächsten OKR-Zyklus ändern würde?

OKR-Zusammenfassungen sind retrospektiv und vorausschauend zugleich. Ein unvollendetes Objective könnte mit einer Reihe von neuen Key Results in das nächste Quartal überführt werden – oder vielleicht ist die Zeit gekommen und es kann gestrichen werden. So oder so, ein gutes Führungsurteil steht an oberster Stelle.

Und noch etwas: Nachdem Sie Ihre Arbeit sorgfältig geprüft haben und sich mögliche Defizite eingestanden haben, nehmen Sie sich einen Moment Zeit, um Ihren Fortschritt zu genießen. Schmeißen Sie eine Party mit dem Team, um Ihre OKR-Erfolge zu feiern. Sie haben es verdient.

11

VERFOLGEN: DIE GATES FOUNDATION-GESCHICHTE

Bill Gates
Vizepräsident des Stiftungsrates

Patty Stonesifer
Ehemalige CEO

Im Jahr 2000 wurde die neugegründete Bill & Melinda Gates Foundation zu etwas, das die Welt nie zuvor gesehen hatte: ein 20 Milliarden-US-Dollar-Start-up. Obwohl Bill Gates kurz zuvor als CEO von Microsoft zurückgetreten war, blieb er Aufsichtsratsvorsitzender und Chief Product Strategist des Unternehmens. Er musste Wege finden, die Ambitionen seiner Stiftung zu kanalisieren, sich den unsicheren Bedingungen dieses Umfelds anzupassen und seinem äußerst beschäftigten, berühmt schnelllebigem Selbst die Möglichkeit zu bestmöglichen Entscheidungen einzuräumen. Je höher der Einsatz, desto wichtiger ist es, den eigenen Fortschritt zu verfolgen, Probleme zu adressieren, sich aus Sackgassen heraus zu manövrieren und Ziele laufend anzupassen.

Um das Ganze noch zu krönen, hatte sich die neugeborene Institution zur kühnsten Mission verpflichtet, die man sich nur vorstellen kann: „Jeder verdient ein gesundes und produktives Leben." Sie forderte brillante Menschen, die ihr Leben der globalen Gesundheit gewidmet hatten, zu Folgendem auf: „Hört auf über inkrementellen Fortschritt nachzudenken. Was würdet ihr tun, wenn ihr unbegrenzte Ressourcen hättet?"

Bis 2002 war die Stiftung so stark gewachsen, dass sie dringend eine strukturiertere Form der Zielsetzung benötigte. Nachdem die CEO der Stiftung, Patty Stonesifer, meinen Pitch zu OKRs bei einer Aufsichtsratssitzung von Amazon gehört hatte, bat sie mich, das Konzept auch ihr vorzustellen. Der Rest ist eine OKR-Geschichte.

—

Patty Stonesifer: Wir hatten das wunderbare Privileg eines leeren Blattes Papier vor uns: „Wie möchtest du die Welt verändern?“ Doch dieses Privileg brachte auch eine enorme Last mit sich. Denn wie weiß man bei einem großen Ziel, ob man auch Fortschritte macht?

Melinda Gates, Patty Stonesifer und Bill Gates bei der Begutachtung von OKRs, 2005.

Wir fühlten uns dazu verpflichtet, verantwortungsvoll mit dem Kapital umzugehen. Bill und Melinda wollten sicher sein, dass ein diszipliniertes System vorhanden war, welches uns bei schweren Entscheidungen anleiten würde. Wir bedienten uns eines Satzes von Jim Collins: „Worin kannst du auf dieser Welt am besten sein?“ Nachdem wir es herausgefunden hatten, legten wir ein OKR-System darüber. Wir glaubten, dass jeder ein gesundes und produktives Leben haben sollte, und Bill und Melinda waren begeistert von der Rolle der Technologie bei der Schaffung von Veränderung. Das war in unserer DNA.

Eine Zeit lang verwendeten wir eine globale Gesundheitskennzahl namens Disability-Adjusted Life Years [dt. ungefähr „produktive Lebensjahre“], kurz

DALY. Sie lieferte uns einen datengesteuerten Rahmen für Key Results, wie beispielsweise die Messung der Wirkung einer Investition in Mikronährstoffe im Vergleich zu einer in Flussblindheit, einer tropischen Hauterkrankung. Die DALY brachten uns dazu, uns auf Impfstoffe zu konzentrieren, die einen so enormen Unterschied hinsichtlich produktiver Lebensjahre machen können. Nun hatten wir eine glaubwürdige Kennzahl, die durch unsere OKRs unterstützt wurde. Die OKRs machten alles klar verständlich.

—

Bill Gates: Ambitionierte und ausgerichtete Ziele waren bei Microsoft immer sehr wichtig. Es erschien in gewisser Weise schon natürlich, da ich bereits in sehr jungem Alter dachte, dass Software eine Zauberkunst sei. In diesen frühen Tagen stand die exponentielle Zunahme von Transistoren in direktem Zusammenhang mit der Leistung eines Gerätes. Wir hatten verstanden, dass bei dem, was uns die Speicherchip-Leute lieferten, kein Ende in Sicht war. Außerdem verstanden wir, dass die Speicherchip- und Kommunikationsleute gleichermaßen exponentielle Codes schrieben. Die Leute für die Eingabemasken waren nicht ganz so exponentiell, doch war die grafische Benutzeroberfläche dennoch schnell genug. Nur eine Sache fehlte: die magische Software, die das Gerät zu etwas Interessantem machte. Ich gab die sichere Karriere eines Juristen oder Wissenschaftlers auf, da mich die Vorstellung davon, was mit all dieser Intelligenz – die ich persönlich „Informationen, die immer zur Hand sind" nannte – passieren könne, so unglaublich faszinierte. Ich fand es einfach überwältigend.

Sogar noch bevor Paul Allen und ich unsere Partnerschaft begannen, pflegten wir immer zu fantasieren: *Ein Computer auf jedem Schreibtisch und in jedem Zuhause*. IBM und andere Leute – mit Ressourcen und Fähigkeiten, die weit über unsere hinausgingen – waren nicht auf dieses Ziel aus. Sie sahen es nicht als Möglichkeit an und drängten deshalb auch nicht so darauf, um sie Wirklichkeit werden zu lassen. Doch wir erkannten, dass es so kommen würde. Das Mooresche Gesetz würde die Dinge günstiger machen und die Software-Industrie zur kritischen Masse führen. Das waren große, große Ziele und sie begannen schon sehr früh für uns.

Unser größter Vorteil war: Wir strebten nach Höherem.

Ziele konkretisieren

Im Jahr 2000 investierten Melinda und ich 20 Milliarden US-Dollar in die Gates Foundation. Plötzlich war es sowohl ein Start-up als auch die größte Stiftung

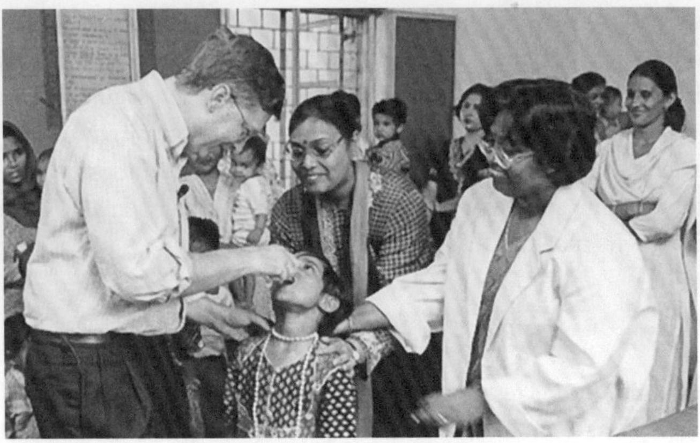

Bill Gates verabreicht einen oralen Impfstoff gegen Polio an ein Kind in Mumbai, 2000.

der Welt. Und die Auszahlungsregeln besagten, dass jährlich mindestens eine Milliarde US-Dollar gespendet werden musste.

Ich hatte beobachtet, wie Andy Grove Leute mithilfe von Subzielen [Key Results] führte und ich beobachtete die Japaner und lernte, wie man damit umging, wenn die Mitarbeiter versagten. Ich glaube nicht, dass ich dabei etwas Besonderes erfunden hatte, doch ich beobachtete und lernte. Eines Tages brachte Patty Stonesifer die OKRs ein, den Grün-Gelb-Rot-Ansatz, und er funktionierte. Wenn wir die OKRs bei unseren Förderungsrevisionen einsetzten, war ich stets zufrieden damit, wonach wir strebten. Ich führte immer noch Microsoft, weshalb meine Zeit begrenzt war und Patty die Dinge zwischen uns sehr effizient gestalten musste, um trotzdem sicherzustellen, dass wir uns immer einig waren. Der Zielsetzungsprozess war ein großer Teil davon. Es gab bisher nur zwei Fälle, bei denen ich einen Förderungsbetrag ablehnte, weil die Ziele nicht klar genug waren. Das OKR-System gab mir Gewissheit, dass ich die richtigen Entscheidungen traf.

Ich bin ein großer Fan von Zielen, doch müssen sie richtig gehandhabt werden. An einem Punkt dachte unser Malariateam, dass wir die Krankheit bis 2015 ausrotten würden, was einfach nicht realistisch war. Überambitionierte Ziele sind schlecht für die Glaubwürdigkeit. In der Philanthropie sehe ich Menschen, die ständig *Ziele* mit *Missionen* verwechseln. Eine Mission ist direktional. Ein Ziel hat eine bestimmte Anzahl konkreter Stufen, bei denen man sich bewusst engagiert und versucht, sie umzusetzen. Es ist in Ordnung, ein ehrgeiziges Ziel zu haben, doch wie skaliert man es? Wie misst man es?

Ich glaube allerdings, dass sich das zunehmend bessert. Philanthropie zieht vermehrt Leute aus Höchstleistungs-Geschäftsfeldern an, welche die Kultur kippen. Eine gute Mission zu haben ist nicht genug. Man muss sein konkretes Ziel kennen und wissen, wie man es erreichen kann.

—

Patti Stonesifer: Die OKRs erlaubten es uns, sowohl ambitioniert *als auch* diszipliniert zu sein. Messbare Key Results würden mangelnden Fortschritt früh genug aufdecken oder zeigen, dass ein Ziel unerreichbar ist und wir die Ressourcen umverteilen sollten. Wenn das Ziel darin besteht, den Guineawurm zu beseitigen, ein wirklich ambitioniertes übergeordnetes Ziel, wäre es wichtig zu wissen, ob das investierte Geld und die Ressourcen auch zu Fortschritt führen. Mit OKRs konnten wir sowohl einen vierteljährlichen als auch einen jährlichen Rhythmus für substanzielle Key Results zur Erreichung eines solch gewaltigen Objectives definieren.[28]

Bis man ein wirklich großes Ziel gesetzt hat, wie zum Beispiel jedes Kind auf der Erde zu impfen, kann man nicht feststellen, welcher Hebel oder welche Kombination aus Hebeln am Wichtigsten ist. Unsere jährlichen Strategiesitzungen begannen mit: „Was ist hier das Ziel? Ist es die Ausrottung einer Krankheit oder ist es die Erweiterung der Reichweite von Impfstoffen?“ Erst danach konnten wir konkreter bei unseren Key Results werden, wie zum Beispiel mit der 80/90-Regel bei der Global Alliance for Vaccines and Immunization [dt. „Globale Allianz für Impfstoffe und Immunisierung“], wo 80 Prozent der Bezirke zu 90 oder mehr Prozent abgedeckt sein sollten. Man benötigt diese Key Results, um die tagtäglichen Aktivitäten auszurichten, und im Laufe der Zeit möchte man sie so weit treiben, dass sie im Vergleich zum wirklich großen Ziel sogar noch ambitionierter sind.

Manchmal haben wir, um ehrlich zu sein, vermutlich das Falsche gemessen. Doch das Bemühen war immer da, uns selbst messbar zu machen. Bei privaten Stiftungen, in denen es keinen Markteffekt zur Messung der Wirkung gibt, muss man genau darauf achten, ob einen die eigenen Daten zum ultimativen Ziel führen. Wir lernten so schnell dazu, dass wir manchmal mittendrin die Datensätze ändern mussten. Nehmen wir an, wir hätten einen Samen, der die Produktion von Süßkartoffeln verdoppeln würde und wir hätten uns nun auf diese Zahl konzentriert. Doch dann stellt sich heraus, dass niemand die Samen verwendet, weil die Süßkartoffeln viermal länger kochen müssen.

Die Bestimmung großer Ziele war nicht so schwer, wie sie herunterzubrechen: Welche Berge müssen versetzt werden, um die Ziele zu erreichen? Das ist eine der vielen Annehmlichkeiten bei der Zusammenarbeit mit Bill und Melinda. Sie wollen Fortschritt sehen, wobei kühne Ziele sie nicht aus der Fassung bringen.

28 Im Jahr 2000 gewährte die Gates Foundation den ersten von vielen achtstelligen Zuschüssen zugunsten des Carter Center. Seither sank die Anzahl gemeldeter Guineawurm-Fälle von 75.223 auf 4619 im Jahr 2008 und nur 22 im Jahr 2015. *Dracontiasis*, so der wissenschaftliche Name, ist nach den Pocken voraussichtlich die zweite Krankheit in der Geschichte der Menschheit, die ausgerottet werden konnte.

Ein Paradebeispiel: der fortlaufende Kampf gegen das tödlichste Tier auf diesem Planeten, die Stechmücke.[29] 2016 schloss sich die Gates Foundation mit der britischen Regierung zu einer fünfjährigen Kampagne für 4,3-Milliarden US-Dollar zusammen, um Malaria, die tödlichste aller Tropenkrankheiten, auszurotten. Angetrieben durch empirische Daten verschoben sie ihren Fokus von einer übertragungsverhindernden Impfung zu einer umfassenderen Ausrottungsstrategie.

OBJECTIVE
Globale Ausrottung von Malaria bis 2040.
KEY RESULTS
1. Der Welt beweisen, dass ein radikaler behandlungsorientierter Ansatz zur regionalen Beseitigung führen kann. 2. Vorbereitungen für Wachstum durch den Aufbau der notwendigen Mittel – „SERCAP" (Single Exposure Radical Cure and Prophylaxis)-Diagnose. 3. Aufrechterhaltung des derzeitigen weltweiten Fortschritts, um sicherzustellen, dass auch die Umwelt die Ausrottung fördert.

Das übergeordnete Ziel ist die Eliminierung des Plasmodiums unter der menschlichen Bevölkerung mit einem besonderen Schwerpunk auf medikamentenresistenten Erregerstämmen. Wie Bill Gates zugibt, ist diese Bestrebung keine einfache. Es gibt jedoch echte Erfolgschancen, weil die Stiftung stets das verfolgt, was wirklich zählt.

29 Laut der Weltgesundheitsorganisation ist die Stechmücke jedes Jahr für 725.000 Tote verantwortlich. Die weibliche *Anopheles*-Mücke, die Überträgerin von Malaria, hat alleine 2015 schätzungsweise 429.000 Menschen getötet, mit einer oberen Bereichsgrenze von 639.000. Im Vergleich dazu töten Menschen jährlich ungefähr 475.000 ihresgleichen. Keine andere Spezies kommt dem auch nur im Ansatz nahe.

12

ERFOLGSFAKTOR 4: NACH DEN STERNEN GREIFEN

Das größte Risiko ist, keines einzugehen.
Mellody Hobson

OKRs bringen uns dazu, unsere Komfortzone zu verlassen. Sie führen uns zu Erfolgen an der Grenze zwischen Fähigkeiten und Träumen. Sie decken neue Kapazitäten auf, fördern kreativere Lösungen und revolutionieren Geschäftsmodelle. Für Unternehmen, die danach streben, langfristig erfolgreich zu sein, ist das Streben nach permanenter Verbesserung unerlässlich. Wie Bill Campbell zu sagen pflegte: Wenn Unternehmen „nicht fortlaufend innovieren, sterben sie irgendwann. Und ich meine nicht *iterieren*, sondern *innovieren*." Konservative Zielsetzung verhindert Innovation. Und Innovation ist wie Sauerstoff: man kann nicht ohne ihn leben.

Wenn ambitionierte Ziele mit Bedacht gewählt werden, stehen sie in einem angemessenen Verhältnis von Risiko und Erfolg. „Big Hairy Audacious Goals" (BHAG) [dt. etwa „große, schwierige, ehrgeizige Ziele"], Jim Collins unvergesslicher Begriff in „Good to Great" [„*Der Weg zu den Besten*"], erlauben einen Sprung auf das nächste Level:

> Ein BHAG ist ein gewaltiges und beängstigendes Ziel, wie ein hoher Berg, den man besteigen soll. Es ist klar, überzeugend, und die Leute „*begreifen*" es auf Anhieb. Ein BHAG dient als verbindliches Zentrum der Bemühungen, das Mitarbeiter wachrüttelt und einen Teamgeist schafft, während die Leute gemeinsam auf die Ziellinie zustreben. Wie die NASA-Mondmission

in den 1960er-Jahren auch, regt ein BHAG die Fantasie an und reißt die Mitarbeiter mit.

Edwin Locke, der Urvater der strukturierten Zielsetzung, führte ein Dutzend Studien zu quantitativen Zusammenhängen zwischen Zielschwierigkeit und Zielerreichung durch. Die Analyse war breit, doch die Resultate eindeutig. Locke schreibt: „Je schwieriger ein Ziel, desto höher das Leistungsniveau. ... Obwohl Probanden mit sehr anspruchsvollen Zielen ihre Ziele wesentlich seltener erreichten als diejenigen mit einfachen Zielen, arbeiteten die Erstgenannten konstant auf einem höheren Niveau." Die Studie belegt, dass „geforderte" Mitarbeiter nicht nur produktiver, sondern auch motivierter und engagierter sind: „Die Festlegung spezifischer und herausfordernder Ziele ist auch ein Mittel, um das Interesse an der Aufgabe zu erhöhen und den Mitarbeitern dabei zu helfen, die spannenden Aspekte einer Aufgabe zu entdecken."

Die National Academy of Engineering bat 2007 bei einer Diskussion unter führenden Vordenkern – darunter Larry Page, der Futurist Ray Kurzweil und der Genforscher J. Craig Venter – darum, 14 „großen technologischen Herausforderungen" des 21. Jahrhunderts zu benennen. Nach einem Jahr der Diskussion einigte sich das Gremium auf eine Reihe grundlegender, anzustrebenden Ziele: Energiegewinnung durch Kernfusion, Rekonstruktion des menschlichen Gehirns, Verhinderung nuklearer Terroranschläge, Sicherung des Cyberspace.

Nicht alle erstrebenswerten Ziele sind so anspruchsvoll. Manchmal spiegeln sie lediglich „gewöhnliche" Arbeit auf einem außergewöhnlichen Niveau wider. Doch unabhängig von Umfang oder Ausmaß passen sie zu meiner Lieblingsdefinition von Entrepreneuren:

Diejenigen, die mehr tun, als jeder andere für möglich hält, ... mit weniger, als jeder für möglich hält.[30]

Sowohl bei jungen Start-ups als auch bei Marktführern können fordernde Ziele eine unternehmerische Kultur schärfen. Durch das Antreiben von Mitarbeitern, über die alten Grenzen hinauszugehen, entstehen wirkungsvolle Kräfte für operative Exzellenz. Wie Philip Potloff, Chief Digital Officer bei Edmunds.com, bemerkte: „Wir versuchen die Art und Weise, wie Automobilhandel betrieben wird, zu verändern, was zwar eine große Herausforderung, aber gleichzeitig eine ebenso große Chance darstellt. Die einzige Möglichkeit für uns, unsere verrückten, großen, ‚branchenverändernden' Ziele auf den Punkt zu bringen, ist der Einsatz von OKRs. Aus diesem Grund stehen die OKRs nach wie vor im Mittelpunkt unseres Handelns."

30 Im Vergleich zu Bürokraten, die weniger leisten mit mehr Einsatz, als jeder für möglich hält.

Ambitionierte Ziele stehen im Zusammenhang mit allen OKR-Erfolgsfaktoren. *Fokus* und *Verpflichtung* sind ein Muss, um ein Ziel zu erreichen, das einen wirklichen Unterschied macht. Nur eine transparente, kollaborative, *ausgerichtete* und *vernetzte* Organisation kann etwas fernab der Norm erreichen. Und woher will man ohne quantifizierbare *Nachverfolgung* wissen, ob man dieses unfassbare, *fordernde* Ziel erreicht hat?

Zwei OKR-Kategorien

Google unterteilt seine OKRs in zwei Kategorien, verbindliche Ziele und erstrebenswerte (oder ambitionierte) Ziele. Es ist eine Differenzierung mit einem wichtigen Unterschied.

Verbindliche Ziele sind an Googles Messwerte gekoppelt: Produkteinführungen, Buchungen, Einstellungen, Kunden. Die Geschäftsleitung bestimmt sie auf Unternehmensebene und die Mitarbeiter auf Abteilungsebene. Im Allgemeinen sollten diese festgeschriebenen Ziele, wie zum Beispiel Verkaufs- und Umsatzziele, innerhalb eines bestimmten Zeitraums komplett zu 100 Prozent erfüllt werden.

Erstrebenswerte Ziele bilden die Big-Picture-Ziele, risikoträchtigere und disruptivere Ideen ab, die über den Tellerrand hinausblicken. Sie können aus irgendeiner Ecke des Unternehmens stammen und zielen darauf, die gesamte Organisation zu mobilisieren. Es ist wortwörtlich erstrebenswert, d.h. herausfordernd und keineswegs selbstverständlich, sie zu erreichen. Nicht-Erreichung – mit einer Durchschnittsquote von 40 Prozent – sind Teil von Googles Geschäft.

Die relative Gewichtung dieser beiden Kategorien ist eine kulturelle Frage. Sie variiert von einer Organisation zur anderen und von Quartal zu Quartal. Führungskräfte müssen sich fragen, was für eine Art von Unternehmen man im kommenden Jahr sein muss. Agil und gewagt, um einen neuen Markt zu erobern, oder eher konservativ und effizient, um die derzeitige Position zu festigen? Ist man in einem Überlebensmodus oder hat man genügend Geld in der Hand, um eine große Investition zu tätigen? Was benötigt das Unternehmen *jetzt*?

Unser Bedürfnis nach Herausforderung

Andy Grove war ein großer Fan von Abraham Maslow, dem Psychologen, der Mitte des 20. Jahrhunderts durch seine „Bedürfnispyramide“ bekannt wurde. Laut Maslow können wir nur dann höherstehende Motivation aktivieren, wenn wir grundlegende Bedürfnisse, angefangen mit Nahrung und Unterkunft, über Sicherheit bis hin zu „Liebe“ und „Zugehörigkeit“, befriedigen. An der Spitze der Maslowschen Pyramide steht das Bedürfnis nach „Selbstverwirklichung“. Grove war fasziniert davon, zu sehen, dass es Menschen gab, die unaufgefordert bereit waren, „die Grenzen ihrer Fähigkeiten auszutesten“ und ihre persönliche

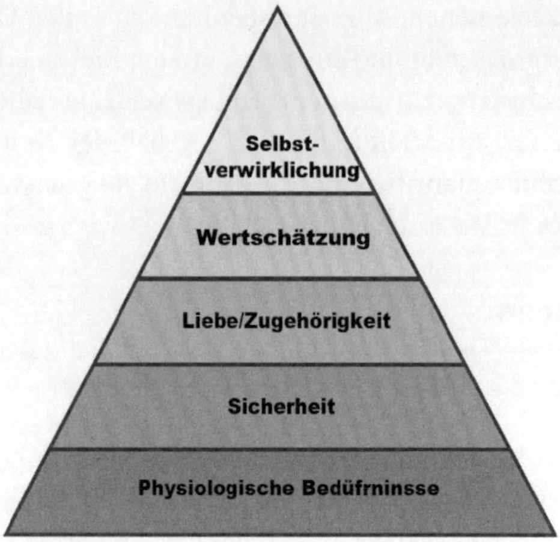

Die Maslowsche Bedürfnispyramide mit den Grundbedürfnissen als Basis.

„Bestleistung“ zu erzielen. Diese Mitarbeiter sind der Traum eines jeden Vorgesetzten, denn sie sind niemals selbstzufrieden. Doch Grove verstand auch, dass nicht jeder ein geborener Erfolgsmensch ist. Bei allen anderen können „fordernde“ Ziele maximale Leistung hervorlocken: „Eine solche Zielsetzung ist extrem wichtig, wenn man Höchstleistungen von sich selbst und den Mitarbeitern erwartet.“

Intel wusste risikofreudige Mitarbeiter sehr zu schätzen. Es war der Ort, an dem ich lernte, nach Höherem zu streben und es zu wagen, auch einmal zu scheitern. In der Operation Crush, die alles entscheidende Kampagne mit dem Ziel, den 16-bit-Mikroprozessoren-Markt zu dominieren, wurden die Vertriebsmitarbeiter des Unternehmens anhand von „Design Wins“, der Anzahl Produkte, in die der 8086-Mikroprozessor verbaut wurde, gemessen. Unter der Leitung von Bill Davidow setzte sich die Crush-Arbeitsgruppe eines der kühnsten Ziele, die ich im Laufe meiner Karriere gesehen hatte: 1000 Design Wins im Kalenderjahr 1980, ergo 50% mehr als im Vorjahr. Und schauen Sie, was als nächstes passiert ist, woran sich Dave House, der Geschäftsführer für Mikroprozessoren, noch gut erinnert:

> Das ist Intel, da muss man alles messen. Und ich glaube, es war [Jim] Lally, der sagte, dass wir 1000 Design Wins brauchten. Es war eine Zahl und sie schien gewaltig. Und während wir so unsere Pläne schmiedeten, wurde diese Zahl plötzlich auf 2000 geändert, was schließlich die Zahl war, die wir für den Außendienst definierten.

2000 Design Wins entsprachen monatlich einem pro Verkäufer. Die Geschäftsführung forderte unsere Außendienstmitarbeiter auf, ihre Zahlen für einen Chip, der derartig unpopulär war, dass langjährige Kunden am Telefon einfach auflegten, zu verdreifachen. Der Vertrieb wurde einfach überstimmt und gleichzeitig wurde ihm ein Ziel, vergleichbar einer Mount Everest-Besteigung, vorgegeben. Als ich Bill Davidow kürzlich auf die Festlegung dieses anspruchsvollen Ziels ansprach, antwortete er: „Ich entschied mich für die 2000, weil ich überzeugt war, dass wir eine gemeinsame Basis brauchten. Und das war sie."

Das Unternehmen versprach allen Vertriebsmitarbeitern, die das Ziel erreichten, eine Reise für zwei Personen nach Tahiti. Jim Lally fügte obendrein eine raffinierte Bedingung hinzu: Wenn ein Außendienstmitarbeiter diese Quote nicht erfüllte, würde keiner der Kollegen in seinem Verkaufsgebiet die Reise erhalten. Zu Beginn waren die Zahlen weit hinter den Erwartungen, bis die Arbeitsgruppe begann, sich Gedanken darüber zu machen, ob die Design Win-Kriterien irgendwie gelockert werden konnten. Doch auf mysteriöse Weise fanden in jenem Sommer farbenfrohe Tahiti-Broschüren ihren Weg in die heimischen Briefkästen aller Verkäufer. Im dritten Quartal war dann der Gruppendruck auf die Nachzügler enorm.

Am Ende des Jahres waren es dann mehr als 2300 Design Wins. Der 8086 führte den Markt an, und Intels Zukunft war gesichert. Praktisch die gesamte Verkaufsmannschaft hatte es nach Tahiti geschafft. Und ein anspruchsvolles Ziel hatte dabei den Unterschied gemacht.

Verzehnfachung

Wenn Andy Grove der Schutzheilige anspruchsvoller OKRs war, ist Larry Page ihr heutiger Oberpriester. In Sachen Technologie steht Google für unermüdliche Innovation und grenzenloses Wachstum. Im Bereich der OKRs ist das Unternehmen ein Synonym für extrem aggressive Ziele, oder wie es der Autor Steven Levy auch nennt: „das Mantra der Verzehnfachung".

Betrachten Sie Gmail: Das Hauptproblem mit früheren webbasierten E-Mail-Systemen war eine dürftige Speicherkapazität, meistens zwischen zwei und vier MB. Die Nutzer waren gezwungen, alte E-Mails zu löschen, um Platz für neue zu schaffen, und Archive waren Wunschdenken. Während der Entwicklung von Gmail dachten die Leute bei Google darüber nach, 100 MB Speicherkapazität anzubieten, was einen großen Schritt dargestellt hätte. Doch bis 2004, als das Produkt schließlich veröffentlicht wurde, war das 100 MB-Ziel gestorben und vergessen. Stattdessen stellte Gmail ein ganzes Gigabyte an Speicherplatz zur Verfügung, was bis zu 500 Mal mehr war, als bei der Konkurrenz. Die Nutzer konnten ihre E-Mails eine Ewigkeit lang behalten. Die digitale Kommunikation hatte sich für immer verändert.

Das, liebe Leser, ist ein Big Hairy Audacious Goal. Gmail hat nicht einfach nur bestehende Systeme verbessert. Es erfand die Kategorie gänzlich neu und zwang konkurrierende Dienste dazu, ihren Einsatz um ein Vielfaches zu erhöhen. Solch ein „10-fach-Denken" ist in jeder Branche und auf jeder Stufe selten. Wie Larry Page beobachtet, würden die meisten Leute „eher dazu tendieren, anzunehmen, dass manche Dinge unmöglich seien, statt von der realen Physik auszugehen und herauszufinden, was wirklich möglich ist."

In *Wired* schrieb Steven Levy folgendes:

> So wie Page die Dinge betrachtet, bedeutet eine zehnprozentige Verbesserung, dass man immer noch das Gleiche macht, wie jeder andere auch. Man wird dabei wahrscheinlich nicht spektakulär scheitern, aber garantiert auch keinen herausragenden Erfolg haben.
>
> Deshalb erwartet Page von Google-Mitarbeitern, dass sie Produkte und Dienstleistungen entwickeln, die zehnmal besser sind, als diejenigen der Konkurrenz. Das bedeutet, dass er sich nicht mit ein paar versteckten Effizienzgewinnen oder Code-Optimierungen zufriedengibt, um kleine Gewinne zu erzielen. Eine Verbesserung um 1000 Prozent erfordert ein Umdenken bei Problemen, die Erforschung des technisch Möglichen und Spaß am Prozess.

Bei Google werden gute OKRs, analog zu Andy Groves altem Standard, mit einer angestrebten Erreichung von 60 bis 70 Prozent bestimmt. Übersetzt bedeutet das, dass die Key Results insgesamt in mindestens 30 Prozent der Zeit nicht erreicht werden. Und das gilt als Erfolg!

Erich Schmidt, Larry Page und Sergey Brin mit Googles erstem selbstfahrenden Auto 2011 – 10-fach-Denken in Aktion!

Auch Google hat sich kollosale Fehlgriffe geleistet: von Google Helpouts bis Google Answers. Das Leben im 70-Prozent-Bereich bedeutet: regelmäßige utopische Ziele unter bewusster Inkaufnahme des Scheiterns. Zu Beginn einer Periode mag kein einziges Ziel als möglich erscheinen. So werden Google-Mitarbeiter dazu angehalten, härtere Fragen zu stellen: Welche radikalen, riskanten Aktivitäten müssen wir in Betracht ziehen? Was müssen wir *aufhören* zu tun? Wo können wir Ressourcen verschieben oder neue Partner finden? Damit gelingt es dann doch immer wieder, bis zum Periodenende einen erheblichen Anteil dieser unmöglichen Ziele zu erreichen.

Anspruchsvolle Kennzahlen

Um erfolgreich zu sein, dürfen anspruchsvolle Ziele nicht als langer Marsch ins Nirgendwo wahrgenommen werden. Sie dürfen auch nicht von oben auferlegt werden ohne Rücksicht auf die Realitäten. Fordert man ein Team zu schnell und zu stark, kann es unter Umständen daran zerbrechen. Bei der Verfolgung hochriskanter Ziele, die eines hohen Aufwands bedürfen, ist das Engagement der Mitarbeiter entscheidend. Führungskräfte müssen zwei Dinge vermitteln: die Relevanz des Ergebnisses und den Glauben daran, dass es erreichbar ist.

Nur wenigen Organisationen können ähnlich umfangreiche Ressourcen mobilisieren wie Google, wenn ein utopisches Ziel in die Gefahr des Scheiterns gerät. Jede Organisation hat ihre eigene Risikotoleranz, die sich im Laufe der Zeit ändern kann. Je größer der Spielraum für Fehler, desto mehr Ressourcen kann eine Organisation mobilisieren. Für die meisten dürfte eine 40-prozentige OKR-Misserfolgsquote zu riskant und zu entmutigend erscheinen, unabhängig davon, was die Geschäftsführung sagt. Für Überflieger kann alles, was nicht perfekt ist, an der Moral zehren. Bei Risk Management Solutions in Kalifornien gibt es „mehr Abschlüsse als Mitarbeiter", erzählt Amelia Merrill, eine ehemalige Personalverantwortliche. „Die Leute hier sind es gewohnt, ein A zu bekommen. Sie bekommen kein B. Kulturell ist es hier einfach sehr schwierig, die Verschiebung dahin zu schaffen, das nicht immer 100 Prozent erreicht werden können."

Mike Lee von MyFitnessPal erklärt, dass *alle* OKRs vereinbarte Ziele sind: durchaus schwierig und anspruchsvoll, aber in vollem Umfang erreichbar. „Ich versuche die Messlatte so zu setzen, wie ich es für sinnvoll halte", sagt er. „Wenn wir sie alle erreichen, werde ich mich über unseren Fortschritt freuen." Es ist ein durchaus vernünftiger Ansatz, doch nicht ohne Tücken. Könnten Mikes Mitarbeiter in Zukunft möglicherweise davor zurückschrecken, ein Objective in Angriff zu nehmen, wo sie vielleicht nur 90 Prozent erreichen können? Meiner Meinung nach ist es für Führungskräfte besser, die Mitarbeiter in Maßen zu fordern. Mit der Zeit, wenn Teams und Individuen an Erfahrung gewinnen, werden ihre Key Results präziser *und* aggressiver.

Es gibt keine magische Zahl für den „richtigen“ Grad des Forderns. Doch denken Sie an Folgendes: Wie kann Ihr Team maximalen Wert schaffen? Wie würde *das Unglaubliche* genau aussehen? Wenn Sie danach streben, Größe zu erreichen, ist das Streben nach Unglaublichem ein guter Ausgangspunkt. Wie Andy Grove klarstellte, ist es aber auf keinen Fall der Punkt, an dem man aufhören sollte:

> Wissen Sie, in unserem Geschäft müssen wir uns selbst unangenehm harte Ziele setzen und sie dann auch noch erreichen. *Und nach zehn Millisekunden des Feierns* müssen wir uns selbst wieder einen neuen Satz schwer erreichbarer Ziele setzen und sie wiederum erreichen. Die Belohnung für das Erreichen eines dieser Ziele ist dann, dass man das ganze Spiel nochmals spielen darf.

13

(SICH) FORDERN: DIE GOOGLE CHROME-GESCHICHTE

Sundar Pichai
CEO

Fordernde Ziele wurden von den Führungskräften des Google X-Teams, das die Loon-Ballons und selbstfahrenden Autos entwickelt hat, auf einprägsame Weise definiert. Astro Teller meinte: „Wenn Sie möchten, dass Ihr Auto 50 Meilen pro Gallone weit kommt, ist das in Ordnung, denn man kann das Auto ein wenig aufrüsten. Wenn ich Ihnen aber sage, dass es mit einer Gallone Benzin 600 Meilen weit kommen soll, müssen Sie von vorne beginnen."

Im Jahr 2008 war Sundar Pichai Googles Vice President für Produktentwicklung. Als Sundar und sein Team mit ihrem Chrome-Browser an den Markt gingen, hatten sie definitiv ganz von vorne begonnen. Erfolgsgetrieben und doch ohne Angst vor dem Scheitern nutzten sie OKRs, um ihr Produkt und ihr Unternehmen in eine neue Umlaufbahn zu katapultieren. Heute ist Chrome sowohl auf mobilen Endgeräten als auch auf dem Desktop bei Weitem der populärste Browser. Wie Sie sehen werden, gab es jedoch auch Hindernisse auf dem Weg. Aber wie Larry Page zu sagen pflegt: „Wenn man ein verrücktes, ambitioniertes Ziel setzt und es verfehlt, wird man dennoch etwas Bemerkenswertes erreichen." Wenn man nach den Sternen greift, kann man dabei zwar durchaus schlecht wegkommen, aber dennoch den Mond erreichen.

Sundar Pichais Karriere ist ein personifiziertes anspruchsvolles Ziel. Im Oktober 2015, im Alter von 43 Jahren, wurde Sundar Googles dritter CEO. Heute steht er einer Organisation vor, die mehr als 60.000 Mitarbeiter und einen 80-Milliarden-US-Dollar-Umsatz aufweist.

—

Sundar Pichai: Als ich in den 1980er-Jahren in Südindien aufwuchs, kam ich kaum mit einer Technologie, wie wir sie heute kennen, in Berührung. Doch hatte das, was wir besaßen, einen tiefgreifenden Einfluss auf mein Leben. Mein Vater war Elektrotechniker in Chennai, einer großen Metropole, aber wir lebten bescheiden. Die Wartezeit für ein Telefon – ein Wählscheibenmodell – betrug damals drei bis vier Jahre, und ich war zwölf Jahre alt, als meine Familie endlich eines bekam. Es war ein großes Ereignis und unsere Nachbarn würden immer wieder vorbeikommen, um es zu benutzen.

Ich habe mein Leben als prä- und posttelefonisch in Erinnerung – dieses eine Gerät veränderte so vieles. Prätelefonisch hätte meine Mutter gesagt: „Kannst du bitte im Krankenhaus fragen, ob die Ergebnisse des Bluttests vorliegen?" Ich wäre also mit dem Bus zum Krankenhaus gefahren, hätte in der Schlange gewartet und nicht selten sagte man mir: „Nein, sie liegen noch nicht vor, komm morgen vorbei." Das war insgesamt ein dreistündiger Ausflug! Posttelefonisch konnte ich einfach im Krankenhaus anrufen und erfuhr die Ergebnisse. Heute erachten wir Technologie als selbstverständlich und sie wird jeden Tag besser. Für mich gab es jedoch diese bestimmten Momente, davor und danach, die ich nie vergessen werde.

Ich las jedes Buch über Computer und Halbleiter, das ich in die Hände bekam. Ich strebte danach, es irgendwie ins Silicon Valley zu schaffen, was konkret für mich bedeutete, nach Stanford zu kommen. Das war mein Ziel: ein Teil all dieser Veränderungen, die dort stattfinden, zu sein. Ich glaube, in gewisser Weise träumte ich noch leidenschaftlicher davon, weil uns selbst so wenig Technologie zur Verfügung stand. Ich wurde von der Vorstellungskraft angetrieben.

Die neue Anwendungsplattform

Fünf Jahre lang arbeitete ich in der Verfahrenstechnik sowie in der Forschung und Entwicklung bei Applied Materials in Santa Clara. Manchmal musste ich zu Intel gehen, und jedes Mal, wenn ich durch die Tür trat, konnte ich die Kultur von Andy Grove spüren. Die Firma war bis ins kleinste Details unglaublich diszipliniert. (Ich erinnere mich vage daran, für jede einzelne Tasse Kaffee bezahlt haben zu müssen.) In der Halbleiterprozesstechnik muss man bei der Zielsetzung äußerst methodisch vorgehen und sich durcharbeiten. Daher hat mir meine Arbeit bei Applied Materials sehr dabei geholfen, genauer über Ziele nachzudenken.

Als sich das Internet immer weiterentwickelte, konnte ich sein enormes Potenzial erkennen. Ich las alles darüber, was Google tat – ich war begeistert von diesem Thema. Besonders begeistert war ich, als sie ein Produkt namens Deskbar lancierten, dass bei Windows eine Suche im Web von einem kleinen Fenster in der Taskleiste aus erlaubte, sodass man den Browser nicht öffnen musste. Es war da, wenn man es brauchte, aber auch nur dann. Es war ein frühes Werkzeug für Wachstum und ein guter Weg, Google an viel mehr Menschen heranzutragen.

Ich schloss mich Google 2004 als Produktverantwortlicher an, als sich im Unternehmen noch alles um die Suchmaschine drehte. Es war allerdings auch das Jahr des Web 2.0 und des steigenden benutzergenerierten Inhalts sowie von AJAX (ein Modul von Webentwicklungstechniken, das es den Nutzern ermöglichte, mit einem Server zu kommunizieren, ohne eine Seite neu laden oder den Browser aktualisieren zu müssen). Das frühe Internet war eine Plattform für Inhalte, wurde jedoch schnell zu einer Plattform für Anwendungen. Wir sahen den Beginn eines Paradigmenwechsels im Internet, und ich spürte, dass Google im Mittelpunkt dessen stehen würde.

Meine erste Aufgabe bestand darin, die Entwicklung der Google-Toolbar zu leiten, die zu jedem Browser hinzugefügt werden konnte, um zur Google-Suchmaschine zu gelangen. Es war das richtige Projekt zur rechten Zeit. In nur wenigen Jahren konnten wir die Nutzerbasis der Toolbar mehr als verzehnfachen. Das war der Moment, als ich zum ersten Mal die Kraft eines ambitionierten, anspruchsvollen OKRs erkannte.

Einen Browser neu denken

Inzwischen hatten wir etwas Neuartiges bei Google: ein Team zur Entwicklung von Client-Software. Wir hatten ein Team, das an Firefox arbeitete, um dabei zu helfen, den Browser von Mozilla zu verbessern. Im Jahr 2006 begannen wir, den Browser als eine Computerplattform zu betrachten, fast wie ein Betriebssystem, sodass Leute Anwendungen auf dem Web selbst schreiben konnten. Diese grundlegende Erkenntnis brachte Chrome hervor. Wir wussten, dass wir eine Multiprozessarchitektur benötigten, damit jeder Tab ein eigener Prozess war, auch um das Gmail eines Nutzers zu schützen, falls eine andere Anwendung abstürzen sollte. Außerdem wussten wir, dass JavaScript viel schneller funktionieren musste. Wir hatten Lust auf die Aufgabe, den bestmöglichen Browser zu erschaffen.

Eric Schmidt, unser damaliger CEO, wusste, wie schwer es war, einen Browser von Grund auf neu aufzubauen: „Wenn wir es tun, sollten wir es ernst meinen."

Wenn Chrome nicht grundlegend anders, besser und schneller als die üblichen bisherigen Browser ist, dann ist es sinnlos, weiter daran zu arbeiten.

2008, im Jahr der Einführung von Chrome, formulierte unser Produktmanagement-Team ein jährliches Objective auf höchster Ebene, dass einen nachhaltigen Einfluss auf Googles Zukunft haben sollte: die „Entwicklung einer Client-Plattform der nächsten Generation für Web-Anwendungen." Das wichtigste Key Result dabei: „Chrome erreicht 20 Millionen aktive Nutzer pro Woche."

Das Ziel steigern

In Googles OKR-Verständnis galt eine durchschnittliche Zielerreichung von 70 Prozent als Erfolg. Es wurde nicht erwartet, dass man bei jedem OKR, das man selbst definierte, im grünen Bereich landete, da das Team andernfalls nicht genügend gefordert schien. Es gab jedoch eine intrinsische Spannung, da man bei Google nicht eingestellt wurde, wenn man nicht erfolgsgetrieben war. Als Führungskraft wollte man nicht am Ende des Quartals mit einem roten Balken auf dem Bildschirm vor dem Unternehmen stehen und erklären, wie und weshalb man gescheitert war. Der Druck und das Unbehagen dieser Erfahrung bewegte viele von uns dazu, eine Menge ambitionierte Dinge zu tun, um genau das zu vermeiden. Wenn man aber die Ziele des Teams richtig setzte, war ein Scheitern manchmal einfach unvermeidbar.

Larry war immer gut darin, die Ziele für die Unternehmens-OKRs zu steigern. Er benutzte bestimmte Phrasen, die bei mir hängen blieben. Er wollte, dass die Leute bei Google „über die Komfortzone hinaus begeistert und stimuliert" sind. Er wollte, dass wir „eine gesunde Missachtung des Unmöglichen" aufweisen. Ich versuchte das Gleiche bei den Produktteams. Es verlangte einiges an Mut, ein OKR zu definieren, dass durchaus scheitern könnte, aber es gab keine andere Möglichkeit, wenn wir wirklich großartig sein wollten. Wir haben bewusst die Messlatte von 20 Millionen aktiven Nutzern pro Woche bis zum Jahresende hoch gesetzt, da wir wussten, dass dies eine gewaltige Herausforderung sein würde. Wir begannen schließlich bei null.

Als Führungskraft muss man versuchen, das Team herauszufordern, ohne dabei das Gefühl zu vermitteln, dass das Ziel unerreichbar sei. Ich hielt es für unwahrscheinlich, dass wir unser Ziel innerhalb dieser Frist erreichen würden. (Ehrlich gesagt dachte ich, dass wir es überhaupt nicht erreichen würden.) Aber ich erachtete es auch als wichtig, bis an die Grenzen unserer Fähigkeiten und sogar darüber hinaus zu gehen. Unser anspruchsvolles OKR gab unserem Team eine Richtung und ein Werkzeug zur Messung des Fortschritts. Es machte Selbstzufriedenheit unmöglich. Und es hielt uns jeden Tag dazu an, den Rahmen dessen, was wir taten, zu überdenken. All diese Dinge waren viel wichtiger, als ein bestimmtes Ziel zu einem bestimmten Zeitpunkt zu erreichen.

In der Anfangsphase, als Google Schwierigkeiten hatte, einen Marktanteil von drei Prozent zu erreichen, erhielten wir einige unerwartet schlechte Nachrichten. Die Mac-Version von Chrome war weit hinter dem Zeitplan und nur die Windows-Nutzer würden in die 20 Millionen hineinzählen.

Es gab jedoch auch gute Nachrichten: die Leute, die Chrome verwendeten, liebten es, was sich auf das Wachstum auswirkte. Ungeachtet dessen hatten wir das Bewusstsein für eine neue Art der Verwendung des Internets geschärft. Wir mussten nur mehr Nutzer finden – besser früher als später.

Tiefer graben

Google steht für Geschwindigkeit. Das Unternehmen führt einen ständigen Kampf gegen Latenzzeit, die Verzögerung bei Datenübertragungen, welche die Benutzerfreundlichkeit beeinträchtigt. Im Jahr 2008 definierten Larry und Sergey ein schönes OKR, das die Aufmerksamkeit der Leute wirklich auf sich zog: „Wir sollten das Internet genauso schnell machen, wie das Durchblättern eines Magazins." Es inspirierte das ganze Unternehmen dazu, noch intensiver darüber nachzudenken, wie man Dinge besser und schneller machen konnte.

Für das Chrome-Projekt definierten wir ein Sub-OKR mit dem Ziel, JavaScript zu beschleunigen. Es war das Ziel, Anwendungen im Web so reibungslos wie Downloads auf einem Desktop zu machen. Wir setzten das geradezu utopische Ziel einer zehnfachen Verbesserung und nannten das Projekt „V8", in Anlehnung an einen leistungsstarken Automotor. Wir hatten das Glück, einen dänischen Programmierer namens Lars Bak zu finden, der virtuelle Maschinen für Sun Microsystems gebaut hatte und mehr als ein Dutzend Patente besaß. Lars ist einer der Großen auf seinem Gebiet. Er kam zu uns und sagte, ganz ohne einen Hauch von Prahlerei, „Ich kann etwas machen, was viel, viel schneller ist." Innerhalb von vier Monaten brachte er JavaScript dazu, zehnmal schneller als auf Firefox zu laufen. Innerhalb von zwei Jahren war es zwanzigmal schneller – ein unglaublicher Fortschritt. (Manchmal ist ein erstrebenswertes Ziel gar nicht so wahnsinnig herausfordernd, wie es vielleicht scheint. Wie Lars später Steven Levy in *In the Plex* erzählte: „Wir unterschätzen irgendwie, was wir erreichen können.")

Erstrebenswerte OKRs sind eine intensive Übung zur Problemlösung. Nach meiner Erfahrung mit der Toolbar hatte ich ein gutes Gespür dafür, wie ich mich durch die unvermeidlichen Tiefpunkte kämpfen konnte. Ich blieb stets vorsichtig optimistisch mit meinem Team. Wenn wir Nutzer verloren, sagte ich ihnen, dass wir ein Experiment machen sollten, um zu verstehen, weshalb wir sie verloren haben und wie sich das zukünftig vermeiden lassen könnte. Wenn die Kompatibilität ein Problem darstellte, formierte ich ein Team, das sich nur darauf konzentrierte. Ich habe stets versucht, aufmerksam, systematisch und nicht zu emotional vorzugehen. Ich glaube, das hilft.

Google wird von unserer „Moonshot"-Kultur angetrieben. Das wirklich Ambitionierte ist immer schwer umsetzbar. Auf gesunde Weise erkannte unser Team, dass der Erfolg von Chrome letztlich Hunderte von Millionen Nutzern bedeuten würde. Wenn wir bei Google etwas Neues erfinden, denken wir immer: Wie können wir es auf eine Milliarde Nutzer hochskalieren? Zu Beginn kann diese Zahl sehr abstrakt wirken. Aber wenn man ein messbares Ziel für das Jahr festlegt und das Problem Quartal für Quartal in Teile zerlegt, werden utopische Ziele plötzlich umsetzbar. Das ist einer der großen Vorteile von OKRs: sie geben uns klare, quantitative Ziele beim Sprung in eine andere Dimension.

Nachdem wir 2008 die 20 Millionen Nutzer verfehlten, gruben wir tiefer. Wir haben das Objective nie aufgegeben, veränderten aber die Art und Weise, wie wir es formulierten. Folgendes habe ich versucht zu kommunizieren: „Nein, wir haben das Ziel nicht erreicht, aber wir legen den Grundstein dafür, diese Grenze zu überwinden. Was werden wir nun anders machen?" In einer Kultur intelligenter Leute empfiehlt es sich, eine gute Antwort auf diese Frage parat zu haben. Im vorliegenden Fall benötigten wir eine Lösung für ein grundlegendes Problem: Warum war es so schwer, Leute dazu zu bringen, einen neuen Browser auszuprobieren?

So motivierten wir uns dazu, neue Vertriebswege für Chrome zu ergründen. Als wir am Ende feststellten, dass die Leute schlicht nicht genau wussten, was ein Browser überhaupt für sie tat, machten wir uns Fernsehmarketing zunutze, um es den Leuten zu erklären. Unsere Chrome-Werbespots waren die größte Offline-Kampagne in der Unternehmensgeschichte. Die Leute erinnern sich immer noch an „Dear Sophie", ein Spot, der von dem digitalen Album eines Vaters über seine heranwachsende Tochter handelte [verfügbar auf whatmatters.com]. Er zeigte den einfachen Start mit unserem Browser in eine Vielzahl von webbasierten Anwendungen, von Gmail über YouTube bis hin zu Google Maps. Er führte die Leute an das Internet als eine Anwendungsplattform heran.

Versuchen und scheitern, versuchen und gewinnen

Erfolg stellte sich nicht augenblicklich ein. Im Jahr 2009 definierten wir ein weiteres anspruchsvolles OKR für Chrome – 50 Millionen aktive Nutzer pro

Woche – und scheiterten wieder daran mit nur 38 Millionen am Ende des Jahres. Für 2010 habe ich unbeirrt ein Ziel von 100 Millionen Nutzern vorgeschlagen. Larry war der Ansicht, dass wir sogar noch weiter gehen sollten. Er sagte, mein Ziel würde schließlich nur zehn Prozent der damaligen Anzahl Internet-Nutzer entsprechen. Ich erwiderte, dass 100 Millionen tatsächlich sehr aggressiv gewählt seien.

Larry und ich entschieden uns schließlich für ein OKR von 111 Millionen Nutzern, ein klassisches ambitioniertes Ziel. Um das zu erreichen, mussten wir das Geschäft von Chrome neu erfinden und neue Wege des Wachstums ergründen. Und wieder: Was konnten wir anders machen? Im Februar erweiterten wir unsere Vertriebsvereinbarungen mit den OEMs (Original Equipment Manufacturers). Im März starteten wir eine „Chrome Fast"-Kampagne, um die Produktbekanntheit in den USA zu erhöhen. Im Mai erweiterten wir unser Angebot um Chrome für OS X und Linux. Endlich war unser Browser kein ausschließliches Windows-Produkt mehr.

Bis ins dritte Quartal hinein blieb der Ausgang zweifelhaft. Wochen später, am Ende des dritten Quartals, war unsere Nutzerzahl von 87 Millionen auf 107 Millionen angestiegen. Und kurz darauf erreichten wir die 111 Millionen aktiven Nutzer pro Woche. Wir hatten unser Ziel erreicht.

Heute gibt es alleine auf mobilen Endgeräten mehr als eine Milliarde aktive Chrome-Nutzer. Ohne OKRs hätten wir nie dorthin gelangen können. OKRs sind die Art und Weise, wie wir bei Google über alles nachdenken – immer.

Sundar während seiner Chrome-Keynote auf Googles I/O-Entwicklerkonferenz 2013.

Die nächste Grenze

Mein Vater wuchs in einer Zeit auf, in der Computing vor allem große Teams, Großrechner und Systemadministratoren bedeutete und alles noch unerreichbar und kompliziert war. Als ich an Chrome arbeitete, wurde mir klar, dass alles, was er wollte, lediglich eine einfache Möglichkeit war, das Internet zu nutzen. Ich war schon immer von Einfachheit fasziniert. Gemessen an all den komplexen Dingen, die Googles Suchmaschine konnte, war das Nutzererlebnis erstaunlich unkompliziert. Ich wollte diese Qualität in unserem Browser abbilden bis zu jenem Punkt, wo es egal war, ob man ein Kind in Indien oder ein Professor in Stanford war. Solange man Zugang zu einem Computer und eine adäquate Verbindung hat, sollte die Erfahrung mit Chrome schlicht einfach sein.[31]

Als mein Vater 2008 in den Ruhestand ging, gab ich ihm ein Netbook und zeigte ihm, wie man Chrome benutzt. Und etwas Unglaubliches geschah: die Technologie kam an. Er konnte auf der Anwendungsplattform im Internet einfach das tun, was er wollte. Seit er den Browser benutzt, öffnete er nie eine andere Anwendung. Er hat nie eine weitere Software heruntergeladen und versank in einer neuen und wunderbar simplen Welt.

Bei Google verinnerlichte ich von Anfang an die Notwendigkeit, sich ständig die nächste Grenze vorzustellen; zum Beispiel von der Toolbar zu Chrome. Man sollte nie aufhören, nach mehr zu streben. Die Erfahrung meines Vaters brachte uns ins Grübeln: Was wäre, wenn wir ein Betriebssystem mit vergleichbarer Einfachheit und Sicherheit entwickeln könnten, das den Browser Chrome als Benutzeroberfläche verwendete? Und was wäre, wenn wir einen Laptop mit diesem Betriebssystem – ein Chromebook – erfinden würden, um direkt auf all diese Anwendungen in der Cloud arbeiten zu können?

Aber das sind anspruchsvolle Ziele für einen anderen Tag.

31 Ich hatte nicht nur das große Glück, an Chrome zu arbeiten, sondern auch das Büro mit Linus Upson, der die Programmierer des Teams führte, zu teilen. Am Ende eines Arbeitstages konnte ich nie sagen, ob Linus bereits gegangen war oder nicht, da sein Schreibtisch immer so ordentlich war. (Wenn einer seiner Stifte in einem bestimmten Winkel lag, wusste ich, dass etwas nicht stimmte.) Linus legte einen wahnsinnigen Fokus auf Einfachheit. Er verschaffte uns die Spitzenposition, die wir benötigten, um Chrome zu diesem makellosen Erlebnis zu machen, das es heute ist.

14

(SICH) FORDERN: DIE YOUTUBE-GESCHICHTE

Susan Wojcicki
CEO

Cristos Goodrow
Vice President of Engineering

Bei Google wimmelt es nur so von fordernden Zielen, sodass es sich nicht richtig anfühlen würde, nur eines davon zu präsentieren. Und deshalb ist hier ein zweites, die Geschichte von YouTube und wie es dank des Erfolgsfaktors „fordernde“ OKRs exponentiell wuchs.

Susan Wojcicki ist laut *Time*-Magazin „die mächtigste Frau im Internet“. Sie hat von Anfang an eine zentrale Rolle bei Google gespielt, sogar bevor sie Angestellte Nummer 16 und Googles erste Marketing Managerin wurde. Im September 1998, ein paar Tage nachdem Google gegründet wurde, vermietete Susan ihre Menlo Park-Garage als erstes Büro des Unternehmens. Acht Jahre später, als Analysten YouTubes Überlebenschancen anzweifelten, war sie die führende Stimme, die Googles Geschäftsleitung davon überzeugte, das Unternehmen zu kaufen. Susan hatte die Schärfe zu sehen, dass Online-Videos das klassische Fernsehen umkrempeln würden.

2012 war YouTube Marktführer und eine der größten Videoplattformen der Welt. Jedoch hatte ihre rasende Innovationsgeschwindigkeit abgenommen – und wenn einmal die Bremse betätigt wurde, ist es gar nicht so einfach, wieder zu beschleunigen. Zu diesem Zeitpunkt war Susan zur Senior Vice President of

Susan Wojcicki vor ihrer Garage in Menlo Park, wo alles begann.

Advertising and Commerce aufgestiegen, wo sie AdWords neu erfand und einen Weg aufzeigte, wie man mit AdSense im Internet Geld verdienen konnte. (Mit anderen Worten trieb sie den Erfolg der beiden Haupteinnahmequellen Googles voran.) 2014, als neue CEO von YouTube, erbte sie eines der aggressivsten Ziele überhaupt. Die Mission lautete, die Nutzung von YouTube über einen Zeitraum von vier Jahren auf eine Milliarde Stunden zu erhöhen – eine Multiplikation um den Faktor zehn. Susan und ein erfahrener YouTube-Entwickler, Cristos Goodrow, hatten sich ihre Arbeit untereinander aufgeteilt, und sie würden sich bei jedem Schritt auf dem Weg auf OKRs verlassen.

Fordernde Ziele sind belebend. Durch die Verpflichtung zu radikaler, qualitativer Verbesserung kann eine etablierte Organisation ihren Sinn für Dringlichkeit erneuern und gewaltige Erfolge erzielen. YouTubes einstmals schwächelndes Internet-Video-Geschäft wuchs auf mehr als eine Milliarde Nutzer, fast ein Drittel der gesamten Anzahl Menschen mit Internet. Die Webseite kann auf mehr als 70 verschiedenen Sprachen in mehr als 80 Ländern verwendet werden. Die mobile Plattform allein erreicht mehr 18- bis 49-jährige als jedes Fernsehen, ob via Kabel oder Satellit.

Nichts davon geschah per Zufall oder dank einer einzigen Einsicht. Es benötigte Jahre der strikten Umsetzung, Liebe zum Detail und die Struktur und Disziplin von OKRs. Und eine Sache noch: Bevor YouTube damit beginnen konnte, sein waghalsiges Ziel zu verfolgen, musste es zuerst herausfinden, wie man misst, was wirklich relevant ist.

—

Susan Wojcicki: Als ich meine Garage an Larry und Sergey vermietete, hatte ich keinerlei Interesse an Google als Unternehmen. Ich wollte nur, dass sie ihre Miete zahlen. Doch dann lernte ich sie besser kennen und wie sie tickten. Ich hatte meine Ideen für ein eigenes Unternehmen, aber mir wurde klar, dass Larry und Sergey besser aufgestellt waren, um sie umzusetzen. Und dann kam der eine Tag, an dem die Suchmaschine zusammenbrach und ich meiner Arbeit nicht mehr nachgehen konnte. Ich realisierte, dass Google ein unentbehrliches Werkzeug wurde; ich konnte nicht mehr ohne es leben und dachte: „Das hier wird für alle wichtig werden."

Ich war dabei, als John Doerr im Herbst 1999 zu uns kam, um über OKRs zu reden. Zu diesem Zeitpunkt waren wir bereits aus meiner Garage rausgewachsen und sind in das alte Sun Microsystems-Gebäude am 2400 Bayshore in Mountain View gezogen. Das ganze Gebäude dürfte 4.000 Quadratmeter gehabt haben, und wir nutzten weniger als die Hälfte davon. Wir hatten die OKR-Sitzung in der anderen Hälfte – der Teil, der für Sitzungen mit allen Mitarbeitern reserviert war. Ich erinnere mich, wie John das Konzept erklärte: „Das ist ein Objective. Das ist ein Key Result." Und wie er die Football-Analogie verwendete, um aufzuzeigen, wie OKRs implementiert werden. Als ich kürzlich ein paar Dokumente durchsah, stieß ich auf Johns Präsentation – auf Overheadfolien. Er benutzte einen Tageslichtprojektor, so alt war sie.

Larry und Sergey waren gut darin, Menschen zuzuhören, die wussten, wovon sie sprachen. Ich bin sicher, dass sie mit John debattierten, aber sie hörten ihm zu. Sie hatten nie zuvor ein Unternehmen geleitet oder überhaupt für eines gearbeitet. John kam herein und sagte: „Das ist ein Weg, wie ihr euer Unternehmen führen könnt und es ist messbar und nachvollziehbar". Messgrößen waren für Larry und Sergey intuitiv und sie mussten von der Tatsache beeindruckt sein, dass Intel OKRs anwendete. Intel war so ein großes Unternehmen und sie im Vergleich dazu so klein. Wenn man ein kleines Unternehmen mit wenig Ressourcen ist, ist es noch viel wichtiger, sich darüber im Klaren zu sein, was man erreichen möchte.

Nach unserer Erfahrung bei Google würde ich sagen, dass OKRs besonders nützlich für junge Unternehmen sind, die gerade erst damit begonnen haben, ihre Kultur aufzubauen. Es ist wie das Großziehen von Kindern: Wenn man sie ohne Strukturen erzieht und ihnen dann als Jugendliche sagt, „so, hier sind nun die Regeln", wird es verdammt schwierig. Wenn möglich ist es besser, von Anfang an Regeln aufzustellen. Gleichzeitig habe ich weit reifere Unternehmen OKRs nutzen sehen, die Turnarounds gemacht und Menschen und Prozesse verändert haben. Kein Unternehmen ist zu jung, um OKRs einzuführen und gleichzeitig ist es für kein Unternehmen zu spät.

OKRs verlangen Organisation. Man braucht eine Führungskraft, die den Prozess akzeptiert und einen „Kümmerer", der die Bewertungen und Beurteilungen begleitet. Als ich die OKRs mit Larry bearbeitet habe, saß ich in vierstündigen Sitzungen mit seinem Führungsteam, in denen er über alle Unternehmens-Objectives debattierte und in denen von den Mitarbeitern erwartet wurde, dass sie sie verteidigen können und verstanden haben. Die Steuerung von OKRs bei Google war zwar meistens top-down, jedoch begleitet von vielen Diskussionen mit Experten aus dem Team und regelmäßigen Kompromissen bei Key Results: *Das ist die Richtung, die wir einschlagen wollen, nun erklärt uns, wie ihr dorthin kommt.* Diese langen Sitzungen ermöglichten es Larry, diejenigen Dinge hervorzuheben, die ihm am Herzen lagen und ebenso, um Frust abzubauen, insbesondere über den Einsatz unserer Produkt-OKRs. Er würde sagen: „Nennen Sie mir Ihre aktuelle Geschwindigkeit". Und daraufhin: „Und weshalb können Sie diese nicht verdoppeln?"

Wir führen nach wie vor unsere OKR-Sitzungen für alle Mitarbeiter der obersten Führungsebene vierteljährlich in einen speziellen Videocast durch – obwohl Google mittlerweile so groß und facettenreich geworden ist, dass es schwierig ist, allen alles zu kommunizieren, was wir machen. Bei einer denkwürdigen Sitzung, hat Salar Kamangar, mein Vorgänger als YouTube-CEO, eine erstaunliche Arbeit geleistet, als er den gesamten OKR-Plan des Unternehmens durchgegangen ist. (Salar kann alles in einen Kontext setzen.) Aber generell finden die detaillierteren Diskussionen innerhalb unserer Teams statt. Und man findet auch weiterhin OKRs auf den Unternehmens- und Team-Seiten im Google-Intranet, die in Echtzeit aktualisiert werden und auf die jeder Mitarbeiter Zugriff hat.

Wenn man sie nicht schlagen kann ...

Google Videos, unsere kostenlose Video-Website, wurde 2005, einen Monat vor YouTube, eingeführt. Als ich sie leitete, war der erste Clip, den wir für Nutzer hochluden, ein lila Muppet, der ein sinnloses Lied sang. Sergey und ich wussten nicht genau, was wir daraus machen sollten. Doch dann schrien meine Kinder: „Spiel es nochmal!" Und uns ging ein Licht auf. Wir sahen eine Chance für die nächste Generation; ein neuer Weg für Menschen, Videos für die weltweite Verteilung zu erstellen. Wir bauten eine Nutzeroberfläche und hatten unseren überraschenden ersten Hit: Zwei Kids, die in ihrem Studentenwohnheim Songs von den Backstreet Boys sangen, während der Mitbewohner im Hintergrund lernte. Wir hatten auch einige professionelle Videos, jedoch liefen die von Nutzern erstellten besser.

Die größte Schwachstelle von Google Videos war die Verzögerung in unserem Hochladeprozess. Das widersprach einer Unternehmensregel bei Produktentwicklungen: mach es schnell. Videos, die von Nutzern hochgeladen wurden, waren nicht unmittelbar zur Ansicht verfügbar, während das bei YouTube der Fall war – ein großes Problem. Bis wir es lösten, hatten wir bereits erheblich an Marktanteil eingebüßt. YouTube hatte uns um das Dreifache überflügelt, jedoch hatten sie finanzielle Schwierigkeiten. Überschwemmt von der Nachfrage benötigten sie dringend Kapital, um ihre Infrastruktur auszubauen. Es wurde klar, dass sie verkauften mussten.

Ich sah eine Gelegenheit, die beiden Services zu kombinieren. Um den 1,65-Milliarden-Dollar-Kaufpreis zu rechtfertigen, stellte ich ein paar Kalkulationen an, die zeigten, dass Google das Geld wieder hereinholen könnte und überzeugte Larry und Sergey. In letzter Minute baten mich die Gründer, meine Kalkulationen mit zur Vorstandsitzung mitzunehmen. Es gab viele Fragen. Der Vorstand gab uns grünes Licht, obwohl sie nicht vollends von meiner Annahme einer jährlichen Nutzerwachstumsrate überzeugt waren. Und das ist insofern ganz lustig, als das schnelle Wachstum genau das ist, was YouTube bis heute konsequent geliefert hat.

Große Steine

Cristos Goodrow: Im Februar 2011, als ich von Googles Product Search kam, und drei Jahre, bevor sich Susan dem Team anschloss, bedurften YouTubes OKRs dringend einer Überarbeitung. Das Unternehmen mit zu dieser Zeit rund 800 Mitarbeitern produzierte jedes Quartal Hunderte davon. Ein Team öffnete ein Google Doc und begann damit, Objectives niederzuschreiben, bis sie ungefähr 30 bis 40 für zehn Leute hatten und am Ende weniger als die Hälfte davon umsetzen würden.

Ingenieure haben Schwierigkeiten mit Zielsetzungen aus zwei zentralen Gründen: sie hassen es, etwas zu streichen, wovon sie denken, dass es eine gute Idee sei, und sie unterschätzen regelmäßig, wie lange es dauert, bis Dinge erledigt sind. Ich habe das bereits in der Abteilung Product Search erlebt, wo sie darauf bestanden: „Komm schon, ich bin intelligent. Ich kann ganz sicher mehr schaffen, als *das*." Es verlangte den Leuten einiges an Disziplin ab, ihre Listen auf drei bis fünf Objectives pro Team zu beschränken, aber es machte einen großen Unterschied. Unsere OKRs wurden exakter. Jeder wusste, was am meisten zählt. Nachdem ich die Verantwortung für die Abteilung Search and Discovery bei YouTube übernahm, machte es viel Sinn, das Gleiche auch hier durchzuziehen.

Dann übergab Salar Kamangar die Führung des technischen Teils von YouTube an Shishir Mehrotra. Er half dabei, den Fokus auf das ganze Unternehmen auszurichten. Dazu verwendete er eine Metapher namens „Big Rocks Theory", die durch Steven Covey populär wurde. Nehmen Sie an, Sie hätten ein paar

Steine, etwas Kies sowie Sand und Ihr Ziel ist es, so viel wie möglich davon in ein Gefäß zu bekommen. Wenn Sie mit dem Sand beginnen und dann das Kies nehmen, wird das Gefäß keinen Platz mehr für die Steine haben. Beginnen Sie aber mit den Steinen, nehmen dann das Kies und heben sich den Sand für den Schluss auf, füllt der Sand die verbliebenen Lücken zwischen den Steinen auf und alles passt in das Gefäß. Mit anderen Worten: Sie müssen zuerst die wichtigsten Dinge erledigen, denn andernfalls schaffen sie nicht alles.

Aber was waren YouTubes größte Steine? Die Leute machten ihr eigenes Ding und ließen tausend Blumen blühen, aber niemand konnte die übergeordneten OKRs identifizieren. Nun sagte die Führungsspitze: „All eure Ideen sind wunderbar. Aber könnten wir bitte ein paar von denen als unsere großen Steine für dieses Quartal und Jahr definieren?" Danach war sich jeder bei YouTube unserer obersten Prioritäten bewusst. Alle unsere großen Steine würden in das Gefäß passen.

Das war ein Riesenschritt in Richtung des Ziels, das die kommenden vier Jahre meines Lebens bestimmen würde.

Eine geeignetere Messgröße

YouTube hatte zwar herausgefunden, wie man Geld verdient, war sich aber nach wie vor nicht sicher, wie man die Zuschauerzahl erhöhen konnte. Zum großen Glück des Unternehmens und von mir war uns ein Ingenieur der Google Research Group voraus. In einer separaten Initiative eines engagierten Teams unter dem Namen „Sibyl" etablierte Jim McFadden ein System zur Auswahl von „Schauen-Sie-als-nächstes"-Empfehlungen beziehungsweise verwandter Videos oder „Vorschläge". Das hatte enormes Potenzial, die Anzahl unserer Gesamtansichten anzutreiben. Aber waren die Ansichten wirklich das, was wir ankurbeln wollten?

Wie Microsoft-CEO Satya Nadella betont hat: In einer Welt, in der die Rechenleistung nahezu grenzenlos ist, „ist das wahre knappe Gut Aufmerksamkeit." Wenn Nutzer mehr von ihrer knappen und wertvollen Zeit mit dem Schauen von YouTube-Videos verbringen, müssen sie zwangsläufig zufriedener sein mit diesen Videos. Es war ein selbstverstärkender Kreislauf: Mehr Zuschauer (Wiedergabezeit) bringt mehr Werbung hervor, was einen Anreiz für mehr Videoersteller darstellt, was wiederum mehr Zuschauer anzieht.

Unsere wahre Währung waren nicht Ansichten oder Klicks – es war die Wiedergabezeit.[32] Die Logik war unbestreitbar. YouTube benötigte eine neue Kernmetrik.

32 [Anm. des Übersetzers:] Die Wiedergabezeit berücksichtigt u.a. die durchschnittliche Wiedergabedauer, die Anzahl der Aufrufe, den durchschnittlichen Prozentsatz der Wiedergabe des Videos und die Zuschauerbindung; vgl. https://support.google.com/youtube/answer/6299733?hl=de.

Achten Sie auf die Zeit und nur auf die Zeit

Im September 2011 schickte ich proaktiv eine E-Mail an meinen Vorgesetzten und die YouTube-Geschäftsleitung. Im Betreff: „Achten Sie auf die Zeit und nur auf die Zeit." Es war ein Aufruf, zu überdenken, wie wir Erfolg maßen: „Ceteris paribus ist unser Ziel, die (Video-)Wiedergabezeit zu erhöhen." Für viele Leute bei Google war dies Ketzerei. Die Suchmaschine wurde als „Vermittlung" entwickelt, um jemanden schnellstmöglich von der Webseite zur bevorzugten Webseite weiterzuleiten. Die Maximierung der Wiedergabezeit stand im Gegensatz zu ihrem bisherigen Lebenssinn. Darüber hinaus würde sich die Wiedergabezeit negativ auf die Anzahl Ansichten auswirken, eine entscheidende Messgröße sowohl für die Nutzer als auch die Produzenten. Nicht zuletzt würde die Optimierung der Wiedergabezeit, zumindest am Anfang, eine erhebliche Geldminderung darstellen. Da YouTube-Werbungen exklusiv gezeigt wurden, bevor ein Video beginnt, würden weniger Videoansichten weniger Werbung bedeuten. Das wiederum bedeutet weniger Umsatz.[33]

Mein Argument war, dass Google und YouTube zwei verschiedene Paar Schuhe waren. Um die Gegensätzlichkeit so krass wie möglich darzustellen, erstellte ich ein Szenario: Ein Nutzer geht auf YouTube und gibt die folgende Suche ein: „Wie binde ich eine Fliege?" Und wir haben zwei Videos zu diesem Thema. Das erste ist eine Minute lang und bringt einem sehr schnell und präzise bei, wie man eine Fliege bindet. Das zweite ist zehn Minuten lang, voll mit Witzen und wirklich unterhaltsam. Ich würde also meine Kollegen fragen: Welches Video sollte als erstes bei unseren Suchergebnissen erscheinen?

Für die Suchmaschinen-Kollegen war die Antwort einfach: „Das erste natürlich. Wenn Leute auf YouTube kommen, um eine Fliege zu binden, wollen wir ihnen sicherlich dabei helfen."

Und ich würde sagen: „Ich möchte ihnen das zweite Video zeigen."

Die Suchmaschinen-Kollegen würden natürlich protestieren: „Weshalb sollte man so etwas machen? Diese armen Leute wollen nur ihre Fliege binden und zu dem entsprechenden Anlass gehen!" (Sie haben vermutlich gedacht, *dieser Typ ist verrückt.*) Mein Punkt war jedoch, dass YouTubes Mission eine fundamental andere ist. Es ist in Ordnung für Zuschauer zu lernen, wie man Fliegen bindet, und wenn das wirklich *alles* ist, was sie wollen, werden sie die einminütige Anleitung wählen. Darum ging es uns jedoch nicht, zumindest nicht wirklich. Unsere Aufgabe ist es, die Leute zu involvieren und sie dazu zu bringen, ihre Zeit bei uns zu verbringen. Per Definition waren Zuschauer des zweiten Videos *glücklicher*, wenn sie sieben (oder sogar nur zwei) Minuten dieses zehnminütigen Videos

33 Zumindest vorläufig streut YouTube inzwischen Werbung in der Mitte von Videos ein, um seiner neuen Definition von Wert zu entsprechen.

anschauen, als das *gesamte* einminütige. Und wenn sie glücklicher sind, sind wir es auch. Es dauerte sechs Monate, aber ich gewann die Auseinandersetzung. An den Iden des März [15. März] 2012 führten wir eine wiedergabezeitoptimierte Version unseres Empfehlungsalgorithmus ein.

Eine große runde Zahl

Am 29. November 2012, anlässlich unseres jährlichen YouTube-Führungsgipfels in Los Angeles, trommelte Shishir einige von uns zusammen. Er sagte, dass er gleich ein großes, herausforderndes Ziel für den Beginn des kommenden Jahres ankündigen würde: eine Milliarde Stunden an täglicher Nutzerwiedergabezeit. (Es gibt immer die Macht der Einfachheit, und runde Zahlen sind einfach.) Und er frage uns: „Bis wann können wir das schaffen? Wie sieht der zeitliche Rahmen aus?" Eine Milliarde Stunden waren eine zehnfache Steigerung, und wir wussten, dass es Jahre, nicht Monate, dauern würde. Wir überlegten, dass 2015 zu früh wäre, aber 2017 komisch klingt. (Primzahlen klingen generell komisch.) Kurz bevor Shishir die Bühne betrat, entschieden wir uns mit Ende 2016 für ein vierjähriges OKR mit einem Satz an rollierenden, jährlichen Objectives und vierteljährlichen, inkrementellen Key Results.

OBJECTIVE

Erreichung einer täglichen Wiedergabezeit von einer Milliarde Stunden (bis 2016), mit einem Wachstum, das getrieben wird von

KEY RESULTS

1. Suchmaschinen-Team + Hauptapp (+XX%), Living Room (+XX%).
2. Steigerung der Bindung und der Wiedergabezeit bei Videospielen (X Stunden Wiedergabezeit pro Tag).
3. YouTube Virtual Reality-Erfahrung einführen und Ausbau der VR-Auswahl von X zu Y Videos.

Herausforderung als Prinzip

Herausfordernde Ziele können erdrückend sein, wenn die Leute nicht daran glauben, dass sie erreichbar sind. Das ist, wo die Kunst des „Framing" ins Spiel kommt. Klug, wie Shishir ist, brach er unser BHAG maßgeschneidert für uns herunter. Während sich eine Milliarde Stunden täglich nach viel anhörten, machten sie weniger als 20 Prozent der jährlichen Fernsehkonsumzeit aus. Dieser Vergleich war hilfreich und schaffte Klarheit, zumindest für mich. Wir zielten nicht darauf ab, willkürlich groß zu sein. Eher: Da war noch eine andere Sache da draußen, die größer ist als wir, und wir versuchten da dranzukommen.

Die Mission lief, obwohl wir keine 10fach-Dogmatiker waren. Vielmehr würden wir uns in den kommenden vier Jahren sogar zu einigen für die Wiedergabezeit negativen Entscheidungen verpflichten. Zum Beispiel führten wir eine Richtlinie ein, dass wir keine Klicks-ködernden Videos mehr vorschlagen. Wir standen zu unserer Entscheidung, weil es sowohl für das Zuschauererlebnis als auch unsere Marke besser war. Drei Monate später hatte sich die Wiedergabezeit in dieser Gruppe erholt und war tatsächlich gestiegen. Sobald dieser Inhalt schwerer zugänglich war, suchten die Leute nach befriedigenderem Inhalt.

Nachdem das Milliarden-Stunden-BHAG gesetzt war, haben wir jedoch *nie* etwas gemacht, ohne die Auswirkung auf die Wiedergabezeit zu messen. Wenn eine Veränderung unseren Fortschritt verlangsamen könnte, würden wir übertrieben genau abschätzen, wie sehr. Dann würden wir zuerst einen internen Konsens anstreben, bevor wir damit fortfahren.

In Fahrt kommen

Susan: Salar Kamangar genießt am meisten die früheren Entwicklungsstadien eines Unternehmens. Er liebt es, sie auf ein nächstes Level zu bringen, und er ist auch sehr gut darin. Bis 2012 war YouTube zu einem großen Ökosystem herangewachsen und Salar beschloss, weiterzuziehen. Das Unternehmen hatte sich in zwei Lager aufgeteilt, Geschäftsbetrieb und Technologie, und benötigte jemanden, der sie zusammenführte. Nach der Leitung von AdWords in den vergangenen zehn Jahren war ich komplexe Ökosysteme gewöhnt. Ich war erpicht darauf, die Herausforderung, YouTube zu vereinen, anzunehmen.

Als YouTubes Geschäftsleitung das Ziel einer täglichen Wiedergabezeit von einer Milliarde Stunden setzte, hielten es viele unserer Leute für unmöglich. Sie dachten, es würde das Internet zerstören! Aber es schien mir, als ob so ein klares und messbares Objective die Menschen anspornen würde – und ich feuerte sie an.

Bis Februar 2014, als ich dazukam, hatte YouTube fast einen Drittel des Weges seines vierjährigen OKRs hinter sich gebracht. Aber obwohl das Objective gut verankert war, blieb es dennoch nicht ganz auf Kurs. Das Wachstum der Wiedergabezeit war empfindlich unter den Wert gefallen, den wir für unseren

Zwischenziele festgelegt hatten, was einen Auslöser von Stress für alle Beteiligten darstellte. Obwohl Google eine aggregierte Bewertung von 0.7 (also 70 Prozent Erreichung) für herausfordernde Ziele anstrebt und es Zeiten gibt, in denen die Leute komplett scheitern, geht kein Team an ein OKR heran und sagt: „Lasst uns mit 70 Prozent zufrieden sein und es einen Erfolg nennen." Jeder versucht 100 Prozent zu erreichen, insbesondere wenn ein Objective in Reichweite scheint. Mit ziemlicher Sicherheit kann man sagen, dass niemand bei YouTube damit zufrieden gewesen wäre, eine tägliche Wiedergabezeit von 700 Millionen Stunden zu erreichen.

Ich muss zugeben, dass ich mir auch nicht ganz sicher war, ob wir die eine Milliarde Stunden rechtzeitig erreichen würden. Wäre es nicht in Ordnung, wenn wir sie um ein kleines bisschen verfehlen würden, solange sich alle einig und aufeinander abgestimmt waren? Ich sah uns schon die Objectives verfehlen und wie wir unseren Fokus erneuern und sie weiterführen würden. Als wir 2007 AdSense einführten, um mit dem Internet Geld zu verdienen, war die Markteinführung ein vierteljährliches OKR. Wir arbeiteten extrem hart daran, es am vereinbarten Tag herauszubringen, waren dann aber doch zwei Tage zu spät. Das war aber okay.

Das Beste an OKRs ist vielleicht, wie sie deinen Fortschritt zu einem Ziel verfolgen. Als ich die OKR-Updates zur Mitte des Quartals ausfüllte, ging es darum, herauszufinden, wie man Probleme beheben und wieder auf den richtigen Weg zurückfinden konnte. Die Updates waren Gelegenheiten, das Führungsteam zu versammeln und zu sagen: „In Ordnung, ich möchte von jedem von euch fünf Projekte hören, die ihr implementieren könnt und die uns näher an unser Ziel bringen." Wir würden das OKR ausweiten und positives Verhalten fördern. Ich war also nicht übermäßig besorgt, die eine Milliarde Stunden nicht pünktlich zu erreichen.

Cristos Goodrow, der Hüter der OKRs, hatte eine etwas andere Perspektive. Die eine Milliarde Stunden täglich wurden zu seinem Mantra. Schon kurz nach meinem Einstieg ins Unternehmen präsentierte mir Cristos bei einer unserer Einführungssitzungen einen Stapel von 46 Folien. Bei Folie Nummer fünf sagte er laut und deutlich: Wir müssen aufholen.

Cristos: Ich war sehr besorgt. Jedes Jahr verkündeten wir unsere jährlichen Objectives und Fokusfelder. Von 2013 bis 2016 führte das Eine-Milliarde-Stunden-OKR die Präsentation an. Wir hatten auch klare Zwischenziele, um auf Kurs zu bleiben. Als ich Susan das erste Mal traf, dankte ich ihr für die Erhaltung unseres Zehnfachziels. Dann sagte ich: „Übrigens, wir liegen meilenweit zurück. Ich bin etwas panisch und ich hoffe, dass du auch zumindest ein kleines wenig besorgt bist. Und wenn du Entscheidungen darüber triffst, was es zu priorisieren gilt und woran man sich orientieren sollte, denk bitte daran, dass wir dieses Wiedergabezeiten-OKR nicht erreichen werden, wenn wir nichts dafür unternehmen."

Susan: Ich hatte erhebliche Bedenken. Eines davon war ein Disput mit Googles Infrastrukturteam, um sicherzustellen, dass wir die notwendige Infrastruktur hatten, um unser Ziel zu erreichen. Es verlangte eine Flut von Bytes, um unsere YouTube-Videos von unseren Datenzentren zum Nutzer zu schaffen; wesentlich mehr als für eine E-Mail oder Social Media. (Der technische Fachbegriff lautet „egress bandwith". [dt. etwa „Ausgangsbandbreite"]) Wir tun alles in unserer Macht Stehende, um im Voraus zu garantieren, dass Google genügend Server haben wird, um all diese Bytes zu befördern, damit Ihr Katzenvideo auf Ihr Mobiltelefon oder Laptop geliefert wird.

Nach der Ankündigung des Eine-Milliarden-Stunden-OKR, ging YouTubes Geschäftsführung in die Charmeoffensive, um die benötigte Bandbreite für 2016 zu reservieren. Als ich die Zügel übernahm, musste ich mit Googles Server-Team eine Nachverhandlung führen, um diese riesigen Kapazitäten sicherzustellen. Ich war in einer schwierigen Position: Ich war neu und wir lagen hinter unserem Projektplan. Aber mir war völlig klar, dass es aussichtslos sein würde, das Ziel zu erreichen, wenn wir an unseren Servern sparen würden. Also stieß ich das Problem an. Ich sagte zu diesen wirklich erfahrenen Technikern: „Lasst uns erstmal beim derzeitigen Plan bleiben und wir treffen uns nochmal in drei Monaten." Ich wollte unsere Reservierung zunächst beibehalten, bis ich wusste, wie die Dinge standen. Drei Monate später hatten wir mehr Daten, ein stärkeres Wachstum und einen klareren Fall.

Das Eine-Milliarde-Stunden-OKR war ein wichtiges Ziel bei YouTube, und ich wollte es unterstützen. Aber es war so schwarz-weiß, dass ich Angst hatte, es könnte bei falscher Handhabe schädlich sein. Meine Aufgabe war es, ein Auge auf das Grau zu werfen, auf die Kleinigkeiten, die möglicherweise übersehen werden könnten. Die tägliche Wiedergabezeit wird von zwei Faktoren bestimmt: die durchschnittliche Anzahl der täglich aktiven Zuschauer („average number of daily active viewers" (DAV)) und die durchschnittliche Zeit, die diese Zuschauer mit dem Schauen von Videos verbringen. YouTube leistete eine gute Arbeit bei der zweiten Variable – das war aber auch der einfachere Teil. Es ist einfacher, eine existierende Kundenbeziehung auszubauen, als eine neue zu etablieren. Unsere Untersuchungen zeigten, dass für uns wesentlich mehr Wachstumspotenzial beim Ausbau unserer Nutzerbasis lag, als bisherige Kunden dazu zu bringen, YouTube doppelt so häufig zu nutzen. Wir wollten neue Nutzer – und unsere Werbekunden auch.

Gegenseitige Unterstützung

Cristos: Wann immer man eine neue Führung erhält, kommt alles auf den Prüfstand. Als Susan YouTube übernahm, war sie nicht dazu verpflichtet, sich hinter das Eine-Milliarde-Stunden-OKR zu stellen. Das war das Ziel der vorangegangenen Führung. Sie hätte es zu einem Ansichten-Ziel oder einem, das etwas umsatzorientierter war, ändern können. Oder sie hätte das Wiedergabezeiten-OKR behalten, aber drei andere von gleicher oder höherer Priorität hinzufügen können. Hätte sie das getan, hätten wir die Milliarde Stunden nie rechtzeitig erreicht. Wir wären abgelenkt worden und hätten nie aufholen können.

Nachdem Susan die Führung von YouTube übernahm, begannen wir, die Namen der Leute neben die Unternehmensziele zu schreiben und mit farbigen Balken zu versehen, die den Fortschritt kennzeichneten: grün, gelb oder rot. „Cristos" stand bei jeder wöchentlichen Mitarbeitersitzung neben „eine Milliarde Stunden" – Quartal für Quartal, Jahr für Jahr. Ich fühlte mich persönlich verantwortlich für dieses OKR.

Ich schätzte das Credo von Google, riskante, aggressive Ziele zu setzen und dass es auch in Ordnung war, an ihnen zu scheitern. In diesem Fall waren schon einige gute Dinge geschehen. Seit Bekanntgabe des BHAG hatte mein Team die Videosuche und Empfehlungen signifikant verbessert. Wir waren die Spitze einer OKR-Lanze, die YouTubes Profil steigerte und den Stellenwert innerhalb von Google erhöhte. Die Unternehmensmoral war nie höher. Ich hörte Marketingleute mit echter Leidenschaft über die Wiedergabezeiten diskutieren, was ich vorher nie erwartet hätte.

Trotzdem war dieses OKR sowohl für das Unternehmen als auch für mich anders. Schon früh sagte ich zu Shishir, dass ich Google verlassen würde, wenn wir unsere vierjährige Frist nicht einhalten würden – und das meinte ich auch so. Ich weiß, es klingt melodramatisch, aber so fühlte ich mich. Und vielleicht war es dieses Level der Verpflichtung, dass mir am Ende dabei half, daran festzuhalten.

—

Bis zum Neujahr 2016 waren wir im Zeitplan, jedoch nur knapp. Dann kam der Sommer mit warmem Wetter. Die Leute verbrachten mehr Zeit draußen und schauten sich weniger Videos an. Würden sie jemals zurückkommen? Noch bis zum Juli lag unsere Wachstumsrate hinter den Erwartungen des Jahresziels. Ich war nervös. Ich bat mein Team darum, über eine Neuordnung ihrer Projekte nachzudenken, um die Wiedergabezeit wieder zu beschleunigen.

Im September kamen die Leute aus den Sommerfieren zurück. Da frühere Zuschauer ihre Gewohnheiten fortsetzten und neue einstiegen, wurden all unsere Verbesserungen bei der Suche und den Empfehlungen verstärkt genutzt. Die eine Milliarde Stunden zu erreichen war eine Zentimeterarbeit; unsere Ingenieure suchten nach Veränderungen, die selbst 0.2 Prozent mehr Wiedergabezeit einbringen würden. Allein 2016 würden sie ungefähr 150 solcher kleinen Fortschritte finden. Wir würden fast alle von ihnen benötigen, um unser Objective zu erreichen.

Bis Anfang Oktober wuchs die tägliche Wiedergabezeit weit über unseren Zielwert hinaus. Das war der Zeitpunkt, an dem ich wusste, dass wir es schaffen würden. Dennoch prüfte ich unsere Wiedergabezeit-Statistik jeden Tag, sieben Tage die Woche. Wenn ich im Urlaub war. Wenn ich krank war. Und dann, an einem herrlichen Montag im Herbst, prüfte ich sie wieder und sah, dass wir die eine Milliarde Stunden erreicht hatten. Wir erreichten das herausfordernde OKR, was viele als unmöglich erachteten, früher als geplant.

Am nächsten Tag, zum ersten Mal in mehr als drei Jahren, prüfte ich die Statistik nicht.

—

Unser bahnbrechendes OKR zog ein paar unbeabsichtigte – oder zumindest unerwartete – Konsequenzen nach sich. Durch den vierjährigen Druck, die eine Milliarde Stunden an täglicher Wiedergabezeit zu erreichen, stiegen parallel dazu unsere täglichen Ansichten an. Herausfordernde OKRs neigen dazu, machtvolle Kräfte in Bewegung zu setzen; man kann nie sicher sein, wohin sie führen werden. Eine andere wichtige Lektion für mich war die Wichtigkeit der Unterstützung von oben – von Susan natürlich, aber auch von Larry und Sergey.

Susan Wojcicki feiert 2015 den zehnten Geburtstag von YouTube

Die Gründer waren nicht persönlich in die Geschäfte von YouTube einbezogen. Sie konnte nicht sicher sein, dass wir den bestmöglichen Weg gewählt hatten. Aber ich glaube, sie waren glücklich darüber, dass es ambitioniert und klar war. Als viele Leute in der Suchmaschinen-Abteilung skeptisch gegenüber unserem OKR waren, sagten Larry und Sergey offen auf der Bühne „YouTube hat das Eine-Milliarde-Stunden-Ziel, an dem sie arbeiten, und wir unterstützen das". Das gab uns die Freiheitsgrade, die wir benötigten, um das Ziel zu erreichen.

Größer Denken

Susan: Ambitionierte Ziele können zu einem Neustart in einer ganzen Organisation führen. In unserem Fall regte es Infrastrukturinitiativen an. Leute begannen zu sagen: „Wenn wir *so* groß werden, sollten wir vielleicht unsere Architektur umstellen. Vielleicht müssen wir unseren Speicher neu gestalten." Es wurde ein Anstoß für das gesamte Unternehmen, sich besser für die Zukunft zu wappnen. Jeder begann, größer zu denken.

Rückblickend bezweifle ich, dass wir das Ziel in vier Jahren ohne den Prozess, die Struktur und die Klarheit dieses herausfordernden OKRs erreicht hätten. In einem schnell wachsenden Unternehmen ist es eine Herausforderung, jeden dazu zu bringen, sich an dem gleichen Objective auszurichten und sich darauf zu konzentrieren. Menschen brauchen einen Richtwert, um zu wissen, was sie im Vergleich dazu leisten. Der Haken dabei ist, den richtigen zu finden. Die Milliarde Stunden an täglicher Wiedergabezeit gaben unseren Tech-Leuten einen klaren Wert.

Aber nichts bleibt, wie es ist. 2013 war die Wiedergabezeit-Messgröße der beste Weg, um die Qualität des YouTube-Erlebnisses zu beurteilen. Heute schauen wir uns andere Variablen an, von hinzugefügten Videos und Fotos über Zuschauerzufriedenheit bis zu einem Fokus auf soziale Verantwortung. Wenn man zwei Videos für jeweils zehn Minuten anschaut, ist die Wiedergabezeit die gleiche – aber welches macht einen glücklicher?

Beim Erscheinen des Buches haben wir vielleicht schon wieder eine ganz neue Metrik gefunden, mit der wir wachsen.

TEIL 2

DIE NEUE ARBEITSWELT

15

KONTINUIERLICHES PERFORMANCE MANAGEMENT: OKRs UND CFRs

Reden kann den Geist transformieren, der Verhalten verändert, was wiederum Institutionen transformiert.
Sheryl Sandberg

Jährliche Mitarbeitergespräche sind kostenintensiv, anstrengend und meistens nutzlos. Im Durchschnitt verlangen sie jeder Führungskraft 7,5 Stunden pro Mitarbeiter ab. 12 Prozent der Personalverantwortlichen erachten diesen Prozess als „hocheffektiv" zur Förderung des Unternehmenswerts. Nur sechs Prozent sind der Auffassung, dass er die Zeit wert sei, die er in Anspruch nimmt. Mit einem verfälschenden Aktualitätseffekt [engl. „recency bias"; aktuelle Eindrücke werden stärker gewichtet als länger zurückliegende] beeinflusst durch Ranglisten sowie Normalverteilungen kann dieser Jahresausklang unmöglich zu einer fairen oder angemessenen Evaluation führen.

Was Führungskräfte auf schmerzhafte Art und Weise gelernt haben, ist, dass Individuen nicht auf Zahlen reduziert werden können. Sogar Peter Drucker, Meister der gut gemessenen Ziele, hat die Grenzen der Kalibrierung eingesehen. Die „wichtigste Rolle" einer Führungskraft ist gemäß Drucker, „die eigene. Es ist die Beziehung zu Menschen, die Entwicklung gegenseitigen Vertrauens, die Identifikation von Leuten und das Schaffen einer Gemeinschaft." Oder wie Albert Einstein es beobachtet hatte: „Nicht alles, was man zählen kann, zählt, und nicht alles, was zählt, kann man zählen."

Um Ziele zu erreichen, müssen Leute in der neuen Arbeitswelt auf einer höheren Ebene geführt werden. Unsere Systeme für Kommunikation am Arbeitsplatz schreien geradezu nach einer Überholung. Genauso wie vierteljährliche OKRs jährliche Pro-forma-Ziele obsolet gemacht haben, brauchen wir ein äquivalentes Werkzeug, um die überholten Performance Management-Systeme zu revolutionieren. Kurz gesagt benötigen wir ein neues HR-Modell für die neue Arbeitswelt. Dieses transformative System, die moderne Alternative zu jährlichen Mitarbeitergesprächen, ist das *kontinuierliche Performance Management.* Seine Instrumente werden CFRs genannt und stehen für:

- **C**onversations: ein fortlaufender, authentischer und gut strukturierter Dialog zwischen Führungskraft und Mitarbeiter mit dem Ziel, die Leistung zu steigern;
- **F**eedback: in beide Richtungen laufende oder vernetzte Kommunikation zwischen Kollegen, um Fortschritt zu evaluieren und künftige Verbesserung zu anzuregen;
- **R**ecognition (Anerkennung): Ausdruck der Wertschätzung gegenüber Individuen für ihre verschiedenen Beiträge.

Wie schon OKRs stehen auch CFRs für Transparenz, Verantwortlichkeit, Befähigung und Teamarbeit auf allen Ebenen der Organisation. CFRs stoßen als Kommunikationsreize OKRs an und bringen sie richtig zum Laufen; sie sind ein vollständiges Steuerungssystem zur Messung dessen, was am Arbeitsplatz wirklich relevant ist. Sie erfassen die Vielfalt und Kraft von Andy Groves innovativer Methode. Sie verschaffen den OKRs ihre menschliche Stimme.

Und das Beste ist, dass sich diese Werkzeuge gegenseitig verstärken, wie Doug Dennerline nur zu gut weiß. Doug ist der CEO von BetterWorks, dem Pionierunternehmen beim Transfer von OKRs und CFRs in die Cloud und auf das Smartphone sowie Untertstützer hunderter Organisationen bei der Implementierung. „Die Kombination aus OKR und CFR ist der wirkliche Volltreffer“, so Doug. „Wenn ein Gespräch darauf beschränkt ist, ob man ein Ziel erreicht hat oder nicht, verliert man den Kontext. Man braucht kontinuierliches Performance Management, um die wirklich kritischen Fragen auf den Tisch zu bringen: War die Zielerreichung schwieriger, als du bei der Zielsetzung dachtest? War es ursprünglich das richtige Ziel? Motiviert es? Sollten wir uns nur auf ein oder zwei Dinge, die für uns im letzten Quartal wirklich funktionierten, konzentrieren, oder ist es an der Zeit, einen Richtungswechsel in Betracht zu ziehen? Sie müssen diese Erkenntnisse allen über die gesamte Organisation hinweg entlocken.

„Auf der anderen Seite stellt sich die Frage, worüber man reden soll, wenn man keine Ziele hat? Was hast du erreicht und wie? Meiner Erfahrung nach fühlen sich Menschen eher erfüllt, wenn sie klare und ausgerichtete Ziele haben. Sie laufen nicht herum und denken über ihre Arbeit nach; sie sehen, in welcher Verbindung mit anderen sie steht und wie sie der Organisation hilft.“

Um eine weitere Football-Analogie zu bemühen: Nehmen wir an, die Objectives, oder worauf man hinarbeitet, seien die Torpfosten und die Key Results seien die Entfernungsmarkierungen, die dorthin führen. Um als Gruppe zu gedeihen, brauchen die Spieler und Trainer noch mehr; etwas, dass für jeden gemeinsamen Spielzug von entscheidender Bedeutung ist. CFRs umfassen all diese Interaktionen, die das Team von einem Spiel zum nächsten zusammenhalten. Sie sind die nachträglichen Videoanalysen am Montag, die teaminternen Sitzungen während der Woche, die gemeinsame Anfeuerung vor dem Spiel und der Jubel in der Fankurve bei gutem Zusammenspiel.

HR neu erfinden

Die gute Neuigkeit: eine Veränderung liegt in der Luft. Zehn Prozent der Fortune 500-Unternehmen haben bereits das alte System der jährlichen Mitarbeitergespräche abgeschafft, und die Zahl ist steigend. Das Gleiche gilt für unzählige kleinere Start-ups, die weniger traditionsverbunden sind. Wir sind an dem Punkt angelangt, an dem so gut wie jede Gewohnheit im Personalwesen überdacht werden sollte. Eine mobile und agile Belegschaft sowie ein nicht-hierarchisches Arbeitsumfeld verlangen es nicht anders.

Wenn Unternehmen jährliche Mitarbeitergespräche abschaffen oder zumindest um fortlaufende Gespräche und Echtzeit-Feedback ergänzen, können sie sich das ganze Jahr hindurch verbessern. Ausrichtung und Transparenz werden zum täglichen Imperativ. Wenn Mitarbeiter Schwierigkeiten haben, warten ihre Führungskräfte nicht auf einen festen Termin, um sich derer anzunehmen. Sie gehen direkt in die Diskussionen – wie Feuerwehrleute, ohne zu zögern.

Es mag fast schon zu einfach klingen, aber kontinuierliches Performance Management steigert die Potenziale eines jeden Individuums. Es erhöht von unten bis oben die Leistung. Es wirkt Wunder für die Moral und die persönliche Entwicklung, sowohl bei Führungskräften als auch bei Mitarbeitern. Und wenn es mithilfe der vierteljährlichen Ziele und der integrierten Nachverfolgung von OKRs verstärkt wird, kann kontinuierliches Performance Management noch schlagkräftiger sein.

In der Übergangsphase erweitern immer mehr Organisationen ihre Evaluationen um alternative Kriterien wie Kompetenzen und Teamarbeit. Viele wenden nun ein zweigleisiges System an, mit jährlichen Mitarbeitergesprächen parallelem kontinuierlichen Performance Management und fortlaufenden Gesprächen. Dieses Gleichgewicht zwischen alter und neuer Denkweise funktioniert insbesondere in größeren Unternehmen sehr gut. Manche mögen glücklich dabei sein, für immer so zu leben. Andere wiederum werden sich abnabeln und Bewertungen und Ranglisten zugunsten von transparenten, gemeinsam entwickelten, multidimensionalen Beurteilungskriterien abschaffen.

Jährliches Performance Management	Kontinuierliches Performance Management
Jährliches Feedback	Kontinuierliches Feedback
An Vergütung gebunden	Von Vergütung abgekoppelt
Direktiv/autokratisch	Coachend/demokratisch
Ergebnisfokussiert	Prozessfokussiert
Schwächenbezogen	Stärkenbezogen
Anfällig für Vorurteile	Faktengetrieben

Tabelle 15.1: Jährliches Performance Management versus kontinuierliches Performance Management

Kontinuierliches Performance Management bei Pact

Pact, eine internationale gemeinnützige Handels- und Entwicklungsorganisation mit Sitz in Washington, D.C., hat selbst die Synergie zwischen OKRs und kontinuierlichem Performance Management erlebt. Tim Staffa, ein Pact-Direktor, sagt: „Wir haben die OKRs eingeführt, da sich unser Performance Management-Prozess zunehmend in Richtung eines starren Ablaufs bewegte. Als Pact OKRs einführte, gaben wir offiziell unsere jährlichen Leistungsbeurteilungen auf. Wir ersetzten sie durch einen häufigeren Austausch zwischen Vorgesetzten und Mitarbeitern. Intern nennen wir es „Propel" [dt. etwa: Antrieb], der aus vier Elementen besteht":

„Das erste ist eine Reihe von monatlichen bilateralen Gesprächen zwischen Mitarbeiter und Vorgesetztem darüber, wie die Dinge derzeit laufen."

„Das zweite ist ein vierteljährlicher Rückblick auf den Fortschritt, gemessen an den OKRs. Wir setzen uns hin und sagen: ‚Was haben wir unternommen, um die Ziele in diesem Quartal zu erreichen? Was ist uns gelungen und was nicht? Weshalb und weshalb nicht? Was können wir ändern?'"

„Drittens haben wir ein halbjährliches Gespräch über die berufliche Entwicklung. Mitarbeiter sprechen über ihren Karriereverlauf; wo sie herkommen, wo sie derzeit stehen und wo sie hinmöchten. Und wie der Vorgesetzte und das Unternehmen sie bei dieser neuen Richtung unterstützen können."

„Das vierte ist fortlaufend – Erkenntnisse aus eigenem Antrieb. Wir sind permanent von einer positiven Verstärkung und Feedback umgeben, doch sind viele von uns nicht darin geschult, das aufzuspüren. Nehmen wir einmal an, Sie halten eine Präsentation vor Ihrem Team. Danach kommt jemandund sagt zu Ihnen: ‚Gute Arbeit!' Die meisten von uns würden lediglich ‚Oh, großartig, danke' sagen und nicht weiter darauf eingehen. Doch wir möchten etwas tiefer bohren: ‚Vielen Dank, welche Sache hat dir am besten gefallen?' Die Idee dabei ist, direkt spezifischeres Feedback zu erhalten."

Einvernehmliche Trennung

Für Unternehmen, die zu einem kontinuierlichen Performance Management übergehen, ist der erste Schritt klar und eindeutig: die Vergütung (sowohl die Gespräche bzgl. Gehaltsverhandlungen als auch Boni) von OKRs trennen. Dies sollten zwei verschiedene Gespräche sein, mit ihren eigenen Rhythmen und Planungen. Das erste ist eine rückblickende Beurteilung, die üblicherweise zum Jahresende hin stattfindet. Die zweite ist ein fortlaufender, vorausschauender Dialog zwischen Führungskräften und Mitarbeitern. Letzterer dreht sich um die folgenden fünf Fragen:

- Woran arbeitest du?
- Wie geht es dir; wie kommst du mit deinen OKRs voran?
- Beeinträchtigt irgendetwas deine Arbeit?
- Was brauchst du von mir, um erfolgreich(er) zu sein?
- Wie musst du dich selbst entwickeln, um deine Karriereziele zu erreichen?

Ich schlage nicht vor, dass Leistungsbeurteilungen und -ziele vollständig voneinander getrennt werden sollen. Unter anderem kann eine datenbasierte Zusammenfassung dessen, *was* jemand erreicht hat, ein willkommenes Gegenmittel gegen subjektive Bewertungen sein. Und da OKRs die wichtigsten Beiträge einer Person reflektieren, sind sie eine Quelle verlässlichen Feedbacks für den kommenden Zyklus. Wenn sie jedoch verwendet und missbraucht werden, um Vergütungen zu bestimmen, kann man damit rechnen, dass es bei Mitarbeitern zu Tiefstapelei führt. Sie geben sich plötzlich sehr defensiv und hören damit auf, sich ambitionierte Ziele zu setzen. Sie langweilen sich aufgrund fehlender Herausforderung. Und am allermeisten wird die Organisation darunter leiden.

Nehmen wir an, Mitarbeiterin A bestimmt extrem anspruchsvolle Ziele und erreicht sie zu 75 Prozent. Sollte sie nun 100 Prozent ihres Bonus erhalten oder sogar 120 Prozent? Mitarbeiter B hingegen erreicht 90 Prozent seiner Key Results, jedoch weiß der Vorgesetzte, dass er sich nicht wirklich angestrengt hat und darüber hinaus auch noch wichtige Teamsitzungen ausgelassen hatte. Sollte er nun einen höheren Bonus erhalten als Mitarbeiterin A?

Die kurze Antwort ist nein, wenn Sie die das Engagement und die Moral aufrechterhalten wollen.

Laut Laszlo Bock tragen die OKRs bei Google zu maximal einem Drittel zu den Leistungsbeurteilungen bei. Sie stehen noch hinter dem Feedback von funktionsübergreifenden Teams und vor allem dem Kontext. „Es ist immer möglich, selbst mit einem Zielsetzungssystem die Ziele falsch zu setzen", so Laszlo. „Vielleicht spielt der Markt verrückt oder ein Kundenkontakt verlässt sein Unternehmen und man muss plötzlich wieder bei null anfangen. Man versucht, all das in Betracht zu ziehen." Google achtet sorgfältig darauf, „Rohzielwerte" von Vergütungsentscheidungen zu trennen. Ihre OKR-Zahlen werden tatsächlich nach jedem Zyklus gelöscht!

Die Formel zur Ergründung von komplexem menschlichen Verhalten muss erst noch erfunden werden, denn genau hier kommen menschliche Urteile ins Spiel. In der heutigen Arbeitswelt können OKRs und Vergütung aber immer noch Freunde sein. Sie werden niemals gänzlich den Kontakt zueinander verlieren, jedoch leben sie nicht länger zusammen und das ist auch gesünder so.

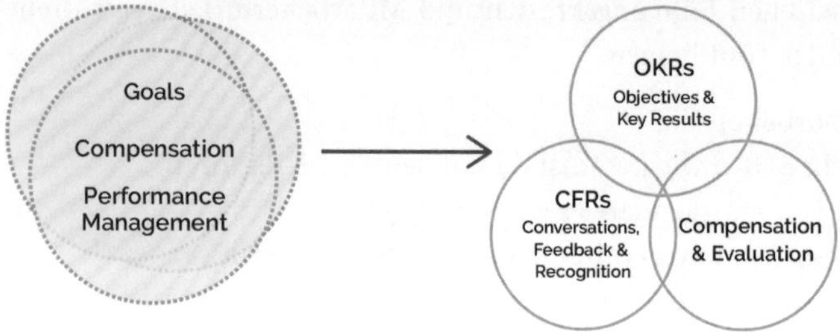

Beim Übergang zu kontinuierlichem Performance Management: zwischen OKRs und CFRs gibt es Überschneidungen bei Vergütung und formaler Bewertung.

Einzelgespräche

Peter Drucker war einer der ersten, der den Wert regelmäßiger Einzelgespräche zwischen Vorgesetzten und ihren Mitarbeitern betonte. Andy Grove schätzte, dass 90 Minuten der Zeit eines Vorgesetzten „die Qualität der Arbeit ihrer Unterstellten für zwei Wochen erhöhen kann." Wie immer der Zeit voraus, machte Andy Einzelgespräche bei Intel obligatorisch. Der springende Punkt dieser Gespräche, so schrieb er,

> … ist gegenseitiges Lernen und Austauschen von Informationen. Durch das Sprechen über spezifische Probleme und Situationen vermittelt der Vorgesetzte dem Mitarbeiter seine Fähigkeiten und sein Wissen und schlägt Wege vor, wie das Problem angegangen werden könnte. Gleichzeitig versorgt der Mitarbeiter den Vorgesetzten mit detaillierten Informationen darüber, was er gerade tut und was ihn besorgt. ... Ein Kernpunkt bei den Einzelgesprächen: es sollte als das Gespräch des Mitarbeiters mit seiner Agenda und seiner persönlichen Note betrachtet werden. … Der Vorgesetzte ist zum Lernen und Coachen da.[34]

34 Grove glaubte, dass der Mitarbeiter rund 90 Prozent des Sprechens übernehmen sollte. Wenn ich mich mit meinem Chef bei Intel traf, konzentrierte er sich darauf, wie *er mir* dabei helfen konnte, meine Key Results zu erreichen.

Der Vorgesetzte sollte darüber hinaus auch Gespräche über vertrauliche Themen in den Einzelsitzungen fördern, da dies der perfekte Rahmen ist, um über sich entwickelnde und tiefgreifende arbeitsbezogene Probleme zu sprechen, die den Mitarbeiter tangieren. Ist er zufrieden mit seiner eigenen Leistung? Nagt Frust oder ein Hindernis an ihm? Hat er Zweifel daran, wohin er geht?

Dank moderner Werkzeuge, um häufige Gespräche zu koordinieren und nachzuverfolgen, sind diese Grundsätze aktueller denn je.[35] Effektive Einzelgespräche graben unterhalb der Oberfläche täglicher Arbeit. Sie haben einen festen Rhythmus, von wöchentlich bis vierteljährlich, in Abhängigkeit von den Bedürfnissen. Basierend auf den Erfahrungen von BetterWorks mit hunderten Unternehmen, gibt es fünf kritische Bereiche für Gespräche zwischen Vorgesetztem und Mitarbeiter:

Zielsetzung und Reflexion, wo der OKR-Plan der Mitarbeiter für den kommenden Zyklus definiert wird. Das Gespräch konzentriert sich darauf, wie die individuellen OKRs am besten an den Prioritäten des Unternehmens ausgerichtet werden können.

Fortlaufende Fortschrittsaktualisierungen, als kurze datenbasierte Bestandsaufnahmen zu dem Echtzeitfortschritt des Mitarbeiters und bei Bedarf der Problemlösung.[36]

Zwei-Weg-Coaching, um Mitarbeitern dabei zu helfen, ihr Potenzial abzurufen, und Vorgesetzten, eine bessere Arbeit zu leisten.

Karriereförderung, um Fähigkeiten zu entwickeln, Wachstumsmöglichkeiten zu identifizieren und die Vision der Angestellten im Hinblick auf ihre Zukunft im Unternehmen auszuweiten.

Kleiner Leistungsrückblick, als Feedback-Mechanismus, um Beiträge darüber zu sammeln und zusammenzufassen, was der Mitarbeiter seit dem letzten Gespräch für das Unternehmen erreicht hat. (Beachten Sie: Dieses Gespräch wird unabhängig vom jährlichen Mitarbeiter-Vergütungs-/Bonus-Gespräch geführt.)

Wenn solche Gespräche zur Routine werden, entwickeln sich Vorgesetzte von Projektleitern zu Coaches, Trainern und Mentoren. Nehmen wir an, ein Produktverantwortlicher ist so unentschlossen bei einer Design-Entscheidung, dass er

35 Laut Gallup können häufigere Einzelgespräche das Engagement der Angestellten um das Dreifache erhöhen.

36 Fortschrittsaktualisierungen haben zwei grundlegende Fragen zur Folge: *Was läuft gut? Was läuft nicht gut?*

das Produkteinführungsdatum gefährdet. Im Vorfeld der nächsten Vorstandssitzung könnte ein effektiver CEO/Coach sagen: „Haben Sie eine Vorstellung davon, wie Sie in dieser Situation entscheidungsfreudiger sein könnten? Wie wäre es, wenn Sie die beiden besten Optionen aufzeigen und dabei auch Ihre eigenen Präferenzen klarstellen? Glauben Sie, Sie könnten das tun?" Wenn der Produktverantwortliche zustimmt, gibt es einen Plan. Im Gegensatz zu negativer Kritik trainiert Coaching eine Sichtweise auf künftige Verbesserungen.

Feedback

In ihrem Klassiker *Lean In: Frauen und der Wille zum Erfolg* stellt Sheryl Sandberg fest: „Feedback ist eine Meinung, basierend auf den Beobachtungen und Erfahrungen, welchen Eindruck wir auf andere machen." Um die Vorteile von OKRs voll ausschöpfen zu können, muss das Feedback wesentlich für den Prozess sein. Wenn man nicht weiß, wie gut die eigene Leistung war, wie soll man sich dann verbessern?

Die Mitarbeiter von heute „wollen ‚befähigt' und ‚inspiriert' werden und nicht gesagt bekommen, was sie zu tun haben. Sie wollen Feedback *an* ihren Vorgesetzten richten dürfen und nicht nur ein Jahr darauf warten, Feedback *von* ihrem Vorgesetzten zu erhalten. Sie wollen ihr Ziele regelmäßig diskutieren, mit anderen teilen und den Fortschritt der Kollegen nachverfolgen." Öffentliche und transparente OKRs lösen gute Fragen von allen Seiten aus: *Sind das die richtigen Dinge für mich/dich/uns, auf die wir uns konzentrieren sollten? Wenn ich/du/wir sie erreichen, wird es als enormer Erfolg betrachtet werden? Hast du irgendein Feedback dazu, wie ich/wir noch strebsamer sein könnten?*

Feedback kann sehr konstruktiv sein, jedoch nur, wenn es spezifisch ist.

Ein Beispiel für *negatives Feedback:* „Du hast mit der Sitzung letzte Woche zu spät begonnen und es wirkte unorganisiert."

Ein Beispiel für *positives Feedback:* „Du hast eine großartige Arbeit geleistet mit der Präsentation. Du hast wirklich ihre Aufmerksamkeit erregt mit der Anekdote am Anfang, und ich fand es super, wie du daraus die nächsten konkreten Schritten abgeleitet hast.

In sich entwickelnden Organisationen werden Feedbackgespräche in der Regel von der Personalabteilung vermittelt und häufig auch zeitlich angesetzt. In reiferen Organisationen erfolgt Feedback ad hoc, in Echtzeit, multidirektional und als offener Dialog zwischen Leuten auf jeder möglichen Position im Organigramm. Wenn wir unseren Uber-Fahrer (und umgekehrt) und sogar die Bewerter auf Yelp bewerten können, warum sollte ein Arbeitsumfeld nicht Zwei-Wege-Feedback zwischen Vorgesetzten und Mitarbeitern unterstützen? Hierin liegt die kostbare

Möglichkeit für Mitarbeiter, zu ihren Vorgesetzten zu sagen: *Was brauchen Sie von mir, um erfolgreich zu sein? Und nun lassen Sie mich Ihnen sagen, was ich von Ihnen brauche.*

Vor nicht allzu langer Zeit verschafften sich Mitarbeiter noch Gehör, indem sie anonyme Notizen in eine betriebliche Vorschlagsbox warfen. Fortschrittliche Unternehmen haben diese Box heute durch permanent verfügbare anonyme Feedback-Werkzeuge ersetzt, von schlagkräftigen Mitarbeiter-Stimmungs-Umfragen bis hin zu anonymen sozialen Netzwerken und Bewertungs-Apps für Sitzungen und Sitzungsorganisatoren.

Peer-to-Peer- (oder 360-Grad-) Feedback ist ein zusätzlicher Zugang für kontinuierliches Performance Management. Es kann anonym, öffentlich oder etwas dazwischen sein. Zielt das Feedback darauf ab, den Mitarbeitern bei ihrer beruflichen Weiterentwicklung zu helfen? (Wenn dem so sein sollte, wird es privat an die Einzelpersonen weitergeleitet.) Soll es Problembereiche in der Organisation aufzeigen? (In diesem Fall geht es direkt an die Personalabteilung.) Es hängt alles vom Kontext und dem Zweck ab.

Feedback unter Kollegen ist insbesondere bei funktionenübergreifender Zusammenarbeit wertvoll, wo es die Verbindung zwischen Teams stärken kann. Wenn sich horizontale Kommunikation etabliert, wird abteilungsübergreifende Teamarbeit zur neuen Normalität. Da OKRs mit 360-Grad-Feedback kombiniert werden, wird Silodenken schon bald der Vergangenheit angehören.

Anerkennung

Hier haben wir die am meisten unterschätzte Komponente der CFRs; und diejenige, die am schlechtesten verstanden wird. Vorbei sind die Zeiten, als mit goldenen Uhren nur einfach die lange Betriebszugehörigkeit ausgezeichnet wurde. Moderne Anerkennung ist leistungsbezogen und horizontal. Sie fördert eine Leistungsgesellschaft. Als JetBlue ein wertbasiertes, Peer-to-Peer-Anerkennungs-System einführte und Vorgesetzte plötzlich Mitarbeiter wahrnahmen, die bisher unter ihrem Radar geflogen waren, verdoppelte sich die Mitarbeiterzufriedenheit fast.

Kontinuierliche Anerkennung ist ein wirkungsvoller Treiber für Engagement: „So unspektakulär es auch scheint, ‚Danke' sagen ist ein außergewöhnliches Werkzeug, um ein engagiertes Team aufzubauen. … Unternehmen mit ‚hoher Anerkennung' haben eine 31 Prozent geringere freiwillige Fluktuation, als Unternehmen mit einer Kultur niedriger Anerkennung." Im Folgenden ein paar Wege, wie man dorthin gelangen kann:

- **Institutionalisierung von Peer-to-Peer-Anerkennung.** Wenn Mitarbeiterefolge durchgehend von Kollegen anerkannt werden, wird eine Kultur der Erkenntlichkeit geschaffen. Bei Zume Pizza werden die freitäglichen Sitzungen mit allen Mitarbeitern mit einer Reihe von unaufgeforderten, nicht redigierten Ankündigungen für jeden, der etwas Außergewöhnliches geschafft hat, beendet.
- **Bestimmung klarer Kriterien.** Anerkennung von Mitarbeitern für ihre Handlungen und Ergebnisse: Fertigstellung von Spezialprojekten, Erreichung von Unternehmenszielen oder vorbildliche Unternehmenswerte. Ersetzen Sie „Mitarbeiter des Monats" durch „Erfolg des Monats".
- **Teilen von Anerkennungsgeschichten.** Newsletter oder Unternehmensblogs können die Geschichte einer Leistung erzählen und der Anerkennung so noch mehr Bedeutung verleihen.
- **Häufige und erreichbare Anerkennung.** Bejubeln Sie auch kleinere Leistungen: der Zusatzaufwand, um eine Frist einzuhalten, der Feinschliff bei einem Angebot, die kleinen Dinge, die ein Vorgesetzter für selbstverständlich erachten könnte.
- **Verknüpfung der Anerkennung mit Unternehmenszielen und -strategien.** Kundenservice, Innovation, Teamarbeit, Kostenreduktion – jede betriebliche Priorität kann durch eine zeitnahe Anerkennung unterstützt werden.

OKR-Plattformen werden regelmäßig kundenspezifisch für die Peer-to-Peer-Anerkennung aufgebaut. Vierteljährliche Ziele bestimmen die Bereiche, in denen Feedback und Anerkennung am meisten geschätzt werden. Transparente OKRs machen es für Mitarbeiter selbstverständlich, große und kleine Siege gleichermaßen zu feiern. Alle verdienen ihren Anteil am Rampenlicht.

Sobald Teams und Abteilungen auf diese Weise eine Verbindung untereinander herstellen und immer mehr Leute mit an Bord kommen, wird ein Anerkennungs-Motor das gesamte Unternehmen auf Touren bringen. Jeder kann das Ziel eines jeden anderen bejubeln, unabhängig vom Titel oder der Abteilung. Und beachten Sie: Jeder Jubel ist ein Schritt in Richtung betrieblicher Spitzenleistung, das Hauptziel von OKRs und CFRs.

16

ABSCHAFFUNG VON JÄHRLICHEN MITARBEITERGESPRÄCHEN: DIE ADOBE-GESCHICHTE

Donna Morris
Executive Vice President
Customer and Employee Experience

Vor sechs Jahren trug auch das Softwareunternehmen Adobe, wie viele andere Unternehmen, noch die Bürde jährlicher Mitarbeitergespräche. Manager verbrachten damit acht Stunden pro Mitarbeiter und demoralisierten dabei alle Beteiligten. Der Höhepunkt der freiwilligen Fluktuation war jeweils im Februar, wenn Mitarbeiter nach enttäuschenden Mitarbeitergesprächen ihr Talent lieber woanders einsetzen wollten. Insgesamt wendete das Unternehmen 80.000 Manager-Stunden auf, was ungefähr 40 Vollzeitstellen entspricht – auf einen Prozess, der keinen erkennbaren Mehrwert bot. Das Unternehmen war gerade mit voller Geschwindigkeit in der Transformationsphase zu einem cloudbasierten Abo-Unternehmensmodell, das es dringend benötigte, um weiterhin im Markt bestehen zu können. Aber selbst als sich Adobe zu einem modernen Echtzeitbetrieb entwickelte, blieb der HR-Ansatz in der Vergangenheit hängen.

2012, während einer Geschäftsreise nach Indien, brachte Donna Morris ihre Frustration über das traditionelle Performance Management zum Ausdruck. Aufgrund des Jetlags eher unbedacht, erzählte sie einem Reporter, dass das Unternehmen plane, jährliche Mitarbeitergespräche und Ranglisten zugunsten von regulärem, zukunftsorientiertem Feedback abzuschaffen. Das war eine

Virtueller Druck

Adobe beginnt, jährliche Mitarbeitergespräche abzuschaffen

Das Unternehmen will auf regel - mäßiges Feedback während des Jahres setzen, um Leistung zu beurteilen und zu belohnen

DEVINA SENGUPTA
BANGALORE

Ungefähr 10.000 Mitarbeiter von Adobe Systems, 2000 davon in Indien, haben soeben ihre möglicherweise letzte Leistungsbeurteilung hinter sich gebracht. Das global agierende Produkt- und Dienstleistungsunternehmen plant die Abschaffung der langjährigen Praxis, bei der man einmal jährlich mit den Kollegen verglichen und vom Vorgesetzten beurteilt wird.

„Wir planen, das jetzige Format der jährlichen Mitarbeitergespräche abzuschaffen," so Donna Morris, Senior Vice President Human Resources bei Adobe. Auch wenn zurzeit noch in der Entwurfsphase, plant das Unternehmen regelmäßiges Feedback seitens der Vorgesetzten an die Teams, um ein schnelleres und kontinuierliches Feedback anstelle des üblichen Wartens auf das Jahresendgespräch zu ermöglichen.

Adobe wagt diesen Schritt, nachdem es in das digitale Marketinggeschäft eingestiegen ist, das ein ganz anderes Programm für die Kundenbasis und Marketingstrategie sowie eine Überarbeitung des HR-Prozesses erfordert.

Sollten Unternehmen jähr liche Leistungsbeurteilungen abschaffen?

Weshalb ...

Jährliche Beurteilungen der Leistungen können auf ungefähren Erinnerungen basieren.

Regelmäßiges Feedback kann zu kontinuierlicher Verbesserung der Leistungen verhelfen.

Es ist **unfair**, Mitarbeiter einmal jährlich gegeneinander auszuspielen.

Weshalb nicht...

Es ist **schwierig**, die Leistung der Mitarbeiter, vor allem in virtuellen Teams, konstant zu verfolgen.

Beförderungen und Belohnungen können sich als kompliziert erweisen.

Es ist **schwierig**, ohne jährliche Ziele und Leistungsbeurteilungen das Beste aus den Mitarbeitern herauszuholen.

Jaleel Abdul, Personalverantwortlicher für die indische Tochtergesellschaft: Es handelt sich dabei keineswegs um eine neue Praxis. Der Grundgedanke findet sich schon in der Theorie des Management-Gurus Marshall Goldsmith wieder, die besagt, dass unmittelbares und Echtzeit-Feedback die Leistung von Mitarbeitern fördern kann.

„Kurskorrekturen können so ebenfalls schneller und unmittelbarer vorgenommen werden", sagt Abdul.

Unternehmen innovieren und optimieren ihre Bewertungssysteme fortwährend.

Adobes Sprung in die Zukunft, berichtet die *Indian Times* 2012.

großartige Idee. Der Haken war, dass sie es noch nicht mit ihren Mitarbeitern oder dem Adobe-CEO diskutiert hatte.

Mit der ihr eigenen Energie und großer Überzeugung beeilte sich Donna, das Unternehmen umzustimmen. Wie sie in Adobes Intranet schrieb, lag die bevorstehende Herausforderung darin, „Mitarbeiter-Beiträge zu prüfen, -Leistungen zu entlohnen sowie Feedback zu geben und zu erhalten. Muss das alles in einem umständlichen Prozess zusammengeführt werden? Ich denke nicht. Es ist an der Zeit, radikal anders zu denken. Falls wir unsere jährlichen Mitarbeitergespräche abschaffen, was würden Sie gerne an deren Stelle haben? Wie würde es aussehen, zu inspirieren, motivieren und Beiträge noch effektiver wertzuschätzen?" Der Beitrag führte zu einer der am härtesten geführten Diskussionen in der Geschichte des Unternehmens.

Donnas Offenheit wurde zum Auslöser für „Check-in", Adobes neue Methode und gleichzeitig Software für kontinuierliches Performance Management. In der gemeinsamen Anstrengung, das Unternehmen nach vorne zu bringen, führen Manager, Mitarbeiter und Kollegen pro Jahr mehrere Bestandsaufnahmen. Statt auf das Personalabteilungsteam zurückzugreifen, machten sich die Manager über das gesamte Unternehmen hinweg den Prozess proaktiv zu eigen.

Leicht, flexibel und transparent, mit minimalen Strukturen und ohne Nachverfolgung oder Papierkram hat ein Check-in drei Schwerpunkte: vierteljährliche „Ziele und Erwartungen" (Adobes Terminologie für OKRs), regelmäßiges Feedback und Karriere- sowie persönliche Entwicklung. Die Sitzungen werden durch den Mitarbeiter eingefordert und von den Vergütungsgesprächen entkoppelt. Zwangseinordnung in Ranglisten wurden durch ein jährliches Belohnungs-Check-in ersetzt. Manager sind darauf trainiert, die Angestelltengehälter basierend auf ihren Leistungen, ihren Einfluss auf das Geschäft, ihre relativen Fähigkeiten und den Marktbedingungen zu bestimmen. Es gibt keine festen Vorgaben.

Seit dem Herbst 2012, als Check-in eingeführt wurde, ist Adobes Mitarbeiterfluktuation signifikant gesunken. Durch die Implementierung eines kontinuierlichen Performance Managements mit CFRs hat Adobe seine gesamten operativen Tätigkeiten belebt.[37]

—

Donna Morris: Adobe wurde auf vier Grundwerten aufgebaut: *authentisch, außergewöhnlich, innovativ* und *engagiert.* Unsere bisherigen jährlichen Mitarbeitergespräche widersprachen ihnen allen. Deshalb sagte ich zu unseren Leuten: Was wäre, wenn es keine Bewertungen, Ranglisten oder Formalitäten gäbe? Was

37 Für weitere Informationen zur neuen Herangehensweise des Unternehmens lade ich Sie ein, ihren öffentlich-zugänglichen Inhalt unter www.adobe.com/check-in.html zu erkunden.

wäre, wenn ihr stattdessen alle wüsstet, was man von euch erwartet und ihr an fortlaufenden Feedbacks teilnehmen würdet und die Chance hättet, bei Adobe, wo ihr alle geschätzt werdet, an eurer Karriere zu arbeiten? Check-in hilft uns dabei, Adobes Werte täglich zu leben. Um zu erläutern, wie der neue Prozess funktioniert, begannen wir mit einem ersten von vielen 30- bis 60-minütigen Web-Trainings. Angefangen bei den ranghöchsten Führungskräften, dann im mittleren Management und schließlich bei den Mitarbeitern. (Wir hatten eine 90-prozentige Teilnehmerquote.) Jedes Quartal haben wir eine andere Phase des Check-in angesprochen: Wie legt man Erwartungen fest? Wie gibt und erhält man Feedback?

Wir investierten auch in ein „Mitarbeiter-Ressourcen-Center", das Vorlagen und Videos anbietet, um unseren Leuten bei der Schulung ihrer Fähigkeiten zu konstruktivem Feedback zu helfen. Adobe hat viele Ingenieure, die nicht unbedingt mit einem offenen Dialog vertraut waren. Das Center hilft ihnen, sich behutsam in diesen Prozess hineinzufinden.

Unsere Führungskräfte haben Check-in durch eigenes „role-modeling" zum Erfolg verholfen. Sie mussten zeigen, dass sie offen für Feedback sind und kritisch in ihren Visionen hinterfragt werden können.

Jetzt behandeln wir jeden Manager als Führungspersönlichkeit. Sie bekommen Budgets für einfache Bonuszahlungen sowie einen Pool finanzieller Mittel, die sie nach eigenem Ermessen da einsetzen können, wo es ihrer Meinung nach am besten passt. Es hilft ihnen zu wissen, dass sie wirklich verantwortlich sind für ihre Mitarbeiter. Es ist ebenfalls wichtig zu wissen, dass sie sich in den Prozess einbringen können. Durch die Anberaumung regelmäßiger Check-ins während des Jahres halten sie ihre Manager auf dem Laufenden hinsichtlich Themen und

Donna Morris auf dem Goal Summit 2017.

Zielen vorangehender Gespräche; zusammen mit den Entwicklungsbedürfnissen und Ideen, wie sie sich weiter verbessern könnten. Und jetzt, wo wir den fixen Vergütungstopf abgeschafft haben, sind Teamkollegen keine Konkurrenten mehr.

Individuen wollen ihren eigenen Erfolg vorantreiben. Sie möchten nicht bis zum Ende des Jahres auf ihre Beurteilung warten. Sie möchten wissen, wie sie sich schlagen, während sie an etwas arbeiten, und was sie ändern müssen, um eine Kurskorrektur vorzunehmen, falls diese notwendig sein sollte. In unserem neuen System erhalten unsere Mitarbeiter mindestens alle sechs Wochen sehr spezifisches Leistungs-Feedback. Praktisch geschieht es jedoch jede Woche. Jeder weiß, wo er steht, und alle tragen Wert zum Unternehmen bei. Statt zu verzögern, *führt* der Performance Management-Prozess viel eher.

Unser Feedback im Check-in ist häufig von Manager zu Mitarbeiter, es kann jedoch auch umgekehrt sein: „Ich hatte das Gefühl, mit Projekt X alleine auf weiter Flur zu sein und brauchte mehr Unterstützung." Und weil Adobe eine starke Matrix-Organisationsstruktur aufweist, kann Feedback auch direkt von Kollege zu Kollege geschehen. In meiner Abteilung zum Beispiel habe ich einen Kommunikationspartner, einen Finanzpartner und einen Rechtspartner. Sie sind jemand anderem unterstellt, aber es gibt starke Verbindungen zwischen uns. Wir hinterfragen gegenseitig unsere Erwartungen kritisch und geben uns gegenseitig Feedback zu unserer Leistung.

Aus Adobes Erfahrung würde ich sagen, dass ein kontinuierliches Performance Management-System drei Voraussetzungen hat: Die erste ist die Unterstützung des Führungsteams. Die zweite ist Klarheit über Unternehmensziele und wie sie mit individuellen Prioritäten in Einklang gebracht werden (bei uns die „Ziele und Erwartungen", was den OKRs entspricht). Die dritte ist eine Investition in Training, um Führungskräfte mit der Fähigkeit auszustatten, effektiver zu sein. Wir schicken die Leute nicht zu Kursen. Wir laden sie zu einstündigen Online-Sitzungen mit Rollenspielen ein: „Hey, müssen Sie schwieriges Feedback geben? Hier sind die Schritte."

Konstruktives Feedback ist natürlich schwieriger für Menschen. Aber wenn es gut gemacht wird, ist es gleichzeitig das größtmögliche Geschenk, dass man jemandem machen kann, denn es kann die Denkweise eines Menschen ändern und das Verhalten in positivster und wertvollster Weise beeinflussen. Wir kreieren ein Umfeld, in dem Leute sagen: „Weißt du was? Es ist in Ordnung, Fehler zu machen, denn genau so kann ich mich am besten weiterentwickeln." Das ist ein großer Bestandteil unseres Kulturwandels.

Was Check-in verdeutlicht, ist, dass Personalverantwortliche ebenso für den Erfolg eines Unternehmens da sind. Unsere Rolle umfasst die Beratung anderer Führungskräfte dabei, wie jeder Einzelne im Unternehmen erfolgreich zur Erfüllung der Unternehmensmission beitragen kann. Erfolg entsteht nicht durch Formalitäten, Ranglisten oder Bewertungen. Er wird nicht von Richtlinien und

Programmen getrieben, in denen die Leute versinken oder die sich ihnen in den Weg stellen. Die wahren Erfolgsmechanismen sind jene, die Potenziale aufbauen und Leute dazu befähigen, sich für das Unternehmen einzusetzen.

Für ein Dienstleistungsunternehmen ist nichts wichtiger als engagierte Mitarbeiter, die das Gefühl haben, einen Unterschied zu machen und die im Unternehmen bleiben wollen. Fluktuation ist kostenintensiv. Die beste Fluktuation ist die interne Fluktuation, bei der die Leute ihre Karriere innerhalb des Unternehmens vorantreiben, statt irgendwo anders hinzugehen. Menschen sind nicht darauf programmiert, wie Nomaden herumzuziehen. Sie müssen einen Ort finden, an dem sie das Gefühl haben, eine wirkliche Wirkung erzielen zu können. Bei Adobe macht Check-in genau das möglich.

Adobe Performance Management, früher und heute

	FRÜHER: die jährliche Leistungsbeurteilung	**HEUTE: Check-in**
Prioritäten setzen	Mitarbeiterprioritäten werden zu Beginn des Jahres gesetzt und kaum überarbeitet.	Prioritäten werden gesetzt und regelmäßig mit dem Vorgesetzten angepasst.
Feedbackprozess	Langer Prozess der Einreichung von Leistungen, Anfordern von Feedbacks und dem Schreiben von Beurteilungen.	Fortlaufender Feedback- und Gesprächsprozess ohne formelle schriftliche Dokumentation der Beurteilungen.
Vergütungs-entscheidungen	Aufwändiger Beurteilungs- und Einstufungsprozess jedes Mitarbeiters zur Bestimmung von Gehaltserhöhungen und Wert.	Keine formelle Bewertung oder Einstufung: Vorgesetzte bestimmen jährlich Gehalt und Wert auf Basis der Leistung.
Sitzungsrhythmus	Feedbackrunden sind ungleichmäßig und werden nicht verfolgt. Erhöhte Mitarbeiterproduktivität gegen Ende des Jahres mit Blick auf die Leistungsbeurteilungsgespräche.	Feedbackgespräche werden vierteljährlich erwartet, und fortlaufendes Feedback wird zur Norm. Gleichmäßige Mitarbeiterproduktivität basierend auf fortlaufenden Gesprächen und Feedback während des Jahres.
Rolle der HR-Abteilung	HR-Abteilung übernimmt die Verwaltungsarbeit und Prozesse um sicherzustellen, dass alle Schritte durchlaufen werden.	HR-Abteilung stattet Mitarbeiter und Vorgesetzte mit allem Notwendigen aus, um konstruktive Gespräche zu ermöglichen.
Ausbildung und Ressourcen	Coaching und Ressourcen kamen von HR-Mitarbeitern, die damit nicht immer alle erreichten.	Ein zentralisiertes Mitarbeiter-Ressourcen-Center bietet, wo nötig, Hilfestellung und Antworten an.

Vom jährlichen Mitarbeitergespräch zum kontinuierlichen Check-in bei Adobe.

17

JEDEN TAG BESSER BACKEN: DIE GESCHICHTE VON ZUME PIZZA

Julia Collins und Alex Garden
Gründer und Co-CEOs

Wie wir gesehen haben, sind OKRs und CFRs bewährte Instrumente für Hochleistung und exponentielles Wachstum. Sie haben auch subtilere, interne und alltäglichere Effekte, wie zum Beispiel die Entwicklung besserer Führungskräfte oder die Möglichkeit für stillere Mitarbeiter, herauszustechen. Auf dem langen und anspruchsvollen Weg zu operativer Exzellenz helfen sie Unternehmen dabei, jeden Tag besser zu werden. Vorgesetzte werden zu besseren Kommunikatoren und Motivatoren. Mitarbeiter entwickeln sich zu disziplinierteren und gründlichen Denkern. Wenn sie mit sinnvollen Gesprächen und Feedback vermittelt wird, bringt strukturierte Zielsetzung Menschen bei, wie sie mit Beschränkungen umgehen können. Auch wenn sie immer wieder gegen diese Grenzen anrennen – es ist eine besonders wichtige Lektion für kleinere, stark wachsende Organisationen.

Die Geschichte von Zume Pizza beschreibt wunderbar diese inneren Dynamiken. Sie handelt von einem Start-up, das OKRs und CFRs verwendet – sowie ein paar strategisch platzierten Roboter –, um es mit den Giganten der Branche aufzunehmen.

Seit geraumer Zeit wird der 10-Milliarden-Dollar-Markt für Pizzalieferservice von den drei nationalen Ketten kontrolliert: Domino's, Pizza Hut und Papa John's. Es sind keine sensationellen Pizzen, aber ihre Marken sind etabliert und verfügen über den großen Vorteil der Größeneffekte. Im Februar 2016, als Zume

Pizza in einem der abgelegenen Betonklötze in Mountain View, Kalifornien, seine Geschäftstätigkeit aufnahm, war die Skepsis groß. „Handgemachte Pizza von Robotern“ musste ein Scherz sein. Die Erfolgschancen schienen gering.

Zwei Jahre später trotzt Zume dieser Prophezeiung durch die Produktion von Spitzen-Pizza zu wettbewerbsfähigen Preisen. Das Unternehmen lässt Routineaufgaben durch Maschinen erledigen und räumt seinen Mitarbeitern so Zeit für kreative Tätigkeiten ein, die einen Mehrwert stiften. Geld, dass durch den Verzicht auf manuelle Arbeit eingespart wird, wird in hochwertige Zutaten investiert: Teig aus nicht genetisch modifizierten Zutaten, Tomaten aus biologischem Anbau, Gemüse aus der Region und in Handarbeit konfiguriertes Fleisch. Das Ergebnis ist eine schmackhaftere Pizza, die tatsächlich gut für einen ist – und die nur fünf Minuten nach der Bestellung noch heiß geliefert wird.

Während Online- oder mobile App-Bestellungen in Zumes Produktionsprozess verarbeitet werden, strecken und formen Roboter den Teig, belegen ihn mit Soße und schieben ihn vorsichtig in einen 800 Grad heißen Ofen. Da sich Robotertechnologien stets weiterentwickeln, plant das Unternehmen die Automatisierung seines gesamten Produktionsprozesses, von der Beigabe von Käse und kundenspezifischem Belag bis hin zur Verladung vorgebackener Pizzen in Zumes Flotte algorithmisch gesteuerter Lieferwagen, die sie auf dem Weg weiterbacken. (In Zukunft besteht die große Chance, dass diese Lieferwagen fahrerlos sein werden.)

Zume Co-Gründer Julia Collins und Alex Garden vor einem ihrer "Pizza während der Fahrt backen"-Lieferwagen

Innerhalb der ersten drei Monate nach der Gründung erreichte Zume einen Marktanteil von zehn Prozent in ihrem lokalen Handelsgebiet. 2017 begann das Unternehmen, das Pizza-Oligopol in der Bay Area durchzurütteln. Schon bald wird es an die gesamte Westküste und dann landesweit liefern; bis 2019, hoffen die Gründer, auch in Übersee präsent zu sein. „Wir werden das Amazon des Essens sein", sagt Mitgründer Alex Garden, der OKRs erstmals als Präsident von Zynga Studios begegnete.

Wenn man David ist und es mit Goliath aufnimmt, sind Zeit und Chance essentiell. Es gibt keinen Spielraum für unkoordinierte Tätigkeiten oder falsch ausgerichtete Mitarbeiter. Wie Zumes Führungsebene Ihnen sagen wird, haben OKRs ihrem jungen Unternehmen dabei geholfen, sich auf eine Art und Weise zu entwickeln, die sie nie vorhergesehen haben.

Ein Roboter bei Zume Pizza in Aktion.

—

Julia Collins: Zu Beginn lebte Zume in unseren Köpfen. Wenn man Alex und mir eine Frage gestellt hätte, hätten wir die gleiche Antwort gegeben. Wir verbrachten so viel Zeit miteinander, dass man sich blind verstand. Das funktioniert gut mit zwei Personen. Selbst nachdem unser CTO mit an Bord kam und wir das „Dreigestirn" wurden, funktionierte es immer noch sehr gut. Aber als wir Pecorino zum Mozzarella, dem Provolone und dem Parmesan gaben, änderte sich etwas. Wenn man uns zum Zeitpunkt, als wir sieben Leute waren, gefragt hätte: „Was ist das Wichtigste, was wir heute erreichen müssen?", dann hätte man vermutlich acht verschiedene Antworten erhalten.

Wir begannen mit der Projektmanagement-Software namens LiquidPlanner, ein „Wasserfallmodell". Es half uns wirklich dabei, unsere Küche aufzubauen: Zuerst gießt man den Beton und lässt ihn trocknen. Dann trägt man das Epoxid auf und lässt es wiederum trocknen. Das wiederum deckt man dann ab und nimmt den begehbaren Kühlschrank in Betrieb, richtig? Für einen linearen Prozess war es hervorragend.

Aber als wir uns im Juni 2016 auf die Markteinführung von Zume vorbereiteten, war das eine komplexere Angelegenheit. Wir waren bis zu 16 Angestellte plus drei Dutzend auf Stundenbasis angestellte Küchenmitarbeiter und „Piloten", die unverzichtbaren Leute, die unsere Pizza auslieferten. Wir hatten es gewagt, uns auf die Massenproduktion einzulassen, mit der Integration von Robotern, der Softwareentwicklung und der Erstellung eines Menüs ... und der Wasserfall hörte auf, so sanft zu fließen. Zu viele Dinge passierten gleichzeitig mit vielen Ebenen von Abhängigkeiten. Wir wussten, dass wir agil bleiben mussten, und unsere Ingenieure meldeten sich jeden Morgen bei JIRA [Projektmanagement-Software] für ihre zweiwöchigen Sprints an. Aber weder JIRA noch LiquidPlanner konnten uns eine große Frage beantworten: *Was ist das Wichtigste?*

Zumes größtes Kapital war unser talentiertes und kreatives Team. Wären sie auf sich selbst gestellt gewesen, hätten unsere Leute immer gerade das gemacht, wovon sie selbst *dachten*, dass es das Wichtigste sei. Ihre Ideen waren oft gut, aber nicht immer aufeinander abgestimmt. Wir implementierten OKRs früh in unseren Lebenszyklus, drei Wochen, nachdem die erste Pizza unser Haus verlassen hatte, weil wir uns sicher sein wollten, dass jeder unsere obersten Prioritäten kannte. Zu Beginn, um sicherzustellen, dass die erfolgskritischen Themen angegangen wurden, legten wir einen hundertprozentigen Top-down-Ausrichtungsansatz fest. Wir beide definierten Zumes Objectives für unsere ersten beiden OKR-Zyklen (im dritten und vierten Quartal 2016). Als später das Überleben weniger ein Thema war, wurden wir etwas lockerer.

Erreichen, was real ist

Alex Garden: Es ist schwierig, den expliziten Wert von OKRs zu leugnen, so wie sie uns dabei geholfen haben, die Organisation am Anspruch der Führung auszurichten. Aber insbesondere für junge Unternehmen wie Zume gibt es einen ebenso wichtigen *impliziten* Wert, der oft übersehen wird. OKRs sind ein herausragendes Trainingswerkzeug für Führungskräfte und Vorgesetzte. Sie bringen einem bei, wie man sein Unternehmen innerhalb existierender Grenzen führt. Es ist wichtig, bis an die Grenzen zu gehen, aber die Grenzen existieren. Jeder ist mit Ressourceneinschränkungen konfrontiert: Zeit, Geld, Menschen. Und je größer die Organisation, desto höher die Entropie – es ist wie die Thermodynamik. Während meiner Zeit als Geschäftsführer bei Microsofts Xbox Live arbeitete ich mit einigen visionären Führungskräften zusammen. Wir mühten uns jedoch mit einer Diskrepanz zwischen den Wünschen der Führung und den Fähigkeiten der

Organisation ab. Das ganze „Wie?“ und auch die meisten „Was?“ wurden mir und einigen anderen des Fußvolkes in den Geschäftsbereichen überlassen. Es war unsere Aufgabe, einen unklar spezifizierten Auftrag für eine extrem anspruchsvolle Mission zu erfüllen. Hätten wir von Anfang an einen wohlstrukturierten Zielsetzungsprozess gehabt, hätte das jedem einiges an Kummer erspart.

In traditionellen Geschäftsmodellen wird die Rolle der Führungskraft immer abstrakter, je höher sie in der Hierarchie ist. Die mittleren Führungskräfte puffern die Geschäftsleitung vom operativen Tagesgeschäft ab, damit diese sich auf das große Ganze konzentrieren kann. Vielleicht hat das in einer weniger schnelllebigen Ära funktioniert. Aber meiner Erfahrung nach können OKRs nur dann wirksam sein, wenn die Leute an der Spitze ihnen gegenüber bedingungslos verpflichtet sind – wie eine Art religiöser Berufung. Und Missionierung ist eine harte und undankbare Arbeit. Ihre Leute können Sie während der Einführung, die bis zu einem Jahr dauern kann, vielleicht nicht sonderlich gut leiden. Aber es lohnt sich.

Bessere Disziplin

Julia: Wenn wir vom intrinsischen Wert von OKRs sprechen, gilt es als erstes, die Disziplin zu erwähnen, die sie von uns als Co-CEOs fordern.

Alex: Sie bringen uns bei, aufmerksam darüber nachzudenken, was wir tatsächlich erreichen können und die gleiche Perspektive in unserem Führungsteam und wiederum deren Teams einzubringen. Früh in einer Karriere, wenn man ein einzelner Mitarbeiter ist, wird man anhand der Menge und Qualität der eigenen Arbeit beurteilt. Eines Tages ist man plötzlich eine Führungskraft. Gehen wir davon aus, dass man sich ganz gut schlägt und weiter aufsteigt, sodass man mehr und mehr Leute unterstellt hat. Nun wird man nicht mehr länger für die Menge der Arbeit bezahlt; jetzt wird man für die Qualität der Entscheidungen, die man trifft, bezahlt. Aber niemand erzählt einem die Regeln, die sich geändert haben. Wenn man gegen eine Wand läuft, denkt man, *ich werde einfach noch härter arbeiten, denn genau so bin ich hierhin gekommen.*

Was Sie jedoch tun sollten, ist viel kontra-intuitiver: Sie sollten für einen Moment anhalten und den Lärm um sich herum ausblenden. Schließen Sie Ihre Augen, um wirklich zu sehen, was vor ihnen liegt und wählen Sie dann den für Sie und ihr Team besten Weg, abhängig von den Bedürfnissen der Organisation. Das tolle an den OKRs ist, dass sie Reflexion formalisieren. Mindestens einmal pro Quartal zwingen sie die Mitarbeiter dazu, einen Schritt zurückzutreten und an einem ruhigen Ort zu überlegen, wie ihre Entscheidungen mit dem Unternehmen übereinstimmen. Die Leute beginnen, in einer Makroperspektive zu denken. Sie werden pointierter und präziser, weil man keine 45-seitige OKR-Ausarbeitung schreiben kann. Sie müssen drei bis fünf Dinge wählen und wie genau sie gemessen werden sollen. Dann, wenn der Tag gekommen ist und jemand sagt: „In Ordnung, Sie sind der Chef", haben Sie bereits gelernt, wie einer zu denken. Und das ist gewaltig.

Die meisten Start-ups sind nicht erpicht darauf, in die strukturierten Zielsetzungen einzutauchen: *Wir brauchen das nicht. Wir sind extrem schnell. Wir finden einfach ein paar Dinge heraus.* Und oftmals finden sie es heraus. Ich denke jedoch, dass ihnen eine Chance entgeht, nämlich Menschen beizubringen, eine Führungskraft zu sein, *bevor* das Unternehmen wächst. Wenn solche Gewohnheiten nicht früh genug tief verwurzelt sind, passiert eine von zwei Sachen: Erfolglose Unternehmen wachsen über die Fähigkeiten der Führungskräfte hinaus und gehen ein. Erfolgreiche Unternehmen wachsen über die Teamfähigkeiten hinaus und das Team wird ersetzt. Beides sind traurige Ergebnisse. Der bessere Weg wäre, Leuten beizubringen, von Anfang an wie Führungskräfte zu denken, solange ihre Abteilung erst einen Mitarbeiter hat.

OKRs formen Leute. Sie prägen stärkere Führungskräfte und helfen ihnen dabei, Anfängerfehler zu vermeiden. Sie pressen die Sorgfalt und den Rhythmus eines Großunternehmens in den Rahmen eines sehr kleinen Unternehmens. Als wir OKRs bei Zume einführten, war der unmittelbare Nutzen der Prozess selbst. Der simple Akt, Menschen dazu zu zwingen, sorgfältig, offen und gemeinsam über das Unternehmen nachzudenken, war ein enormer Beschleuniger für ihre Leistung.

Stärkeres Engagement

Alex: OKRs beseitigen die Mehrdeutigkeit. Und wenn man das macht, werden manchen Leute sagen: „Das ist nicht das, wofür ich angeheuert wurde, und ich gehe." Aber andere werden sagen: „Ich bin inspiriert, weil ich endlich weiß, was wir zu tun versuchen." So oder so herrscht Klarheit. Für diejenigen, die bleiben, legt man den Grundstein für Engagement. Jeder glaubt an die Mission. Teamsport funktioniert nicht, solange nicht das ganze Team zusammenspielt.

Julia: Sobald die Leute sich an den OKR-Prozess gewöhnt haben, wird er naturgemäß kollaborativer. Im dritten Quartal 2016 schrieben Alex und ich die Unternehmens-OKRs auf oberster Ebene auf und die Abteilungsleiter wandelten einige unserer Key Results zu ihren eigenen Objectives um. Wir haben sie einfach heruntergebrochen. Im vierten Quartal schrieben wir beide nach wie vor die Unternehmens-Objectives, jedoch sprang unser Team ein und „KR-te" sie, was großartig war. Sie nahmen eine kreativere Rolle ein, und die OKRs wurden besser. Unsere Ziele waren immer noch sehr anspruchsvoll, aber die Leute hatten das Gefühl, dass sie realistischer waren.

Zume nennt seine Kerntechnologie „baking-on-the-way". Das ist es, womit wir die Branche durchrütteln und die größte Freude bei den Kunden wecken. Im vierten Quartal war eines der obersten Unternehmensziele unsere größten „Kerle" zum Einsatz zu bringen: die 26 Fuß langen Lieferwagen mit 56 Öfen, verbunden mit einem ausgeklügelten Logistik- und Bestellvorhersagesystem. Wir können Ihre Pizza algorithmisch in nur fünf Minuten nach Ihrer Onlinebestellung fertigstellen und haben sie bereit, und sogar noch dampfend, vor ihrer Tür stehen. Vaibhav Goel, unser Produktverantwortlicher, hatte das folgenden OKR, um die erste Flotte unserer Baking-on-the-way-Flotte anzuweisen, zu koordinieren und zu bewerkstelligen. Absolut hieb- und stichfest. Würde Vaibhav seine drei KRs erfüllen, so wussten wir, dass wir unser Objective erreichen.

OBJECTIVE

Fertigstellung der Lieferwagenflotte für 250 Polaris (Mountain View-Hauptsitz)

KEY RESULTS

1. Lieferung von 126 zertifizierten Öfen bis zum 30.11.
2. Lieferung von 11 zertifizierten Gestellen bis zum 30.11.
3. Lieferung von 2 zertifizierten Lieferwagen bis zum 30.11.

Jede Organisation hat Leute, die lautstark und selbstsicher auftreten. Wenn sie beim ersten Mal mit ihrem Argument nicht überzeugen, scheuen sie sich nicht, es nochmals anzubringen. Ruhigere Leute hingegen werden häufig nicht so gut gehört und ihre Bedürfnisse werden vernachlässigt. Der OKR-Rahmen verleiht allen Stimmen und Abteilungen gleiches Gewicht. Niemand muss in Stille leiden – ehrlich gesagt hat keiner überhaupt diese Option. Ihre Objectives werden, wie die von allen anderen auch, für Kommentare und Unterstützung auf dem Bildschirm abgebildet.

Ich würde hinzufügen, dass ein wirklich gutes Unternehmen verschiedene Meinungen sehr wertschätzt. Es sucht aktiv Meinungsunterschiede und findet Wege, sie zutage zu bringen, um sie zu klären. So fördern wir eine Leistungskultur.

Alex: Bevor wir OKRs bei den einzelnen Mitarbeitern eingeführten, haben wir zuerst zwei volle Quartale in die Führungsebene gesteckt. Wir mussten die Kultur zuerst etablieren. Wir haben herausgefunden, dass interessanterweise diejenigen unsere aktivsten Teilnehmer waren, die anfänglich am skeptischsten waren.

Joseph Suzuki (Marketingdirektor): Ich dachte, das wäre eine weitere Sau, die durchs Dorf getrieben wird, wie eine Frühlings-Diät: *Oh, folge einfach diesem Prozess und du wirst schlank und hübsch werden.* Es fühlte sich an wie Buchhaltung, eine weitere administrative Übung. Aber OKRs hatten einen Effekt auf mich, den ich nicht erwartetet hatte. Wenn ich meine zweiwöchentlichen Bestandsaufnahmen machte, bekam ich ein paar Minuten Zeit, um darüber nachzudenken, was ich gerade tat und wie meine Ziele zu den Bedürfnissen des Unternehmens für das Quartal passten.

In einem Start-up kann man sich in kleinsten Details verlieren – insbesondere in meiner Abteilung, wo wir so viele Rollen innehatten. Das ist sehr gefährlich, da man in einer unruhigen See schwimmt und das Land leicht aus den Augen verliert. Aber diese OKR-Meditationen halfen mir dabei, meinen Kompass neu auszurichten: *Wie trage ich zu dem Gesamtsystem bei?* Dann ist es auch nicht einfach nur ein weiterer Bericht, eine Kampagne oder eine Veranstaltung. Es verbindet dich mit etwas Größerem und Sinnhafterem.

Stärkere Transparenz

Julia: Von Anfang an zwang uns dieser Prozess dazu, klarzustellen, wer wofür verantwortlich ist. Wenn beim Baseball ein Ball zwischen zwei Fänger geschlagen wird, muss einer ihn klar für sich beanspruchen. Andernfalls fällt der Ball zu Boden oder beide Spieler stürzen sich darauf und krachen ineinander. Anfänglich waren Marketing und Produkt unsere Feldspieler – aber wer war für Zumes Umsatzziele verantwortlich? Die beiden Führungskräfte waren gerade mal seit einem Monat bei uns. Sie waren nicht nur nicht mit OKRs vertraut, sie waren auch noch neu bei Zume, das selbst neu war. Als Alex und ich ihre Verwirrung sahen, teilte wir das Objective in neue Umsätze (Marketing) und Wiederkäufer-Umsätze (Produkt), und die Abteilungsleiter nahmen sich von da aus der Sache an. Das war ein wichtiges Gespräch. Es war nicht mit einem Objective per se verknüpft, aber es war durch und durch ein Nebenprodukt eines OKR-Prozesses im Frühstadium. Wenn etwas nicht klar umrissen ist, zeigt sich das sofort. Man kann es nicht übersehen.

Stärkere Teamarbeit

Alex: Innerhalb von acht Monaten gründeten wir einen Lebensmittelproduzenten, ein Logistikunternehmen, ein Robotikunternehmen und einen Maschinenbaubetrieb – aus dem Stegreif. Wir verwendeten OKRs als ein Lehrmittel, um eine Kultur der Besonnenheit zu vermitteln. Sie lassen einen darüber reflektieren, wie sich die Arbeit, der man nachgeht, auf das Umfeld auswirkt und ebenso inwiefern man selbst vom Umfeld abhängig ist.

Julia: Unser Team ist sehr vielseitig. Unser Chefkoch Aaron Butkus kam von familiengeführten Restaurants in New York City. Unser Fuhrparkleiter arbeitete in der Filmproduktion. Wir haben einen Produktverantwortlichen und einen Softwareentwickler, und jeder sprach eine andere Sprache. OKRs waren unser Esperanto, unser gemeinsames Vokabular. Das siebenköpfige Leitungsteam trifft sich jeden Montag beim Mittagessen, und etwa jede zweite Woche besprechen wir unsere OKRs. Man hört Leute Dinge sagen wie: „Wem gehört der Kunde?" oder „Wie würdest du dieses Ziel als Key Result formulieren?" Und einfach jeder weiß, was gemeint ist.

Die köstlichste Pizza der Welt würde die Leute nicht glücklich machen, wenn sie kalt bei ihnen ankommt. Mike und Aaron haben ein gemeinsames Objective zur Kundenzufriedenheit. Mike könnte sagen: „Ich habe ein Key Result zur Erweiterung unseres Lieferradius und das ist nun in Gefahr." Vielleicht war das Fertigungsteam etwas verspätet dabei, ein Fahrzeug online zu bekommen. Nun würden wir in einem gemeinsamen Gespräch darüber reden, wie der verspätete Einsatz unser Liefergebiet und unseren Umsatz beeinflussen. Das beträfe auch Joe Suzuki, unseren Marketingverantwortlichen, und sein OKR, den Gesamtumsatz zu steigern.

In einem anderen Szenario könnte Mike den Fertigungsleiter zur Rede stellen: „Verdammt nochmal! Kannst du dich bitte beeilen und das erledigen? Ich warte schon seit Ewigkeiten!" Wenn man aber stattdessen sagt: „Mein KR ist gefährdet", dann ist dies weniger geladen und wesentlich produktiver. Da unser Unternehmen sehr klar ausgerichtet ist, hat sich das gesamte Team bereits auf die Key Results und die damit verbundenen Abhängigkeiten verständigt. Es gibt keine Beurteilungen, sondern nur ein Problem, das gelöst werden muss. Und raten Sie mal, was sonst noch passiert? Die beiden Führungskräfte werden sich *gegenseitig füreinander* einsetzen, um mehr Ressourcen von Alex und mir zu erhalten.

Aaron Butkus (Chefkoch): Wenn ich eine neue saisonale Pizza kreiere, kann ich das nicht spontan machen. Das Marketing muss mindestens eine Woche davor davon erfahren, und im Anschluss muss die Abteilung Foto und Design Bilder davon machen. Es beeinflusst jede Abteilung – die Website des Produktverantwortlichen, das Tech-Team und ihre mobile App. OKRs halten mich konzentriert und auf Kurs. Ich kann das große Ganze klarer erkennen.

Es ist eindeutig ein teambildender Prozess. Es erinnert einen daran, dass man Teil dieser kleinen, speziellen Gemeinschaft ist. Es ist einfach, sich in den eigenen Themen zu verfangen, insbesondere wenn man in der Küche arbeitet. Aber OKRs bringen die Leute dazu, zu denken: „Oh ja, wir arbeiten gemeinsam daran, wir arbeiten gemeinsam an allem."

Bessere Mitarbeitergespräche

Alex: Alle zwei Wochen hat jede Person bei Zume ein einstündiges Einzelgespräch mit dem jeweiligen Vorgesetzten. (Julia und ich sprechen untereinander.) Das ist eine heilige Zeit. Man darf nicht zu spät kommen und man darf nicht absagen. Es gibt nur eine Regel: man redet nicht über Arbeit. Die Agenda ist der Mitarbeiter und was er in den kommenden zwei bis drei Jahren persönlich zu erreichen versucht und wie man das in einen Zwei-Wochen-Plan herunterbricht. Ich beginne gerne mit drei Fragen: Was macht dich wirklich glücklich? Was raubt dir Energie? Wie würdest du deinen Traumberuf beschreiben?

Dann sage ich: „Schau, ich möchte dir meine Erwartungen nennen. Nummer eins, sag immer die Wahrheit. Nummer zwei, mach immer das Richtige. Wenn du diese Erwartungen erfüllst, werden wir dich bedingungslos und zu 100 Prozent unterstützen. Und ich garantiere dir persönlich, dass du deinen nächsten Satz an persönlichen und beruflichen Zielen über die nächsten drei Jahren erreichen wirst." Und von da aus legen wir los.

Die Leute mögen es als altruistisch erachten, aber es ist tatsächlich ein machtvoller Weg, die Leute mit dem Unternehmen zu verbinden – und sie davon abzuhalten, auszusteigen. Es vermittelt ihnen Einsichten zu möglichen Hindernissen. Eine Führungskraft könnte sagen: „Dieses Ziel scheint dir sehr wichtig, jedoch hast du in den vergangenen zwei Wochen nicht besonders viel Fortschritt darin gemacht. Weshalb ist das so?" Es mag paradox erscheinen, aber diese nicht arbeitsbezogenen, sehr persönlichen Einzelgespräche sind ein Platz für fortlaufendes Leistungsfeedback. Während man über die persönlichen Ziele der Leute spricht, lernt man einiges darüber, was sie in ihrer Karriere antreibt oder bremst.

Wenn man regelmäßigere, tiefgründigere Gespräche führt, bekommt man ein Gespür dafür, wann man den Schalter umlegen und den Leuten die Chance einräumen muss, neue Kräfte zu tanken. Nachdem die Organisation einen richtigen Sprint hingelegt hat, könnten Sie für die Mitarbeiter etwas Zeit für persönliche Entwicklungsziele, sagen wir zwischen fünf und 15 bis 20 Prozent, im nächsten Quartal einplanen. Es mag nach einer großen Last klingen, aber es wird die zwei oder drei Quartale der Umsetzung danach deutlich unterstützen.

Bessere Kultur

Julia: Kultur ist die gemeinsame Sprache, die den Individuen in einer Organisation erlaubt, sicher zu sein, dass sie alle über das Gleiche reden – und dass alles, worüber sie reden, Bedeutung hat. Darüber hinaus legt Kultur einen gemeinsamen

Rahmen für Entscheidungsfindung fest. Wenn sie fehlt, sind die Leute ratlos, wie sie Schlüsselfunktionen nachvollziehbar und skalierbar machen.

Dann gibt es noch die anspornende Ebene der Kultur: die Wertegespräche. Was wollen wir als Organisation sein? Wie möchten wir, dass Leute über unsere Arbeit und über unsere Produkte denken? Was ist der Einfluss, den wir auf die Welt haben wollen?

Alex: Zumes Gründungsprinzipien – unsere Mission – sind zwei Dinge, die Julia am Telefon zu mir sagte, als wir uns kennenlernten. Sie haben einen derartigen Eindruck auf mich gemacht, dass wir sie auf einem großen Poster an unsere Küchenwand hingen:

> *Menschen Essen zu servieren ist ehrwürdiges Vertrauen.*
>
> *Jeder Amerikaner hat das Recht auf leckeres, erschwingliches und gesundes Essen.*

Hier ist ein OKR, das ein direktes Ergebnis unserer Mission ist:

OBJECTIVE
Kunden erfreuen.

DETAIL
Menschen zu ernähren ist ein ehrwürdiges Vertrauen. Um dieses Vertrauen zu wahren, müssen wir den besten Kundenservice und die beste Qualität beim Essen liefern. Um als Unternehmen erfolgreich zu sein, müssen wir sicherstellen, dass unsere Kunden so zufrieden mit unserem Service und unseren Produkten sind, dass sie keine andere Wahl haben, als noch mehr Pizza zu bestellen und gegenüber ihren Freunden von dieser Erfahrung zu schwärmen.

KEY RESULTS

1. Net Promoter Score [Weiterempfehlungsquote] von 42 oder besser.
2. Bestellbewertung von 4.6/5.0 oder besser.
3. 75% der Kunden bevorzugen Zume in einer Blindver-kostung gegenüber der Konkurrenz.

Julia: Es gibt so viele tägliche Entscheidungen, die von unserer Mission beeinflusst werden. Es wäre ein leichtes, ein kleines bisschen mehr Salz auf unsere Pizzen zu streuen. Oder ein wenig mehr Zucker in die Soße zu mischen, statt die Extrameile zu gehen und die frischesten Tomaten zu finden. Das sind kleine, heimtückische Kompromisse, die sich in eine Organisation einschleichen können und untergraben, wer man ist.

Jeder neue Mitarbeiter geht durch ein Missions- und Wertetraining als Teil des Einstellungsprozesses. Alex und ich sind uns absolut im Klaren darüber, was wir von Leuten erwarten. Und unsere Klarheit zwingt uns dazu, als Organisation und Individuen höchst verantwortlich zu handeln. Wir haben eine „Die-beste-Idee-gewinnt-Kultur" und alle dürfen jeden zur Rede stellen, inklusive des CEOs.

Alex: Vor allem ist der CEO der beste, den man zur Rede stellen kann. Wenn Leute uns in einem offenen Diskurs herausfordern, halten wir immer kurz inne und machen eine große Sache daraus, wie beeindruckend es sei, dass die Person den Mund aufgemacht hat. Wir versuchen dabei zu übertreiben, um eine Klima zu schaffen, dass Leute sich einbringen.

Bessere Führungskräfte

Julia: Ich habe früher für einige großartige Führungskräfte gearbeitet. Sie waren alle sehr unterschiedlich, aber eine Sache, die sie alle gemeinsam hatten, war dieser klare, nüchterne Fokus. Wenn man sich mit ihnen für 20 Minuten zusammensetzte, waren sie in ihrem Denken völlig frei. Sie konnten sehr genau aufzeigen, was zu tun war. Wenn man Geld sammelt, Pizza backt und Küchen aufbaut, gibt es viele schnelle Kontextwechsel. Es kann sich manchmal ein wenig hektisch anfühlen. Aber wenn man die Objectives seines Unternehmens kennt, wie den eigenen Nachnamen, kann das sehr beruhigend sein. OKRs helfen mir dabei, diese fokussierte und klar denkende Führungskraft zu sein. Egal wie verrückt die Dinge werden, ich kann mich immer darauf zurückbesinnen, was wirklich zählt.

18

KULTUR

Man braucht eine Kultur, die kleine und innovative Ideen feiert.
Jeff Bezos

Kultur, so heißt es, verspeist Strategie zum Frühstück. Sie ist unser Pflock im Boden und das, was unserer Arbeit Sinn gibt. Führungskräfte sind zu recht vom Thema Kultur besessen. Unternehmensgründer fragen sich, wie sie die kulturellen Werte ihres Unternehmens schützen können, während sie wachsen. Vorsitzende großer Unternehmen verwenden OKRs und CFRs als Instrumente für kulturellen Wandel, und eine steigende Zahl von Bewerbern und erfolgreichen Managern macht die richtige Kultur zu ihrem wichtigsten Kriterium.

Wie Sie in diesem Buch gesehen haben, sind OKRs Vehikel für Prioritäten und Erkenntnisse von Führungskräften. CFRs wiederum helfen sicherzustellen, dass diese Prioritäten und Erkenntnisse übermittelt werden. OKRs können jedoch nicht in einem Vakuum umgesetzt werden. Vergleichbar mit Schallwellen, brauchen auch sie ein Medium. Für OKRs und CFRs ist dieses Medium eine Organisationskultur – der lebende Ausdruck ihrer Werte und Überzeugungen.

Doch wie definiert und entwickelt man eine positive Kultur? Während ich keineswegs behaupte, eine simple Antwort darauf zu haben, bieten die OKRs und CFRs eine Art Blaupause. Durch die Ausrichtung der Teams auf eine Handvoll gemeinsamer Ziele und dem anschließenden Zusammenschmieden durch schnelle, zielorientierte Kommunikation, schaffen OKRs und CFRs Transparenz und Verantwortlichkeit, die das Fundament für Höchstleistung bilden. Eine gesunde Kultur und strukturierte Zielsetzung sind voneinander abhängig. Sie sind Partner beim Streben nach operativer Exzellenz.

Andy Grove verstand die Relevanz dieses Zusammenspiels. In seinem Buch *High Output Management* schrieb er, Kultur sei „einfach gesagt eine Ansammlung von Werten und Überzeugungen sowie Vertrautheit mit der Art und Weise, wie Dinge in einem Unternehmen erledigt werden und erledigt werden sollten. Der Punkt ist, dass eine starke und positive Unternehmenskultur absolut essentiell ist." Als Ingenieur setzte Grove Kultur mit Effizienz gleich, eine Art Handbuch für schnellere und zuverlässigere Entscheidungen. Wenn ein Unternehmen kulturell stimmig ist, scheint der weitere Weg klar:

> Jemand, der sich an die Werte einer Unternehmenskultur hält – ein integrer Mitarbeiter –, wird sich unter ähnlichen Bedingungen immer gleich verhalten, was für Vorgesetzte bedeutet, dass sie nicht unter Ineffizienzen, die durch formale Regeln, Verfahren und Vorschriften entstehen, leiden müssen. ... Die Führung muss ein gemeinsames Verständnis für Werte, Ziele und Methoden, die für das gegenseitige Vertrauen wesentlich sind, entwickeln und fördern. Wie machen wir das? Eine Möglichkeit ist die Artikulierung, das Aussprechen. ... Die andere, noch viel wichtigere, ist das Vorleben.

Als Führungskraft lebte Grove Intels höchste kulturellen Standards vor. In seinen iOPEC-Seminaren bemühte er sich, sie den neuen Mitarbeitern des Unternehmens nahezubringen. Hier finden Sie zwei Originalfolien aus dem Jahr

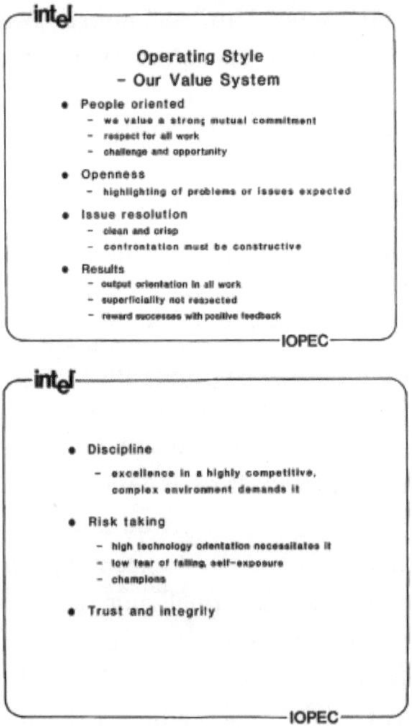

Intel-Folien.

1985, auf denen Andys Lehren zu den sieben kulturellen Grundwerten Intels niedergeschrieben sind:

Die von Andy Grove formulierten Eigenschaften – kollektive Verantwortlichkeit, Risikobereitschaft und messbarer Fortschritt– werden auch bei Google geschätzt. Im Projekt „Aristoteles", einer internen Google-Studie unter 180 Teams, korrelierte herausragende Leistung mit der positiven Beantwortung der folgenden fünf Fragen:

1. **Struktur und Klarheit:** Sind die Ziele, Rollen und Umsetzungspläne in unserem Team klar?
2. **Psychologische Sicherheit:** Können wir in unserem Team Risiken eingehen, ohne uns unsicher zu fühlen oder beschämt zu sein?
3. **Bedeutung der Arbeit:** Arbeiten wir an etwas, was jedem von uns persönlich wichtig ist?
4. **Verlässlichkeit:** Können wir uns aufeinander verlassen, dass wir die Arbeit pünktlich und in hoher Qualität abliefern?
5. **Wirkung der Arbeit:** Sind wir vollends überzeugt, dass unsere Arbeit relevant ist?

Der erste Punkt auf dieser Liste – Struktur und Klarheit – ist die Daseinsberechtigung für OKRs. Alle weiteren sind Schlüsselaspekte einer starken Firmenkultur und stehen in direktem Zusammenhang mit den OKR-Erfolgsfaktoren und CFR-Kommunikationswerkzeugen. Nehmen wir die Verlässlichkeit unter Kollegen: In einem gut funktionierenden OKR-Umfeld sorgen Transparenz und Ausrichtung dafür, dass die Mitarbeiter ihren Pflichten gewissenhafter nachkommen. Bei Google übernehmen Teams die kollektive Verantwortung für das Erreichen oder Verfehlen eines Ziels. Gleichzeitig sind die einzelnen Mitglieder für ihre spezifischen Key Results verantwortlich. Spitzenleistung ist das Ergebnis von Zusammenarbeit *und* Verantwortlichkeit.

Wenn wir sehen, wie unsere Arbeit in das große Ganze passt, sind wir motivierter. Und wenn dann unser quantifizierbarer Beitrag allen ersichtlich wird, ist auch ein gewisser positiver sozialer Druck vorhanden. Eine OKR-Kultur ist eine Kultur der Rechenschaftspflicht. Man arbeitet nicht auf ein Ziel hin, nur weil der Vorgesetzte den Auftrag erteilt hat. Man macht es, weil jedes OKR für das Unternehmen und die Kollegen, die auf einen zählen, offensichtlich wichtig ist. Niemand möchte als derjenige gesehen werden, der das Team bremst. Jeder ist stolz darauf, Fortschritt voranzutreiben. Es ist ein soziale Vereinbarung, und zwar eine selbst erstellte.

—

In *The Progress Principle* analysieren Teresa Amabile und Steven Kramer 26 Projektteams, 238 Individuen und 12.000 Kalendereinträge von Angestellten. Sie kommen zu dem Schluss, dass Hochmotivationskulturen auf einer Mischung zweier Elemente beruhen. *Beschleuniger* [catalysts], definiert als „Aktivitäten, die Arbeit unterstützen", klingen ähnlich wie OKRs: „Dazu gehört, klare Ziele zu setzen, Autonomie erlauben, ausreichend Ressourcen und Zeit zur Verfügung stellen, bei der Arbeit helfen, offen von Problemen und Erfolgen lernen und einen freien Austausch von Ideen erlauben." *Pfleger* [nourishers], „Handlungen der zwischenmenschlichen Unterstützung", weisen eine frappierende Ähnlichkeit zu CFRs auf: „Respekt und Anerkennung, Ermutigung, emotionale Behaglichkeit und Möglichkeiten der Zugehörigkeit."

Im abstrakten Bereich des Kulturwandels vermitteln OKRs Sinn und Klarheit, während wir uns auf das Neue einlassen. CFRs liefern die Energie, die wir für die Reise benötigen. Wo Menschen ehrliche Gespräche führen und konstruktives Feedback sowie Anerkennung für herausragende Leistung erhalten, erzeugt die Begeisterung eine ansteckende Wirkung. Das Gleiche gilt für weiterführendes Denken und die Verpflichtung zu täglicher Verbesserung. Unternehmen, die ihre Mitarbeiter wie geschätzte Partner behandeln, sind diejenigen mit dem besten Kundenservice. Sie haben die besten Produkte und das stärkste Umsatzwachstum und sind diejenigen, die auf lange Frist gewinnen werden.

Im Zuge des kontinuierlichen Performance Managements liefern Mitarbeiterbefragungen Feedback in Echtzeit. Eine Möglichkeit stellt eine *„Puls"-Befragung* dar, die eine Online-Momentaufnahme der Kultur am Arbeitsplatz liefert. Diese Umfragen können wöchentlich oder monatlich von der Personalabteilung angesetzt werden oder Teil einer längerfristigen Kampagne sein. In jedem Fall sind Puls-Befragungen einfach, schnell und weitreichend. *Bekommen Sie genug Schlaf? Haben Sie sich kürzlich mit Ihrem Vorgesetzten getroffen, um Ziele und Erwartungen zu besprechen? Haben Sie eine klare Vorstellung von ihrer weiteren Karriere? Verfügen Sie über genügend Herausforderung, Motivation und Energie – fühlen Sie sich in Topform?*

Feedback ist ein Sensorium. In der neuen Arbeitswelt sollten Führungskräfte nicht auf negative Kritiken auf [der Webseite] Glassdoor warten oder darauf, dass wichtige Mitarbeiter das Unternehmen aufgrund eines anderen Jobs verlassen. Sie müssen zuhören und weiche Signale erfassen, sobald sie ausgesendet werden. Was wäre, wenn eine Zielsetzungsplattform den Mitarbeitern jedes Mal, wenn sie sich anmelden, zwei oder drei Fragen stellen könnte? Was wäre, wenn sie quantitative Daten zu Zielfortschritten und qualitative Hinweise aus regelmäßigen Gesprächen und Puls-Befragungen zusammenführen könnte? Wir sind nicht weit von einer Software entfernt, die einen Manager auffordern wird: „Sprich mit Bob, irgendwas ist mit seinem Team los."

Wenn OKRs die „Zielmuskeln“ bilden, machen CFRs deren Sehnen flexibler und reaktionsfähiger. Puls-Befragungen messen die Gesundheit einer Organisation – des Körpers und der Seele, der Arbeit und der Kultur – in Echtzeit.

—

Coursera, weltweit führender Anbieter von Online-Studiengängen, hat nur ein Jahr nach seiner Gründung die OKRs im Jahr 2013 für sich übernommen. Durch einen frühzeitigen Hinweis von Lila Ibrahim, ihrer damaligen Präsidentin und Intel-Alumna, die Andy Grove verehrte, versuchte die Organisation etwas sehr Seltenes und Vorbildliches. Sie verknüpfte OKRs mit ihren Werten und dem hochambitionierten Leitbild des Unternehmens, was ein klarer Ausdruck seiner Kultur war: „Wir stellen uns eine Welt vor, in der jeder überall sein Leben verändern kann, indem er auf die weltweit beste Lernerfahrung zugreift.“ Coursera machte aus seinen Objectives auf Teamebene übergeordnete strategische Objectives, die sich wiederum in fünf Grundwerte zusammenfassen lassen:

- **Studenten zuerst:** Engagiere dich und steigere den Wert für Studenten; erweitere die Reichweite zu neuen Studenten.
- **Gute Partner:** Sei ein guter Partner für Universitäten.
- **Denke groß und fördere die Pädagogik:** Entwickle eine innovative Weltklasse-Bildungsplattform.
- **Kümmere dich um Mitglieder und sei menschlich und demütig:** Baue eine starke und gesunde Organisation auf.
- **Tue Gutes und tue es gut:** Experimentiere und entwickle ein nachhaltiges Geschäftsmodell.

Jeder Grundwert wurde durch einen Satz in entsprechenden OKRs abgebildet. Hier als Beispiel ein OKR für „Studenten zuerst“:

OBJECTIVE

Courseras bei neuen Studenten bekannter machen.

KEY RESULTS

1. Durchführung von A/B-Tests, lernen und iterativ an neuen Wegen arbeiten, um neue Studenten zu akquirieren und derzeitige Studenten stärker zu binden.
2. Erhöhung der monatlichen Mobil-Aktivnutzer auf 150.000.
3. Entwicklung interner Werkzeuge zur Nachverfolgung der wichtigsten Wachstumsmessgrößen.
4. Einführung von weiteren Funktionalitäten, um Lehrer dabei zu unterstützen, fesselndere Videos zu produzieren.

Die OKRs lieferten den Pfad für Courseras Mission. Sie ermöglichten es den Teams, ihre eigenen Ziele zu formulieren und sich an den Unternehmenszielen und den übergeordneten Werten auszurichten. Auch Jahre später noch ist die freundliche und inklusive Kultur des Unternehmens eine willkommene Abwechslung zum stürmischen und kompetitiven Habitus vieler Silicon Valley-Start-ups.

Das Coursera-Team mit dem früheren Präsidenten und COO Lila Imbrahim (links), Co-Gründerin Daphne Kohler (links von John Doerr) und Co-Gründer Andrew Ng (rechts), 2012.

Rick Levin, Courseras ehemaliger CEO, sagte einmal: „Ich kann mir gar nicht vorstellen, wo wir ohne OKRs stünden. Disziplin zwingt uns dazu, jedes Quartal zurückzublicken, uns selbst zur Rechenschaft zu ziehen und dann nach vorne zu schauen, um uns vorzustellen, wie wir unsere Werte besser leben könnten."

—

2007 veröffentlichte der Wirtschaftsphilosoph Dov Seidman ein bahnbrechendes Buch über Kultur: *HOW: Why HOW We Do Anything Means Everything* [dt. etwa „WIE: Weshalb das WIE bei dem, was wir tun, alles bedeutet"]. Dov geht von der Prämisse aus, dass Kultur das Verhalten von Menschen oder die Art, wie Dinge in einem Unternehmen wirklich geschehen, beeinflusst. In unserer offenen, extrem vernetzten Welt definiert das Verhalten ein Unternehmen noch viel mehr als seine Produktlinien oder Marktanteile. Wie Dov kürzlich zu mir sagte: „Kultur ist das einzige, was nicht kopiert oder standardisiert werden kann."

Dovs zentrale Idee ist, dass Unternehmen, die ihre Konkurrenz im Verhalten übertreffen, sie auch in der Leistung übertreffen. Er entwickelte ein werteorientiertes Modell der „selbstverwaltenden Organisation", in der das langfristige

Vermächtnis wichtiger ist, als der ROI im nächsten Quartal. Diese Organisationen binden ihre Mitarbeiter nicht einfach nur ein, sondern *inspirieren* sie. Sie ersetzen Regeln durch gemeinsame Prinzipien; sie verzichten auf das Zuckerbrot-und-Peitsche-Prinzip und ersetzen es durch ein gemeinsames Verständnis von Werten und Zweck. Sie bauen auf Vertrauen, das Risikobereitschaft ermöglicht, Innovation fördert und wiederum Leistung und Produktivität ankurbelt.

Dov erzählte mir: „In der Vergangenheit, als Mitarbeiter nur die nächste Sache richtig machen und lediglich Anweisungen Folge leistetenmussten, spielte Kultur keine große Rolle. Doch heute leben wir in einer Welt, in der wir die Mitarbeiter auffordern, die nächste *richtige Sache* zu machen. Ein Regelwerk kann mir sagen, was ich machen darf und was nicht. Ich brauche jedoch Kultur, die mir sagt, was ich machen *sollte*."

Das ist eine enorm wichtige und potenziell transformative Idee. Aber wie Dov bestätigt, ist es die eine Sache, Werte wie Mut, Mitgefühl oder Kreativität zu proklamieren. Es ist jedoch eine ganz andere, sie zu skalieren. Skalierung erfordert ein System mit Messgrößen. „Was wir zu messen versuchen, gewährt einen kleinen Einblick in unsere Werte und *was* wir wertschätzen", so Dov. „Denn wenn man etwas misst, signalisiert man den Leuten, dass es relevant ist."

Um seine Argumentation zu bestätigen und seine Beobachtungen zu testen, benötigte Dov möglichst viele Daten. Sein Team bei LRN begann mit einer intensiven empirischen Analyse, die im Laufe der Jahre verfeinert und in einer Reihe von jährlichen „HOW"-Berichten veröffentlicht wurde.

Wo Andy Grove qualitative Ziele zur Ausbalancierung quantitativer Ziele einsetzt, hat Dov einen Weg gefunden, scheinbar abstrakte Werte wie Vertrauen zu quantifizieren. Sein „Vertrauensindex" misst verschiedene Verhaltensweisen, wie zum Beispiel die direkten „Wie" der Transparenz. „Ich vermeide es, Menschen nach ihren Wahrnehmungen zu fragen", erzählte mir Dov. „Ich frage nicht: ‚Glauben Sie, dass Ihr Unternehmen ehrlich zu ihnen ist?' Ich betrachte Informationsflüsse. Sammelt das Unternehmen Informationen und gibt es nur Informationen heraus, die man unbedingt wissen muss, oder fließen die Informationen frei? Wenn man seinen Vorgesetzten übergeht und mit einem Höhergestellten im Unternehmen spricht, wird man dann bestraft oder gefeiert?"

2016 umfasste der HOW-Bericht 17 Länder und mehr als 16.000 Mitarbeiter. Er zeigt, dass selbststeuernde Unternehmen inzwischen acht Prozent aller Firmen ausmachen, während es 2012 nur drei Prozent waren. Von diesen werteorientierten Unternehmen erzielten 96 Prozent einen hohen Grad an systematischer Innovation. 95 Prozent hatten ein stärkeres Mitarbeiterengagement und eine höhere Mitarbeiterloyalität. Eine überdurchschnittliche Verhaltensorientierung war tatsächlich mit einer überdurchschnittlichen Leistung gleichzusetzen: 94 Prozent vermeldeten einen gestiegenen Marktanteil.

Als Dov zu mir sagte, es gäbe keine stärkere kulturelle Kraft als „aktive Transparenz", bei der „Menschen sich öffnen, die Wahrheit teilen, andere einbinden und verletzlich sind", konnte ich Andy Grove vor meinem inneren Auge lächeln sehen. Eine OKR-/CFR-Kultur ist vor allem eine transparente Kultur. Sie geht auf die Lektion zurück, die ich bei Intel gelernt und danach unzählige Male bei Google und Dutzenden anderen zukunftsorientierten Unternehmen gesehen hatte. Auf Visionen basierende Führung schlägt das System Befehl und Gehorsam. Je flacher das Organigramm und je weniger Regeln, desto agiler ist die Organisation. Wenn Performance Management ein vernetzter, zweiseitiger Prozess ist, können Individuen sich wirklich entfalten.

Am Ende geht es darum, dass wir uns miteinander verbinden. Wie Dov beobachtet: „Zusammenarbeit selbst – unsere Fähigkeit, uns zu verbinden – ist ein Motor für Wachstum und Innovation." Er hätte genauso gut über OKRs und CFRs, unsere Werkzeuge für kreative Verknüpfung und Erreichung dessen, was wirklich zählt, sprechen können.

Wenn sie die Chance bekommen, bauen OKRs und CFRs eine Top-down-Ausrichtung, teamzentrierte Netzwerke, eine Bottom-up-Autonomie und Engagement auf, welche die Pfeiler einer dynamischen und werteorientierten Kultur bilden. Doch in manchen Szenarien, wie Sie gleich bei Lumeris sehen werden, muss ein Kulturwandel noch *vor* der Einführung von OKRs initiiert werden. In anderen wiederum, wie es bei Bono und seiner ONE-Kampagne anschaulich gezeigt wird, kann ein charismatischer CEO oder Gründer (in diesem Fall der sprichwörtliche Rockstar) OKRs heranziehen, um die Kultur von der Spitze aus zu transformieren. Und so gehen unsere letzten beiden Geschichten auf diese facettenreiche Wechselbeziehung zwischen kulturellem Wandel und strukturierter Zielsetzung ein.

19

KULTURWANDEL: DIE LUMERIS-GESCHICHTE

Andrew Cole
Chief HR/Organizational Development Officer

Wenn eine Organisation noch nicht zur wirklichen Offenheit und Verantwortlichkeit bereit ist, können vor der Implementierung von OKRs unter Umständen Veränderungen an der Kultur nötig sein. Wie Jim Collins in *Der Weg zu den Besten* beobachtet, muss man zu allererst „die richtigen Leute im Boot, die falschen Leute loswerden und die richtigen Leute auf den jeweils richtigen Positionen haben." Erst dann kann man die Richtung ändern und Gas geben.

Vor einigen Jahren befand sich einer der Marktführer im Bereich Gesundheitsvorsorge an einer Weggabelung. Lumeris ist ein in St. Louis ansässiges Technologie- und Projektlösungsunternehmen, das Gesundheitsdienstleistern und Versicherungen Software, Dienstleistungen und Know-how verkauft. Die Kunden reichen von Universitätskliniken bis hin zu traditionellen Versicherern. Das Unternehmen startete 2006 eine Partnerschaft mit 200 Ärzten aus dem Gebiet von St. Louis sowie der staatlich regulierten Versicherungsgesellschaft Essence Healthcare, um 65.000 Senioren in Missouri mit einer Gesundheitsversorgung zu bedienen.

Mit seinem Zugang zu einem großen Fundus an Patientendaten hilft Lumeris seinen Partnerorganisationen dabei, traditionelle, kostenpflichtige, volumenbasierte „Krankensysteme" in etwas gänzlich Neues zu verwandeln: ein Gesundheitssystem, das Anreize für Prävention schafft und unnötige Tests oder unnötige Krankenhausaufenthalte zu verhindern versucht. In diesem Modell ist es die Aufgabe der Hausärzte und nicht der Versicherer, von der Wiege bis zur Bahre Verantwortung für ihre Patienten zu übernehmen. Das Ziel ist die Verbesserung der Lebensqualität bei gleichzeitiger Einsparung wertvoller Ressourcen und Gelder. Bei Lumeris hat man gezeigt, wie diese beiden Ziele vereinbar sind.

Laut dem CEO Mike Long lautet das ambitionierte Ziel, die Rationalisierung der gesamten Wertschöpfungskette im Gesundheitswesen voranzutreiben. „In jeder anderen Branche basiert Erfolg auf transparenten Kosten, Qualität, Dienstleistung und Auswahlmöglichkeiten. Keines dieser Prinzipien funktioniert im Gesundheitswesen, weil das System völlig intransparent ist. Ärzte haben Schwierigkeiten, genau festzulegen, welche Dienstleistungen vom Patienten in Anspruch genommen werden sollten, geschweige denn, was sie kosten. Wie sollte man sie also in finanziellen Belangen zur Verantwortung ziehen können?“ Es ist eine enorme Herausforderung, und Lumeris übernimmt dabei mit der Unterstützung von OKRs die Vorreiterrolle.

Mit der Abhängigkeit von transparenten Daten schien Lumeris perfekt zu Andy Groves Zielsetzungssystem zu passen. Aber wie Andrew Cole, ehemaliger Personalvorstand, darlegen wird, war die Anpassung alles andere als einfach. Wenn kulturelle Barrieren nicht vorher angegangen werden, so Andrew, „würden die Antikörper freigesetzt und das Spenderorgan der OKRs vom Körper abgestoßen.“ Als erfahrener Architekt umfassender organisatorischer Veränderungen war Andrew die richtige Person auf dem richtigen Posten, um sicherzustellen, dass unser OKR-Transplantat angenommen würde.

—

Andrew Cole: Als ich zu Lumeris kam, arbeiteten sie, zumindest auf dem Papier, gerade im dritten Quartalszyklus mit OKRs. Mir wurde gesagt, sie hätten eine hervorragende Beteiligungsquote unter den Mitarbeitern. Doch nach eingehender Analyse wurde mir klar, dass der Prozess eher oberflächlich war. Am Ende des Quartals rannte ein einsamer Mitarbeiter der Personalabteilung herum und hing sich wie ein Terrier an die Fersen der Vorgesetzten, um kurz vor der Vorstandsitzung noch aktuelle Zahlen zu erhalten. Die Mitarbeiter schauten hin und wieder auf die Software-Plattform, passten der Einfachheit halber ihre Messgrößen für die Ziele an und sagten dann: „Oh ja, ich habe es geschafft.“ Es war ein einfaches Abhaken eines Kästchens – mehr nicht. Es sah großartig aus in PowerPoint, doch es war nicht echt.

Nur wenige unserer Mitarbeiter verstanden die Logik hinter den OKRs. Es fehlte an klarem Rückhalt durch die Geschäftsleitung. Vor allem aber war niemand verantwortlich, um das System zu pflegen. Als ich die Objectives der Mitarbeiter untersuchte, bemerkte ich, dass sie nicht mit ihrer eigentlichen Arbeit verknüpft waren. Ich ging zu den Vorgesetzten und fragte: „Weshalb kommt das in deinen OKRs vor?" In vielen Fällen hatten sie keine Ahnung, wie ihre Objectives mit unseren übergeordneten Zielen zusammenhingen. Es war unfassbar viel Schönfärberei.

Ich versuche immer, eine Organisation zuerst zu verstehen, bevor ich damit beginne, Dinge zu verändern. Doch zwei Quartale später war ich nicht mehr sicher, ob der OKR-Prozess noch gerettet werden konnte. In einer Vorstandssitzung fragte ich John Doerr: „Wenn ich der Auffassung bin, dass dieses Werkzeug nicht das richtige für uns ist, werden wir es nicht anwenden, oder?" Und er antwortete: „Absolut!" Bis dahin hatte ich unser grundlegendes Problem identifiziert: ein passiv-aggressiver Ansatz. Niemand war die grundlegende Frage angegangen, die sich jeder bei Lumeris stellte: „Was habe ich davon?" Obwohl der OKR-Prozess ernsthaft darauf ausgerichtet war, Zielsetzung und Kommunikation innerhalb des Unternehmens zu verbessern, trauten die Leute ihm nicht. Wenn wir das Umfeld nicht verändert hätten, wäre er unmöglich erfolgreich gewesen.

Veränderung erfolgt nicht über Nacht. Die Geschäftsleitung hatte die OKRs eingeführt, um zwei gegensätzliche Kulturen zusammenzuführen. Essence, die Krankenkasse, die durch eine Ärztegruppe aus St. Louis gegründet wurde, war risikoavers, u.a. eine konsequente Folge des hippokratischen Eids. Lumeris hingegen streckte sich bis an seine Grenzen, um die nächsten großen Sprünge durch Technologie und Daten zu erreichen. Essence betrieb ein klassisches Modell in einer extrem kompetitiven Branche, während Lumeris diese Erkenntnisse nahm und sie anderen versuchte anzubieten und daraus Geschäft zu machen.

Als die Nachfrage nach unseren Dienstleistungen zuzunehmen begann, bremste uns die kulturelle Kluft aus. Im Mai 2015, elf Wochen nachdem ich dazugestoßen war, kündigten wir eine komplette Reorganisation unter dem Dach von Lumeris an. (Ein Unternehmen sollte auch nur einen Namen haben.) Ich wusste, dass die OKRs eines Tages unsere Lingua franca sein konnten. Ich wusste, dass sie die Ziele aller Mitarbeiter untereinander verknüpfen konnten, doch musste das noch etwas warten. Ohne kulturelle Ausrichtung misslingt auch die beste Strategie der Welt.

HR-Transformation

Leute achten mehr darauf, was man *tut*, als was man sagt. Lumeris hatte einige Führungskräfte der alten Schule mit autokratischem Ansatz. Sie lebten nicht unsere Werte: Selbstständigkeit, Verantwortlichkeit, Leidenschaft für den Job und Loyalität gegenüber dem Team. An diesen Werten würde sich nichts ändern, insofern mussten die jeweiligen Leute unser Unternehmen verlassen, um die Werte nicht zu gefährden. Wir sorgten dafür, dass sie uns mit Würde und in gegenseitigem Respekt verließen, was einen wichtigen Moment in jedem Transformationsprojekt darstellt.

Bei jeder einzelnen Sitzung zum Thema Kultur sagten wir zu unseren Mitarbeitern: „Ihr habt das Recht – nein, sogar die Pflicht – euer Führungsteam für die von uns vorgegebene Kultur zur Rechenschaft zu ziehen. Sollten wir nicht konsequent dabei sein, vereinbart einen Termin oder schickt eine E-Mail. Oder kommt einfach im Flur auf uns zu und weist uns darauf hin."

Es dauerte drei Monate, bis jemand unserer Einladung folgte. Unser CEO Mike Long tauschte sich mit einer Gruppe von Mitarbeitern beim Mittagessen aus und sagte: „Weshalb sollte irgendjemand in einem Umfeld arbeiten wollen, in dem die Angst vorherrscht, sich gegenseitig zur Rechenschaft zu ziehen?" Dies stellte eine Art Wendepunkt dar und die Leute begannen, daran zu glauben. Aber Kulturwandel kann sehr persönlich sein. Es bedurfte vieler weiterer Gespräche, um unsere Mitarbeiter davon zu überzeugen, dass Zusammenarbeit, geteilte Verantwortung und Transparenz belohnt würden und sie nichts vor dem neuen Lumeris zu befürchten hätten.

Die Personalabteilung eines Unternehmens kann ein wirksames Mittel für operative Exzellenz darstellen. Es ist darüber hinaus auch die Abteilung, in der sich Kulturwandel kristallisiert; am Ende des Tages geht es bei Kultur um die Menschen, die man einstellt, und die Werte, die sie mitbringen. Während Lumeris durchaus seine A- und B-Spieler auf der mittleren Führungsebene hatte, gab es jedoch auch C-Spieler und solche darunter, die mit falschen Kriterien und vagen Bewerbungsgesprächen eingestellt worden waren. Kein Mittel dieser Welt, einschließlich der OKRs, kann funktionieren, wenn man die falsche Bedienungsanleitung anwendet.

Die Zeit ist der größte Feind der Transformation. Wir brauchten weniger als 18 Monate, um 85 Prozent unserer Mitarbeiter in der Personalabteilung zu ersetzen. Nachdem die Geschäftsleitung und die oberste Führungsebene an Bord waren, setzten wir uns mit der noch härteren Nuss auseinander: die Stärkung der mittleren Führungsebene. Üblicherweise war das von seinem Beginn bis zu einem stabilen Zustand ein dreijähriger Prozess. Wenn er abgeschlossen ist, ist die neue Kultur gesichert.

OBJECTIVE

Institutionalisierung einer Kultur, die A-Spieler anzieht und bindet.

KEY RESULTS

1. Fokus auf die Einstellung von A-Vorgesetzten/ -Führungskräften.
2. Optimierung der Personalabteilung, um A-Talente anzuziehen.
3. Überarbeitung aller Stellenbeschreibungen.
4. Alle beim Einstellungsprozess engagiert halten.
5. Sicherstellung fortlaufender Mentoring-/Coaching-Möglichkeiten.
6. Schaffen einer Kultur des Lernens für die Entwicklung von neuen und derzeitigen Mitarbeitern.

Wiederauferstehung der OKRs

Ende 2015 bat ich mein Team der Personalabteilung darum, den ersten OKR-Versuch des Unternehmens zu analysieren. Wenn wir es erneut versuchen wollten, würden wir jeden im Unternehmen an Bord holen müssen und ich meinte wirklich jeden, denn wir würden keine dritte Chance erhalten.

Im darauffolgenden April hatten wir die Plattform mit einem sechzigtägigen Pilotprogramm für 100 Angestellte neu aufgesetzt. Patrick Foley, unser Senior Vice President Operations and Delivery, hatte seine Zweifel. Doch dank geschärfter Schulungsprofile und Verbesserungen an der Software wurde auch Patrick zu einem Enthusiasten. Weniger als zwei Wochen nach Beginn schickte er bereits E-Mails an die Pilotgruppe: *Weshalb hast du dieses Objective so formuliert? Was ist hier die Messgröße? Ich verstehe dieses OKR nicht, denn es entspricht nicht dem, was ich dem Kundenfeedback entnehme.* Und die Leute dachten: Er passt auf! Ich gebe besser mehr acht.

Es war von Anfang an nicht einfach, unsere Mitarbeiter für die OKRs zu begeistern; genau genommen alles andere als das. Transparenz ist beängstigend. Öffentlich sichtbar zu eigenen Misserfolgen zu stehen, kann ziemlich abschreckend sein. Wir mussten die Mitarbeiter komplett umkrempeln und alles *entlernen*, was sie seit Kindergartentagen erworben hatten. Es ist wie der erste Tauchgang, wenn man zehn Meter tief taucht, das Adrenalin durch den Körper schießt und man enorm angespannt ist. Doch wenn man wieder auftaucht, ist man begeistert. Man gewinnt eine neue Erkenntnis darüber, wie die Dinge unter der Oberfläche funktionieren.

In OKRs einzutauchen ist nichts anderes. Wenn man einmal damit beginnt, ehrliche, verletzliche, wechselseitige Gespräche mit den Mitarbeitern zu führen, fängt man an zu verstehen, was sie antreibt. Man fühlt ihre Sehnsucht, sich mit Dingen zu beschäftigen, die größer als sie selbst sind. Man versteht ihr Bedürfnis nach Anerkennung, dass das, was sie machen, auch wirklich zählt. Durch das offene Fenster der OKRs kennen beide die Schwächen des jeweils anderen. Keine Seite versucht, den anderen zu „erwischen" oder um Geheimnisse herumzueiern. (Für Vorgesetzte ist ein besonderer Vorteil der OKRs, dass sie Mitarbeiter einstellen, die ihre eigenen Schwächen kompensieren können.) Unsere Leute begannen zu erkennen, dass es keine Schande war, sein Bestes zu geben und dennoch zu scheitern; zumindest nicht dann, wenn die OKRs dabei geholfen haben, klug und schnell zu scheitern.

Das Blatt wendete sich. Wir hörten Kommentare wie: „Ich war ein totaler Pessimist, doch jetzt sehe ich, wie das für mich funktionieren kann." 98 Prozent der Teilnehmer an dem Pilotprojekt wurden zu aktiven Nutzern unserer OKR-Plattform und 72 Prozent setzten mindestens ein Objective, das am Unternehmensziel ausgerichtet war. Schlussendlich meinten 92 Prozent der Pilotgruppe, dass sie nun verstünden, „was ihr Vorgesetzter von ihnen erwarte".

Transparenz ohne Urteile

Inzwischen arbeitete ich mit Art Glasgow zusammen, der sich unserer Geschäftsleitung im Frühling 2016 als unser Präsident und COO angeschlossen hatte. Wir waren uns beide einig, dass die OKRs keinen Sinn ergaben, wenn man sie nicht komplett ausrollte. Art meldete sich freiwillig als „Executive Sponsor" und Unterstützer. Er stand bei Sitzungen mit allen Mitarbeitern vorne und sagte: „OKRs sind die Art und Weise, wie wir das Unternehmen führen werden, und wir werden sie dazu verwenden, eure Vorgesetzten zu messen." (Das war das passende Zuckerbrot zur Peitsche.) Arts Rolle in dieser Transformation konnte nicht überschätzt werden. Er gab den Ton für das an, was er die „brutale Transparenz ohne Urteile" nannte und machte außerdem meine Stelle weniger einsam.

Im dritten Quartal, als die OKRs bei allen 800 Lumeris-Mitarbeitern eingeführt wurden, entwickelten wir unsere eigene Schulung. Über einen Zeitraum von fünf Wochen machte unsere neu formierte Personalabteilung viele Überstunden, um sich mit jedem einzelnen der mehr als 250 Vorgesetzten in Gruppen von Klassenzimmergröße zu treffen. Unsere Türen waren immer offen für sie, wenn sie sich mit uns in Einzelgesprächen unterhalten wollten, und wir sagten ihnen von vornherein, dass es keine dummen Fragen gäbe. Diese Sitzungen wurden zu einer einmaligen Gelegenheit. Sie waren maßgeblich für den Aufbau von Engagement und bei der Motivation der Mitarbeiter, den Erwartungen entsprechend zu arbeiten.

Zielsetzung ist mehr eine Kunst, als eine Wissenschaft. Wir brachten den Mitarbeitern nicht nur bei, ein Objective oder ein messbares Key Result zu verfeinern, sondern hatten auch einen kulturell motivierten Hintergedanken.

- **Warum** ist Transparenz wichtig? Warum sollte man wollen, dass Mitarbeiter die Ziele abteilungsübergreifend kennen? Und warum ist das, was wir tun, relevant?
- **Was** ist wahre Verantwortlichkeit? Was ist der Unterschied zwischen Verantwortlichkeit mit Respekt (vor den Misserfolgen anderer) und Verantwortlichkeit mit Verletzlichkeit (für unsere eigenen Misserfolge)?
- **Wie** können OKRs Vorgesetzten dabei helfen, „die Arbeit durch andere erledigen zu lassen?“ (Das ist ein wichtiger Faktor für Skalierbarkeit in einem wachsenden Unternehmen.) Wie binden wir andere Teams ein, um unser Objective zu einer Priorität werden zu lassen und sicherzustellen, dass wir es erreichen können?
- **Wann** ist der Zeitpunkt, die Belastung des Teams zu erhöhen oder zu reduzieren? Wann vergibt man ein Objective an ein anderes Teammitglied, passt es an, damit es klarer wird, oder streicht es komplett? Beim Aufbau von Vertrauen der Mitarbeiter ist der richtige Zeitpunkt entscheidend.

Es gibt kein simples Handbuch mit Antworten auf diese Fragen. Das Geheimnis liegt bei den Führungskräften mit persönlicher Bindung zu ihren Teams und zu Vorgesetzten, die zeigen können, wie Erfolg aussieht und die wissen, wann ein Ziel wirklich als erreicht abgehakt werden darf. (Meine Empfehlung: nicht zu früh.)

Unsere Schulungsinvestition zahlte sich aus. Im dritten Quartal des Jahres 2016, beim ersten richtigen Versuch unserer Leute, mit dem System zu arbeiten, bestimmten 75 Prozent von ihnen mindestens ein OKR. Unsere Mitarbeiterfluktuation ging in die richtige Richtung. Lumeris hatte dieser Tage weniger unfreiwillige Abgänge zu beklagen. Wir stellen die richtigen Leute ein und behalten diejenigen, die hier Erfolg haben.

Verfehlte Ziele verkaufen

Kurz nachdem er bei uns angekommen war, machte Art einen ganztägigen Offsite-Workshop mit der Lumeris-Führung, um Rückschau zu halten. Inzwischen ist er jeden Monat auf der Unternehmensagenda. Wenn unsere übergeordneten OKRs auf einen Bildschirm projiziert werden, ist klar ersichtlich, welche

Führungskräfte ihre Objectives erreicht haben. Art mag keine gelben Bereiche, weshalb jedes OKR entweder grün (auf Kurs) oder rot (gefährdet) ist. Es gibt keinerlei Ambiguität und keinen Raum, in dem sich Probleme verstecken könnten. Die Reviews dauern drei Stunden und ein Dutzend Führungskräfte sind nacheinander an der Reihe. Es wird relativ wenig Zeit auf die grünen Bereiche verwendet. Stattdessen müssen sie ihre roten Bereiche „verkaufen". Das Team stimmt stellvertretend für das gesamte Unternehmen über das wichtigste gefährdete OKR ab und macht sich so lange wie nötig darüber Gedanken, wie das Objective wieder auf Kurs gebracht werden kann. Einzelne Abteilungen melden sich, um die verfehlten Ziele zu übernehmen, als Zeichen abteilungsübergreifender Solidarität. Wie Art sagt: „Wir sind alle hier, um zu helfen. Wir sitzen alle im selben Badewasser." Soweit ich weiß, ist das „Kaufen der roten Ergebnisse" eine Einzigartigkeit von OKRs und durchaus eine, die nachahmenswert ist.

Die heutige transformierte Lumeris schätzt die gegenseitige Abhängigkeit. Sie würdigt bewusste Koordination. „OKRs bringen einen dazu, sich darauf zu fokussieren, *am* statt nur *im* Unternehmen zu arbeiten", sagt Jeff Smith, Senior Vice President für den US-amerikanischen Markt. „Unsere regionalen Marktbearbeiter spielen sich mittlerweile die Opportunitäten zu, statt sie solo zu bearbeiten. Wir bewegen uns von einer Heldenkultur zu einer Teamkultur." Smith war positiv überrascht davon, dass Patrick Foley die Objectives seines Delivery-Teams direkt mit den Verkaufszielen von Smith verknüpfte. Smith erzählt, dass man in der Vergangenheit regelmäßig hörte: ‚Ich bin bei Delivery, du im Sales, also mach einfach deine verdammte Arbeit.' Heute ist es eher wie in einer Mannschaft, um

Ärzte und Führungskräfte von Lumeris, 2017. Hinten: Dr. Susan Adams und COO Art Glasgow. Vorn: Dr. Tom Hastings und CEO Mike Long.

einen Spielzug zu eröffnen: ‚Ich bin hier, lass mich dir helfen.' Das war eines der Ergebnisse des OKR-Prozesses, die ich nie erwartet hätte."

Zuerst musste Lumeris die richtige Kultur für OKRs entwickeln, bevor sich diese etablieren konnten. Danach benötigten wir die OKRs, um die neue Kultur erhalten und vertiefen zu können, die uns dabei half, die Herzen und den Verstand der Leute zu gewinnen. Das ist ein Prozess, der niemals endet.

—

Den Zahlen nach war 2017 ein sehr erfolgreiches Jahr für Lumeris, das mittlerweile der Marktführer für Pflege ist. „Der Markt beginnt sich zu verschieben", erzählte mir Art Glasgow. „Zum ersten Mal habe ich das Gefühl, dass unser Vertriebsplan realistisch werden könnte. Ich muss vielleicht sogar noch ein paar ambitionierte Ziele hinzufügen."

Zum Zeitpunkt, als dieses Buch geschrieben wurde, war Lumeris Partnerschaften mit Leistungsträgern, Anbietergruppen und Gesundheitssystemen aus 18 Bundesstaaten eingegangen, die mehr als eine Million Menschen betrafen. Das Potenzial ist atemberaubend. Bei einer landesweiten Einführung könnte das Missouri-Modell des Unternehmens jährlich mehr als 800 Milliarden US-Dollar an medizinischen Ausgaben einsparen. Vor allem aber würde es die Qualität und Quantität unserer Leben erhöhen.

Heute sind die OKRs fester Bestandteil von Lumeris. Wie Andrew Cole sagen würde: Wenn die Leute einmal das neue Vorgehen unter der Oberfläche erfahren haben, können sie der Versuchung nicht widerstehen, immer wieder darin einzutauchen.

20

KULTURWANDEL: BONOS ONE-KAMPAGNE

Bono
Mitgründer

Gerade haben wir gesehen, wie OKRs einen kulturellen Wandel auch nachträglich noch verankern können. Wie Bonos Geschichte zeigt, kann die strukturierte Zielsetzung aber auch ein Sprungbrett für eine kulturelle Neuausrichtung sein. Seit fast zwei Jahrzehnten führt der weltweit größte Rockstar „ein globales Experiment gegen Apathie" durch. Bonos erstes „Big Hairy Audacious Goal" ging aus der globalen „Jubilee 2000"-Kampagne hervor, die zu einem Schuldenerlass in Höhe von 100 Milliarden US-Dollar für die ärmsten Länder der Welt führte. Zwei Jahre später gründete Bono mit finanzieller Unterstützung durch die Bill & Melinda Gates Foundation DATA (Debt, AIDS, Trade, Africa), eine globale Interessensvertretung für politischen Wandel. Im Mittelpunkt stehen die Themen Armut, Krankheiten und Entwicklung in Afrika in Zusammenarbeit mit Regierungen und anderen multinationalen Nichtregierungsorganisationen. (Bill Gates würde sagen, dass es die besten Millionen waren, die er je ausgegeben hat.) Im Jahr 2004 startete Bono die „ONE"-Kampagne, um eine unabhängige, basisorientierte Koalition zu schaffen, als nach außen gerichtete Ergänzung zum internen Geschäft der DATA.

Vom Zeitpunkt unseres Kennenlernens an war ich von Bonos Leidenschaft für „Faktivismus", faktenbasiertem Aktivismus, beeindruckt. In ONEs hartem, analytischen und ergebnisorientiertem Umfeld waren die OKRs nicht schwer zu verkaufen. In den letzten zehn Jahren haben sie dazu beigetragen, die Prioritäten der Organisation zu klären, was eine ziemlich große Aufgabe ist, wenn es darum geht, die Welt zu verändern. Laut David Lane, dem ehemaligen CEO der Organisation, „brauchten wir einen disziplinierten Prozess, der uns davor bewahrte, einfach alles machen zu wollen."

Während ONE wächst, stützt es sich auf OKRs, um fundamentale Kulturwandel zu realisieren. Es wechselte von der Arbeit *an* Afrika zu der Arbeit *in* und *mit* Afrika. David erzählte mir: „Es gab einen dramatischen philosophischen Wandel, wie Leute darüber dachten, den Entwicklungsländern dabei zu helfen, sich selbst zu entwickeln, und sie dazu zu befähigen, selbstständig zu wachsen. OKRs haben eine wichtige Rolle dabei gespielt, wie wir genau das umgesetzt haben."

Um das Leben der ärmsten und verletzlichsten Menschen zu verbessern, hat ONE dabei geholfen, fast 50 Milliarden US-Dollar für eine historische Gesundheitsinitiative zu beschaffen. Darüber hinaus hat es erfolgreich für Regeln der Transparenz lobbyiert, um Korruption zu bekämpfen und Ressourcen aus afrikanischen Öl- und Gaseinkünften im Kampf gegen extreme Armut zu nutzen. Im Jahr 2005 wurde Bono neben Bill und Melinda Gates vom *Time*-Magazin zur Person des Jahres gewählt.

—

Bono: Wir hatten von Anfang an große Ziele für U2. (Größenwahn setzt schon in jungen Jahren ein.) Edge war bereits ein großartiger Gitarrist und Larry ein ziemlich guter Schlagzeuger, doch ich war ein eher armseliger Sänger, und Adam konnte, um ehrlich zu sein, keinen Bass spielen. Folgendes haben wir uns also gedacht: „Wir sind nicht so gut wie die anderen Gruppen. Daher sollten wir besser *besser* sein!"

Die 360-Tour von U2, 2009.

Wir waren nicht so glänzend oder versiert wie die Bands, die wir besuchten, doch wir hatten eine bestimmte Chemie, die es – wie auch immer – zu etwas Magischem machte. Wir glaubten, wir könnten die Welt in die Luft jagen, sofern wir uns nicht zuerst selbst in die Luft sprengen würden. Wir fühlten, dass wir etwas Großes schaffen konnten.

Wie haben wir nun unsere Effektivität gemessen? Von Anfang an stellten wir uns Fragen über unseren Platz in der Welt, jenseits der Charts oder Clubs. Wie zum Beispiel: Kann unsere Musik nützlich sein? Im Jahr 1979, wir waren damals 18 Jahre alt, fand einer unserer ersten Auftritte bei einer Antiapartheid-Show statt, ein anderer während einer Pro-Verhütungs-Veranstaltung. Etwas später, in unseren frühen Zwanzigern, wurden wir ganz bewusst zu einem wahren Ärgernis für irische Terroristen und all jene Leute, die ihnen gegenüber zwiegespalten waren. Wir fühlten uns gezwungen, zu sagen, dass das In-die-Luft-Sprengen von Kindern in Supermärkten niemals richtig sein kann. Wir maßen unseren politischen Einfluss mithilfe der Hasstiraden auf uns.

Und ab einem gewissen Punkt möchte man dann, dass die eigenen Songs in die Charts kommen. Wir haben hart daran gearbeitet, zum Mainstream zu werden. Wir waren zwar ein lebendes Phänomen, doch unsere Singles waren nicht sonderlich erfolgreich. Deshalb beurteilten wir unseren Erfolg zuerst anhand der verkauften Tickets und dann anhand der verkauften Alben.

Die Wahl unserer Kämpfe

Als wir DATA gründeten, gingen wir genauso wie bei U2 vor. Es war eine Band: Lucy Matthew, Bobby Shriver, Jamie Drummond und ich. Wir wussten nicht, wer der Sänger, der Bassist, der Drummer oder der Gitarrist sein sollte. Aber wir wussten, dass wir kein Haufen Hippies oder Wunschdenker waren. Wir waren eher Punk Rock. Hartnäckige Opportunisten. Wir arbeiteten an einer einzigen Idee: Schuldenerlass für die ärmsten Länder. Wir waren sehr gut darin, uns nur für einen Kampf auf einmal zu entscheiden und dann mit einem ambitionierten Zeitplan daran zu arbeiten.

Im Anschluss hatten wir es auf breiten Zugang zu Anti-AIDS-Medikamenten abgesehen, was ein weiteres klares Ziel war und wofür mir Leute tatsächlich ins Gesicht lachten: „Du hast völlig den Verstand verloren. Das ist unmöglich. Warum die teuerste Krankheit bekämpfen, wenn du es auch mit Malaria oder Flussblindheit versuchen könntest? Oder vielleicht Polio ausrotten?"

Und ich sagte nur: „Nein, wir entscheiden uns für den Kampf gegen diese Krankheit, weil diese zwei Tabletten" – mittlerweile ist es nur noch eine – „eine visuelle Darstellung der Ungleichheit ist. Wenn man in Dublin oder Palo Alto lebt, kann man diese Tabletten bekommen. Wenn man in Lilongwe, Malawi, lebt, bekommt man diese Tabletten nicht. Nur wegen einer Abweichung bei Längen- und Breitengraden lebst du oder stirbst du. Das fühlt sich nicht richtig an."

Ich war mir sicher, dass wir diesen Kampf gewinnen konnten, weil jeder wusste, dass Ungleichheit falsch war. So einfach war das. Und das war Jahre, bevor wir OKRs verwendeten, aber ich sagte immer: „Stell dir den Mount Everest vor und beschreibe, wie schwer es ist, ihn zu besteigen. Und dann beschreibe, wie wir den Gipfel erreichen würden." Wie das Besteigen des Everest schien auch das Besiegen von AIDS schier unmöglich. Zuerst musst man etwas beschreiben können. Dann kann man einen Gipfel auch erklimmen.

Mittlerweile ist 2017 und 21 Millionen Menschen haben Zugang zur antiretroviralen Therapie. AIDS-bedingte Todesfälle sind innerhalb von zehn Jahren um 45 Prozent zurückgegangen. HIV-Neuinfektionen bei Kindern sind um mehr als die Hälfte gesunken. Und wir sind auf einem guten Weg, den Kampf gegen die Übertragung von Mutter zu Kind bis zum Jahr 2020 zu gewinnen und damit die Krankheit auszurotten. Ich glaube fest daran, dass wir noch zu unseren Lebzeiten eine AIDS-freie Welt sehen werden.

Mit OKRs aufwachsen

Unsere NGO-Band war sehr unternehmerisch ausgerichtet, und wir wachten intern über unsere Ziele. Aber man kann ohne Prozesse nur bis zu einem gewissen Punkt kommen. Als wir anfingen, wirklichen Einfluss und Zugang zu haben, verdiente DATA es, mehr Datenmaterial mit messbaren Verfahren und messbaren Ergebnissen zu erhalten. Wir brachten elf verschiedene Gruppen zusammen, um eine Koalition hinter der ONE-Kampagne zu formieren. Wir hatten so viele brillante und begabte Leute, aber unser Problem waren die vielen Ziele. Eine grüne Revolution in Afrika, Frauenbildung, Zugang zu Energie, Erderwärmung. Überall Ziele.

DATA und ONE brachten zwei sehr unterschiedliche Kulturen zusammen, was wirklich schwierig war. Uns wurde klar, dass es uns an Transparenz mangelte. Wenn man keine klaren Abmachungen zu den einzelnen Zielen hat, führt das zu Überschneidungen und Missverständnissen und die Leute sind verwirrt darüber, was sie genau zu tun haben. Wir hatten eine Zeit lang eine echte Spaltung.

Die Sache ist die: wir haben nie klein gedacht. Der Spagat war immer da. Unsere Ziele waren allerdings so gigantisch, dass der Spagat zu groß wurde und sich die Leute ausgelaugt fühlten. Die OKRs waren eine wirkliche Rettung. Tom Freston, Vorsitzender des ONE-Aufsichtsrates, sah ihren Wert, sodass sie Teil des Geschäftsbetriebs wurden und er eine wichtige Rolle dabei spielte. OKRs zwangen uns dazu, klar zu denken und uns darüber einig zu werden, was wir mit den zur Verfügung stehenden Ressourcen erreichen konnten. Sie gaben uns einen Rahmen vor, in dem wir unsere Leidenschaft ausleben konnten. Und man braucht diesen Rahmen, denn ohne ihn ist das Gehirn schlicht zu abstrakt. Die OKR-Ampeln mit ihren Farbkodierungen veränderten unsere Vorstandssitzungen. Sie schärften unsere Strategie, unsere Umsetzung und unsere Ergebnisse. Sie machten uns zu einer noch effektiveren Waffe im Kampf gegen extreme Armut.

Der Wendepunkt

Als John Doerr zu unserer allerersten ONE-Vorstandssitzung kam, stellte er eine einfache, aber tiefgründige Fragte: „Für wen arbeiten wir? Wer ist hier der Kunde?"

Wir antworteten: „Wir arbeiten für die Ärmsten und Verletzlichsten dieser Welt." Und John erwiderte: „Haben sie denn einen Platz an diesem Tisch?"

Und wir antworteten: „Natürlich, der ganze Tisch ist für sie da."

Aber John blieb hartnäckig, was wichtig war: „Könnt ihr euch diese Person vorstellen? Sollten wir nicht darüber nachdenken, sie physisch hier am Tisch zu haben?"

Das war die Ansicht, die schließlich der Wendepunkt war und ONE transformierte. Johns Anstoß passte zu dem, was ein Mann aus dem Senegal, den wir einmal in Paris getroffen hatten, zu uns sagte: „Bono, ich glaube, du musst mal ein senegalesisches Sprichwort hören: ‚Wenn du jemandem die Haare schneiden möchtest, ist es besser, wenn die Person auch im Raum ist.'" Er sagte es auf eine liebevolle Art, doch uns war die Botschaft nicht entgangen: *Sei vorsichtig, wenn du glaubst zu wissen, was wir wollen. Denn wir wissen, was wir wollen, und du bist nicht Afrikaner, und dieser Messias-Komplex ist nicht immer gut ausgegangen.*

Als ich 2002 in Südostafrika war, sah ich massenhaft Menschen an HIV sterben. Gemeinsam mit anderen AIDS-Aktivisten verbreiteten wir diese dramatischen Nachrichten über das Ausmaß und die Wirkungen dieser Pandemie. Ich ermutigte jeden in der Organisation dazu, niemals das Wort *AIDS* zu sagen, ohne das Wort *Notfall* hinzuzufügen. Im Jahr 2009 gab es dann eine Gegenreaktion. Einige Afrikaner der Mittelklasse stießen sich an der Art und Weise, wie wir AIDS charakterisierten, obwohl es wahr war. Eine Ökonomin namens Dambisa Moyo schrieb ein Buch mit dem Titel *Dead Aid* und stärkte denjenigen den Rücken, die dachten: „Stecken Sie sich Ihre Hilfe sonst wohin. Wir brauchen sie nicht. Es schadet mehr, als das es hilft."

Ich konnte sehen, dass die Glaubwürdigkeit von ONE in Gefahr war. Wir konzentrierten uns auf Regierungen im Norden, da Entscheidungen in Washington,

London und Berlin weitreichende Konsequenzen für viele der ärmsten Länder hatten. Drummond und andere Aktivistenfreunde, John Githongo, Ory Okolloh und Rakesh Rajani, blieben jedoch auf dem Boden der Tatsachen und erinnerten uns an dasselbe: Afrikas Zukunft musste von Afrikanern bestimmt werden. Wir hatten unsere Organisation ONE genannt, waren jedoch nur die Hälfte der Anzahl Personen, die nötig gewesen wären, um das Problem zu lösen. Es war eine Wunschvorstellung zu glauben, dass diejenigen im Norden die extreme Armut ohne eine umfassende Partnerschaft mit jenen im Süden beenden konnten.

ONE hat sich sowohl zu organisationalem als auch kulturellem Wandel verpflichtet. Auch jetzt noch intensivieren wir kontinuierlich unsere Zusammenarbeit mit afrikanischen Führern, der Bevölkerung und auf allen Ebenen dazwischen und haben dafür ein stetig wachsendes Afrika-Büro in Johannesburg gegründet. Die OKRs sorgten dafür, dass wir uns auf die konkreten Veränderungen fokussieren, wie zum Beispiel Mitarbeiter in Afrika einzustellen, unseren Vorstand zu erweitern, erneut Kontakt mit den Jubilee-Partnern aufzubauen und neue Netzwerke zu identifizieren, bei denen wir Rat einholen konnten. Wir wurden zu besseren Zuhörern, und ich glaube nicht, dass wir all das ohne OKRs hätten schaffen können.

OBJECTIVE

Proaktive Integration eines breiten Spektrums an afrikanischen Perspektiven in die Arbeit von ONE, engere Ausrichtung an afrikanischen Prioritäten sowie Teilen und Ausnutzen des politischen Kapitals von ONE, um einen politischen Wandel in und in Richtung Afrika zu erreichen.

KEY RESULTS

1. Erfolgreiche Einstellung von drei Mitarbeitern mit Wohnsitz in Afrika bis April und von zwei afrikanischen Vorstandsmitgliedern bis Juli.
2. Afrikanischer Beirat bis Juli gebildet und bis Dezember zwei Mal einberufen.
3. Beziehungen zu mindestens 10 bis 15 führenden afrikanischen Denkern aufgebaut, die aktiv und regelmäßig ONEs politische Position und externe Arbeit kritisch hinterfragen und begleiten.
4. Vier partizipative Reisen nach Afrika im Laufe des Jahres 2010 durchführen.

Leidenschaft messen

Allein schon den sudanesischen Geschäftsmann und Philanthropen Mo Ibrahim in unserem Aufsichtsrat zu haben, ist transformativ. In Afrika ist er ein wahrer Rockstar. Er und seine Tochter Hadeel vermitteln uns das intellektuelle Bild des Kontinents, das wir auch stark in unsere Organisation einfließen lassen. Mo war ziemlich ungehalten gegenüber einigen unserer Objectives. Er führte uns zur Transparenz als einem zentralen Ziel, nicht nur in Afrika, sondern auch in Europa und Amerika. Wir stellten Nachforschungen an und fanden heraus, dass Korruption jährlich rund eine Billion US-Dollar aus Entwicklungsländern abgreift. „Das ist noch viel wichtiger als HIV/AIDS", meinte Mo. „Das wird mehr Leben retten."

Mit den Impulsen von Afrikanern ist der Wandel von ONE vorangeschritten. Wir haben Seite an Seite mit Publish What You Pay zusammengearbeitet, und heute ist es für jedes Unternehmen an der New Yorker Börse oder in der EU illegal, zu verschleiern, was sie für Minenabbaurechte bezahlt haben. Außerdem trat Aliko Dangote, der als Bill Gates Afrikas bezeichnet wird, letztes Jahr unserem Aufsichtsrat bei.

Das ist alles schön und gut, doch müssen wir auch die Fakten klarstellen. Als Beispiel: Im Dezember 2017 hatte ONE 8,9 Millionen Mitglieder, Menschen, die sich online eingetragen oder schon an mindestens einer Aktion teilgenommen haben. (Über drei Millionen von ihnen sind in Afrika.) Und ich sehe Bill Gates schon seine Augen rollen und sagen hören: „Große Sache. Aber Eingetragene sind keine Mitglieder. Das sind einfach Leute, die sich irgendwo eingetragen haben." Natürlich hat er recht. Was uns zu der Frage führt: Wie können wir das Engagement der Mitglieder messen? Und welche Messgröße wir auch immer nehmen, ist diese Zahl statisch oder kann sie weiterwachsen? Wir mussten beweisen, dass wir aus Eingeschriebenen Mitglieder, Aktivisten oder sogar Katalysatoren machen konnten. Also suchten und fanden wir Wege, unseren Mitgliedern zu danken und sie zu belohnen, wenn sie bei mehr als nur einer Aktion teilgenommen haben. Wir überfluteten förmlich die Bezirke bestimmter US-Senatoren und Kongressabgeordneter und es war sicherlich nervtötend für sie. Wenn Sie zum Beispiel Kay Granger, eine republikanische Kongressabgeordnete aus Texas fragen würden, denkt sie vermutlich, dass überall Menschen in so einem ONE-T-Shirt seien, die sie dazu drängen wollen, Stellung zu beziehen. Aber wir sind nicht überall, sie war lediglich eines unserer strategischen Ziele.

Niemand hat jemals die Leidenschaft von Aktivisten gemessen. Es klingt seltsam, aber es ist ein absolutes OKR. Du bist also leidenschaftlich – aber *wie* leidenschaftlich? Zu welchen Handlungen führt dich deine Leidenschaft? Und wenn Bill Gates nun schwierige Fragen bei unseren Aufsichtsratssitzungen stellt,

Bono bringt 2016 die ONE-Kampagne nach Dalori in Nigeria, um ein Flüchtlingscamp zu besuchen.

können wir unsere OKRs präsentieren und sagen: „Das ist es, was wir getan haben und das ist die Wirkung, die es hatte."

Ein OKR-Gerüst

Haben OKRs auch Nachteile? Wenn man sie falsch liest, könnte man vielleicht *über*organisiert werden. ONE darf auf keinen Fall statisch werden, sondern wir müssen disruptiv bleiben. Ich habe immer Angst davor, dass wir zu einer Organisation werden und versuchen, jedes Quartalsziel zu erreichen. Wir brauchten John, der uns stets daran erinnerte: „Wenn alles im grünen Bereich ist, habt ihr versagt." Das mochte für viele konterintuitiv sein, vor allem jetzt, wo wir finanziell gut dastehen und die Besten und Klügsten für uns arbeiten. Aber John sagte immer wieder: „Mehr rot!", und er hatte recht. Wir brauchten viel mehr große Ambitionen, denn genau darin sind wir gut. Bei den inkrementellen Themen sind wir hingegen nicht so gut.

ONE ist nicht von unserer Leidenschaft abhängig und wir nicht von moralischer Empörung. Die Organisation steht auf einem Fundament, das auf bestimmten Prinzipien aufbaut: wie ein Haus mit Wänden und Decken – basierend auf der Denkweise der OKRs. Und dafür sind wir sehr, sehr dankbar. Es braucht intellektuelle Sorgfalt, um Veränderungen zu bewirken, und es braucht ernsthafte Strategien. Wenn Herz und Verstand nicht im Einklang sind, bringt auch Leidenschaft nichts. Das OKR-Gerüst kultiviert Verrücktheit, die Chemie, die sie beinhalten. Es verschafft uns ein Umfeld für Risiko und Vertrauen, wo

Versagen kein Verstoß ist, sondern wo wir einfach wir sein können. Und wenn man diese Art von Struktur und Umgebung hat und noch dazu die richtigen Leute, können Wunder geschehen.

Ich war nicht der beste Sänger, und Edge war nicht der beste Gitarrist. Adam war nicht der beste Bassist und Larry nicht der beste Schlagzeuger. Aber wir hatten unsere Ziele und eine ungefähre Vorstellung davon, wie wir sie erreichen konnten. Wir wollten die beste Band der Welt sein.

21

DIE NÄCHSTEN ZIELE

Was mich dazu bringt weiterzumachen, sind Ziele.
Muhammad Ali

Ideen sind einfach. Umsetzung ist alles.

Wenn Sie schon so weit im Buch gekommen sind, haben sie gesehen, wie OKRs und CFRs Organisationen aller Größenordnungen dabei helfen können, Berge zu versetzen. Sie haben aus erster Hand erfahren, wie sie Mitarbeiter inspirieren, Führungskräfte entwickeln und Teams zusammenbringen, um großartige Dinge zu realisieren. Durch die Messung dessen, was wirklich zählt, helfen OKRs Bono und der Gates Foundation dabei, gegen Armut und Krankheiten in Afrika vorzugehen. Sie treiben Google bei seinem ambitionierten Ziel an, die Informationen dieser Welt für alle frei zugänglich zu machen. Sie befähigen die Pizzaspezialisten bei Zume, eine von Robotern hergestellte, „handgemachte“ Pizza warm und frisch nach Hause zu liefern.

Und das Aufregende daran: Ich denke, wir haben gerade erst damit angefangen.

OKRs können als Werkzeug, Rezept oder Prozess bezeichnet werden. Mein Verständnis ist eine Startrampe, ein Punkt zum Durchstarten für die nächste Welle an Entre- und Intrapreneuren. Mein Traum ist, zu sehen, wie Andy Groves Idee jeden Lebensweg transformiert. Ich glaube, dass sie eine enorme Auswirkung auf das Wachstum des BIP, Ergebnisse im Gesundheitswesen, Bildungserfolge, Regierungsleistungen, Geschäftsergebnisse und soziale Fortschritte haben können. Wir erhalten einen Einblick in diese Zukunft durch Vordenker wie Orly Friedman, der die OKRs unter allen Grundschulkindern an der Khan Lab

School in Mountain View, Kalifornien, eingeführt hat. (Stellen Sie sich selbst als Fünf- oder Sechsjährigen vor: Sie müssten Ihre eigenen Lernziele – Ihre eigenen OKRs! – für das Lesenlernen setzten.)

Wenn strukturierte Zielsetzung und kontinuierliche Kommunikation konsequent und klarsichtig weiterverbreitet werden, dann werden wir einen exponentiellen Anstieg von Produktivität und Innovation in der gesamten Gesellschaft erleben – davon bin ich fest überzeugt.

OKRs haben deshalb ein solch enormes Potenzial, weil sie so anpassungsfähig sind. Es gibt kein Dogma und keinen richtigen Weg, wie man sie anwendet. Verschiedene Organisationen haben unterschiedliche Bedürfnisse in den verschiedenen Phasen ihrer Existenz. Für manche ist der simple Akt, Ziele offen und transparent zu gestalten, ein großer Schritt nach vorne. Für andere hingegen gibt ein vierteljährlicher Planungsrhythmus den Ausschlag. Es liegt bei Ihnen, Ihre Schwerpunkte zu finden und sich OKRs zu eigen zu machen.

Dieses Buch erzählt eine Handvoll Geschichten von OKRs und CFRs mit einem Blick hinter die Kulissen. Tausend andere fangen gerade erst an oder müssen noch erzählt werden. In Zukunft werden wir diese Diskussion auf whatmatters.com weiterführen. Schauen Sie vorbei und beteiligen Sie sich an der Diskussion, indem Sie mir (john@whatmatters.com) schreiben.

Mein ultimatives OKR ist, Leute dazu zu befähigen, das scheinbar Unmögliche gemeinsam zu erreichen. Eine belastbare Kultur für Erfolg und Bedeutung zu schaffen. Und die Quelle der Inspiration für all die Ziele zum Sprudeln zu bringen – speziell Ihre Ziele –, die am wichtigsten sind.

WIDMUNG

Dieses Buch ist zwei außergewöhnlichen Menschen gewidmet, die uns – viel zu früh – 2016 innerhalb von vier Wochen beide verlassen haben. Andy Grove, der brillante Urheber der OKRs, wurde auf den vorangegangenen Seiten ausführlich bedacht. „Coach" Bill Campbells Weisheit wird hingegen nur knapper aufgegriffen. Entsprechend ist hier die Gelegenheit, Bill gebührend zu feiern. Einen Mann, der so vielen Leuten so viel gegeben hat. Von seiner Begabung zu ehrlicher und offener Kommunikation bis hin zu seinem Eifer nach datengesteuerter operativer Exzellenz verkörperte der Coach den wahren Geist der OKRs. Dementsprechend passt es, dass wir ihm am Schluss dieses Buches danken.

An jenem klaren Aprilmorgen in Atherton, Kalifornien, war ein großes Zelt nötig, um von Bill auf den Spielfeldern der Sacred Hearts Abschied zu nehmen. Wo er so viele Samstage verbracht hatte, um Achtklässler in Football oder Softball zu trainieren. Mehr als 3000 Trauernde wohnten der Messe bei, von Larry Page und Jeff Bezos bis hin zu der Generation (einst) junger Leute, die unter ihm gespielt hatten. Bill hatte jeden von uns mit seinen bärenstarken Umarmungen und seiner selbstlosen Beratung ergriffen. Und jeder von uns glaubte, dass Bill unser bester Freund war.

Als Sohn eines Sportlehrers, der nachts in der Stahlfabrik von Homestead, Pennsylvania, arbeitete, erlangte Bill seinen Spitznamen erstmals in den 1970er-Jahren als Football-Coach an seiner geliebten Alma Mater, der Columbia University.[38] Doch der Coach wurde zu *dem Coach*, als er das Football-Feld gegen eine noch kompetitivere Arena, namentlich die Sitzungszimmer der Vorstände und die Führungsetagen des Silicon Valleys, eintauschte. Er war ein Weltklasse-Zuhörer, ein legendärer Mentor und der weiseste Mann, den ich je getroffen habe. Seine ehrgeizige, fürsorgliche, nachvollziehbare und weltliche Menschlichkeit hatte die Kultur bei Google – und einem Dutzend anderer Unternehmen – zu der gemacht, die sie heute ist.

Ken Auletta schrieb im *New Yorker*: „In der Welthauptstadt des Programmierens, wo das Pro-Kopf-Einkommen umgekehrt proportional zu sozialen Fähigkeiten zu stehen scheint, war Campbell der Mann, der Gründern beibrachte, von ihren Computer-Bildschirmen aufzuschauen. … Sein Nachruf stand keines-

38 Bill hatte das Team 1961 als hartnäckiger 165-Pfund-Linebacker zu seinem bisher einzigen Ivy League-Titel geführt. Ein halbes Jahrhundert später saß er dem Stiftungsrat der Universität vor.

wegs auf den Titelseiten der Tageszeitungen oder ganz oben auf den Technologie-Nachrichtenseiten, doch hätte es so sein sollen."

—

Wir trafen uns erstmals in den späten Achtzigern. Ich war auf der Suche nach einem CEO für eines meiner berühmtesten gescheiterten Unternehmen, die GO Corporation, ein Tablet-Computer-Unternehmen, dessen Technik auf dem Einsatz eines Stiftes basierte. (Bill witzelte immer, dass wir es „GO, Going, Gone" hätten nennen sollen.) Er kam auf Empfehlung von Debra Radabaugh, der Personalberaterin für Top-Führungskräfte im Silicon Valley, und seinem alten Marketing-Vorgesetzten bei Apple, Floyd Kvamme, den ich zu Kleiner Perkins geholt hatte, vorbei. Der Deal war geschlossen, nachdem ich Bills Team bei Claris, der Software-Tochtergesellschaft von Apple, besucht hatte. Normalerweise bin ich schnell bei der Beurteilung, ob ich bereit bin, mich auf einen Entrepreneur einzulassen. Meistens dauert es noch länger, sie dann davon zu überzeugen, sich auf *mich* einzulassen. Aber Claris hatte so einen großartigen Gemeinschaftsgeist und so eine offensichtliche Wertschätzung für Bill, dass ich sofort begeistert war.

Bill Campbell 2010 mit seinem charakteristischen Getränk für Executive Trainings.

Als sich Apple und John Sculley weigerten, Claris mit einem Börsengang auszulagern, wie es Bill versprochen worden war, übernahm er die Stelle bei GO. Obwohl unser Geschäftsmodell floppte, hatten wir eine fabelhafte Zeit zusammen. In der Zeit vor Bill begann GOs Geschäftsleitung jede Abstimmung mit einer hitzigen Diskussion über die Strategie, die bei den Gewinnern, Verlieren und allen anderen gleichermaßen für Unmut sorgte. Nachdem Bill CEO wurde, änderte sich alles. Er setzte sich mit den einzelnen Führungskräften hin, fragte sie nach ihren Familien, erzählte ein oder zwei Geschichten in seiner gesprächigen Art und erfuhr nach und nach, wie sie sich mit Blick auf die bevorstehenden Themen fühlten. Er verfügte über die bemerkenswerte Fähigkeit, Menschen dazu zu bringen, im Voraus einer Sache zuzustimmen, noch bevor sie in den Raum kamen. Und schon bald gab es keine Abstimmungen mehr bei GO. Bei Bill ging es immer um das Team und um die Firma. Er war frei von persönlichen Motiven oder einer eigenen Agenda. Die Mission hatte immer Vorrang.

Bill war ein Meister im Führen von Menschen. Er baute großartige Führungskräfte auf. Fünf seiner direkten Mitarbeiter bei GO wurden CEOs oder Chefs ihres eigenen Unternehmens. (Ich unterstützte jeden einzelnen von ihnen und jeder von ihnen war erfolgreich.) Unter einer Vielzahl von Lektionen lehrte uns Bill auch die Wichtigkeit der Würde eines Teams, vor allem wenn ein Unternehmen scheitert. Nachdem GO an AT&T verkauft wurde, sorgten wir dafür, dass diejenigen, die entlassen wurden, großartige Zeugnisse bekamen und bei anderen Unternehmen ihre Karrieren fortsetzen konnten.

1994 holte ich Bill als „Executive in Residence" zu mir zurück zu Kleiner Perkins. Ich richtete ihm das Eckbüro neben meinem ein und versprach ihm, ein Unternehmen zu finden, dass er führen konnte. Ungefähr zur gleichen Zeit entschied sich Intuits Gründer Scott Cook, einen CEO einzustellen. Nachdem ich Scott Bill vorgestellt hatte, benötigten sie noch einen Spaziergang durch Bills Nachbarschaft in Palo Alto, ehe der Coach die Stelle hatte. Er und Scott bauten eine fantastische Beziehung und ein spektakuläres Unternehmen auf.

Schon früh in Bills vierjähriger Amtszeit bei Intuit stand er vor einer Krise. Die Umsätze lagen so weit zurück, dass sie das Quartalsziel verpassen würden. Wir hatten einen übertrieben optimistischen und visionären Aufsichtsrat, der darauf drängte, aufgrund der Verluste mehr Kapital und Anstrengungen zu investieren. Als sich der Aufsichtsrat in einem Hotel in Las Vegas traf, war der Coach davon nicht sonderlich begeistert. „Hören Sie mit dem Unsinn auf", sagte er. „Wir werden den Rotstift ansetzen und einige Mitarbeiter entlassen. Wir werden schlanker werden, weil wir die Zahlen erreichen müssen. Es ist Teil der Disziplin und Kultur, die ich etablieren will." Bill war sehr darauf bedacht, sowohl für die Aktionäre als auch für das Team und die Kunden Ergebnisse zu liefern.

Als wir die Meinungen aller einholten, schienen jedoch mehr und mehr Aufsichtsratsmitglieder davon angetan, weiter zu investieren. Bill sah zunehmend verzweifelt aus. Als ich an der Reihe war, sagte ich: „Wisst ihr, ich denke, wir sollten uns dem Coach anschließen." Ich war mir nicht sicher, ob er richtig oder falsch lag, doch war ich der Auffassung, dass es zu recht seine Entscheidung war. Meine Ansicht hatte das Blatt gewendet. Später erzählte mir Bill, wie viel es ihm bedeutete, was ich dort gesagt hatte und dass er wohl zurückgetreten wäre, wenn das Ergebnis anders ausgegangen wäre.

Von diesem Zeitpunkt an hatten wir eine unzertrennliche Verbindung. Wir konnten uns widersprechen und einige ziemlich harte Dinge sagen, doch am nächsten Tag würde der eine den anderen anrufen, um sich zu entschuldigen. Wir verstanden beide, dass unsere Loyalität gegenüber der Beziehung und gegenüber dem Team jede Differenz überwog.

Bill war immer noch bei Intuit, als ich ihn in den Aufsichtsrat von Netscape holte. Bald wurde er zu der Person, die ich als erstes anrief, wann immer ich einen neuen Entrepreneur unterstützte. Es wurde zu unserem festen Ablauf: Kleiner investiert, Doerr betreut das Ganze, Doerr ruft Campbell an und Campbell coacht das Team. Wir haben diesen Ablauf immer wieder durchgespielt.

Im Jahr 1997 kehrte Steve Jobs mit der erstaunlichsten nicht-feindlichen Übernahme einer Aktiengesellschaft in der Geschichte zu Apple zurück, ohne auch nur einen Penny dafür aufzubringen. Steve bat um den Rücktritt aller Aufsichtsräte, bis auf einen, und rief dann Bill Campbell an, um ihn darum zu bitten, in den Aufsichtsrat zu kommen. Der Coach lehnte es ab, für diese Arbeit bezahlt zu werden, denn er wollte dem Valley, das so viel für ihn getan hatte, etwas zurückgeben. Als ihn ein paar Unternehmen dazu brachten, Aktien anzunehmen, schüttete er etwaige Gewinne an seine philanthropische Organisation aus.

Nachdem ich 2001 Googles Gründer davon überzeugt hatte, Eric Schmidt als CEO zu engagieren, habe ich Eric dazu geraten, dass er Bill als seinen Coach brauchte. Eric war zurecht ein stolzer Mann, der bereits als CEO bei Novell gearbeitete hatte. Meine Empfehlung kränkte ihn: „Ich weiß, was ich tue", sagte er. Es war also keine Liebe auf den ersten Blick zwischen ihm und Bill. Aber in weniger als einem Jahr zeigte Erics Selbsteinschätzung, wie sich das geändert hatte: „Bill Campbell ist sehr hilfreich beim Coaching von uns allen. Im Nachhinein war seine Rolle doch von Anfang an notwendig. Ich hätte diese Struktur schon viel früher fördern sollen; idealerweise gleich ab dem Moment, als ich bei Google anfing."

Bill betrachtete sein Google-Mandat als unbefristet. Er coachte Larry Page, Sergey Brin, Susan Wojcicki, Sheryl Sandberg, Jonathan Rosenberg und Googles gesamte Führungsriege. Er tat dies in dem für ihn charakteristischen Stil: ein Teil Zen und ein Teil Bud Light. Bill gab wenig Anweisungen. Er stellte ein paar Fragen, die ausnahmslos die richtigen waren. Die meiste Zeit jedoch hörte er zu. Er wusste, dass es in der Geschäftswelt oft mehrere richtige Antworten gibt, und die Aufgabe der Führungskräfte war es, eine auszuwählen. „Triff einfach eine Entscheidung", sagte er immer. Oder: „Bewegst du dich vorwärts? Kommst du voran, Schwierigkeiten zu lösen? Lass uns einfach weitermachen."

Wenn es um die OKRs von Google ging, widmete sich Bill den weniger glamourösen „festgeschriebenen" Objectives. (Ein bevorzugter Teil seines Coachings, serviert mit seiner typischen Prise Salz: „Die besch.... Züge müssen pünktlich fahren.") Google-CEO Sundar Pichai erinnert sich noch gut: „Er bemühte sich tagein und tagaus um operative Exzellenz." Das wiederum ging zurück auf Bills (trügerisch) bescheiden klingendes Motto: „Sei jeden Tag besser." Es gibt nichts Herausfordernderes oder Erfüllenderes, als das.

Der Coach war die graue Eminenz bei Googles montäglichen Sitzungen der Führungskräfte – unser inoffizieller Aufsichtsratspräsident, wenn Sie die Wahrheit wissen wollen. Zeitgleich war er „Lead Outside Director" in Apples Aufsichtsrat, was für jeden anderen möglicherweise einen Konflikt dargestellt hätte. Es hatte Steve Jobs verrückt gemacht, insbesondere nachdem Android veröffentlicht wurde, um das iPhone herauszufordern. Steve bat Bill, sich für Apple zu entscheiden und Google zu verlassen, doch der Coach lehnte ab: „Steve, ich helfe Google nicht bei seiner Technologie. Ich kann HTML noch nicht einmal buchstabieren. Ich helfe ihnen nur dabei, jeden Tag ein besseres Unternehmen zu werden." Als Steve darauf beharrte, sagte der Coach zu ihm: „Stell mich nicht vor die Wahl. Du würdest die Entscheidung, die ich treffen würde, nicht mögen." Und Steve hielt sich zurück, weil der Coach sein einziger wahrer Vertrauter war. (Er „hielt Steve Jobs am Leben", wie Eric Schmidt gegenüber *Forbes* sagte. Bill war Steves „Mentor, sein Freund. Er war der Beschützer, die Inspiration. Steve vertraute ihm mehr als jedem anderen.")

Obwohl der Coach mehr über Technologie wusste, als er zugeben wollte, war er nie ein großer Ingenieur oder Produktentwickler. Seine hervorragenden Kenntnisse lagen in der Führung, was ein Team und die Mitarbeiter umtrieb und wie man seine Mitarbeiter davor schützen konnte, vom eigenen Prozess überrollt zu werden. Wenn er jemanden unfair behandelt sah, griff er zum Telefon, rief den CEO an und sagte: „Da war ein Fehler im Prozess". Und er würde ihn ausmerzen.

Mitarbeiter werden nicht gerade dazu ermutigt, Liebe in geschäftliche Situationen einzubringen, dabei war Liebe Bills entscheidender Charakterzug. Ich sehe immer noch vor meinem geistigen Auge, wie sich die Gesichter aller erhellten, wenn er zu einer Sitzung bei Intuit kam. Manchmal war es Liebe durch unechte Beleidigungen. (Wenn man in einem hässlichen Pullover zur Arbeit kam, würde er etwa folgendes fragen: „Hast du jemanden auf der Toilette überfallen, um das Ding zu kriegen?") Aber man hat immer gewusst, dass sich der Coach um einen kümmerte, dass er einem den Rücken decken würde und dass er für das Team da war. Man findet nicht viele Führungskräfte, die zeitgleich Liebe und furchtloses Feedback vermitteln können. Bill war ein harter Coach, aber er war immer ein Trainer *für* seine Spieler.

Für ihn war Familie wichtig und er hatte tatsächlich eine, was in dem Umfeld nicht so verbreitet war. Er war am glücklichsten, wenn er seine Tochter Maggie (und meine Tochter Mary) im Softball coachen durfte. Er war um Punkt 15:20 Uhr auf dem Feld, egal welche großen Sitzungen gerade irgendwo begannen.

Und man fand den Coach niemals vom Handy abgelenkt auf dem Platz. Er war vollständig anwesend. In dieser Umgebung blühte er auf.

Selbst nachdem er krank wurde, hörte Bill nie mit dem Coachen auf. Als ich mich dazu entschied, den Vorsitz von Kleiner Perkins zu übernehmen, war sein Rat ein wichtiger Faktor. Mit meinen beiden Töchtern, die nun an der Universität waren, war der Zeitpunkt genau richtig. Der Coach wusste, dass ich das Tempo nicht drosseln oder „aufsteigen" würde. Ich nahm mich der Aufgabe an, um das zu forcieren, was ich liebe: die besten Entrepreneure finden und finanzieren und ihnen dabei helfen, großartige Teams zu bilden, sobald sie wachsen. Es war meine Chance, ein Spielertrainer für die nächste Generation der Führungskräfte und Partner zu werden und Bills Führung zu folgen.

Einige Monate bevor er starb, erklärte der Coach in einem Podcast mit meinem Kleiner-Partner Randy Komisar, dass er „immer Teil der Lösung sein wollte. … Menschen zu coachen ist das Wichtigste, was wir tun. Wir müssen versuchen, sie besser zu machen."

Bill ist fort, doch für seine vielen hundert Schüler, all die Führungskräfte, die er über all die Jahre coachte, geht seine Arbeit weiter. Wir versuchen immer noch, jeden Tag besser zu werden.

Ich vermisse dich, Coach. Wir alle vermissen dich.

John Doerr
April 2018

Coach Bill Campbell, 2013.

RESSOURCEN

Ressource 1: Googles OKR-Leitbild

Niemand verfügt über mehr kollektive Erfahrung in der Implementierung von OKRs als Google. Aufgrund des starken und anhaltenden Wachstums hat das Unternehmen regelmäßig OKR-Richtlinien und -Vorlagen herausgegeben. Die folgenden Auszüge stammen überwiegend aus internen Quellen und werden hier mit Erlaubnis von Google wiedergegeben. (Beachten Sie aber, dass es sich hierbei um Googles Herangehensweise an OKRs. Ihre Eigene kann (und sollte) sich davon unterscheiden.)

—

Bei Google mögen wir es, groß zu denken. Wir wenden einen Prozess an, der sich Objectives and Key Results (OKRs) nennt und uns dabei hilft, zu kommunizieren, zu messen und unsere ambitionierten Ziele zu realisieren.

Unsere Taten bestimmen Googles Zukunft. Wie wir immer wieder gesehen haben – bei der Suchmaschine, bei Chrome und Android –, kann ein Team, bestehend aus einem kleinen Teil der Belegschaft, das im Einklang mit einem gemeinsamen, ambitionierten Ziel ist, eine reife Industrie in weniger als zwei Jahren komplett verändern. Deshalb ist es essentiell, dass wir als Google-Mitarbeiter und -Führungskräfte bewusste, sorgfältige und wohlüberlegte Entscheidungen darüber treffen, wie wir unsere Zeit und unsere Energie einsetzen – sowohl als Individuen als auch als Teammitglieder. OKRs sind die Manifestation solch sorgfältiger Entscheidungen und das Instrument, mit dem wir die Tätigkeiten der Individuen koordinieren und großartige kollektive Ziele erreichen.

Wir nutzen OKRs, um zu planen, was Mitarbeiter produzieren werden, um ihren Fortschritt im Vergleich zum Plan zu messen und um Prioritäten und Meilensteine zwischen Mitarbeitern und Teams zu koordinieren. Wir verwenden OKRs auch, um den Mitarbeitern dabei zu helfen, sich auf die wichtigsten Ziele zu fokussieren und zu verhindern, dass sie sich von dringenden, aber weniger wichtigen Zielen ablenken lassen.

OKRs sind groß, nicht inkrementell – wir erwarten nicht, sie alle zu erreichen. (Und falls wir sie doch alle erreichen, haben wir sie nicht aggressiv genug gewählt.) Wir stufen sie anhand einer Farbskala ein, um zu messen, wie gut wir gearbeitet haben:

0.0 - 0.3 ist rot
0.4 - 0.6 ist gelb
0.7 - 1.0 ist grün

Effektive OKRs festlegen

Schlecht gewählte/geführte OKRs sind reine Zeitverschwendung und ein inhaltloses Führungsinstrument. Gut gewählte OKRs sind ein motivierendes Führungswerkzeug, dass Teams vermittelt, was wichtig ist, was es zu verbessern gilt und welche Abwägungen sie bei ihrer täglichen Arbeit machen müssen.

Gute OKRs zu schreiben ist nicht einfach, aber auch nicht unmöglich. Berücksichtigen Sie die folgenden simplen Regeln:

Objectives sind das „Was". Sie:

- drücken Ziele und Absichten aus;
- sind aggressiv und dennoch realistisch;
- müssen greifbar, objektiv und unmissverständlich sein. Es sollte für einen Außenstehenden offensichtlich erkennbar sein, ob ein Objective erreicht wurde.
- Die erfolgreiche Erreichung eines Objectives sollte einen klaren Mehrwert für Google darstellen.

Key Results sind das „Wie". Sie:

- drücken messbare Meilensteine aus, die – sofern erreicht – Objective(s) für den Ersteller auf sinnvolle Weise voranbringen;
- müssen Ergebnisse beschreiben, nicht Aktivitäten. Sobald Ihre KRs Wörter wie „beraten", „helfen", „analysieren" oder „teilnehmen" beinhalten, beschreiben sie Aktivitäten. Stattdessen sollten Sie die Wirkung dieser Aktivitäten auf den Endbenutzer beschreiben: „Veröffentlichen der Durchschnitts- und End-Latenzmessungen von sechs Colossus-Zellen bis zum 7. März" ist besser als „Beurteilen der Colossus-Latenz";
- müssen einen Erfüllungs-Nachweis beinhalten. Dieser Nachweis muss verfügbar, glaubwürdig und einfach nachvollziehbar sein. Beispiele solcher Nachweise sind Änderungslisten, Links zu Dokumenten, Notizen und veröffentlichte Kennzahlen-Analysen.

Teamübergreifende OKRs

Viele wichtige Projekte bei Google verlangen einen Beitrag verschiedener Teams. OKRs sind hervorragend geeignet, um sich dieser Koordination anzunehmen. Teamübergreifende OKRs sollten alle Gruppen einbeziehen, die maßgeblich zu dem OKR beitragen, und die OKRs, die Beiträge einzelner Gruppen vorsehen, sollten wiederum in den expliziten OKRs jeder einzelnen Gruppe vorkommen. Als Beispiel: Wenn [die Abteilungen] Ads Development, Ads SRE und Network Deployment an einem neuen Werbeservice arbeiten müssen, sollten alle drei Teams OKRs haben, die ihren Beitrag zur Projektrealisierung beinhalten.

Verbindliche versus erstrebenswerte OKRs

Es gibt zwei Varianten von OKRs und es ist wichtig, zwischen diesen zu unterscheiden:

Verbindliche OKRs sind solche, auf deren Erreichung wir uns geeinigt haben und für die wir bereit sind, Zeitpläne und Ressourcen anzupassen, um deren Erreichung sicherzustellen.

- Der Erwartungswert für ein verbindliches OKR ist 1.0; ein Wert unter 1.0 verlangt nach einer Erklärung für das Verfehlen und zeigt Fehler in der Planung und/oder Umsetzung.

Erstrebenswerte OKRs drücken aus, wie die Welt wünschenswerterweise aussehen sollte, obwohl wir keine genaue Vorstellung davon haben, wie wir das erreichen sollen und/oder welche Ressourcen zur Erreichung notwendig sind.

- Erstrebenswerte OKRs haben einen Erwartungswert von 0.7 mit hoher Varianz.

Klassische OKR-Erstellungsfehler und -Fallen

Falle 1: Ungenügende Differenzierung zwischen verbindlichen und erstrebenswerten OKRs.

- Die Klassifizierung eines verbindlichen OKRs als erstrebenswertes erhöht die Misserfolgschance. Teams könnten das OKR nicht ernst nehmen oder ändern möglicherweise nicht ihre Prioritäten, um sich auf die Erreichung des OKRs zu fokussieren.
- Die Klassifizierung eines erstrebenswerten OKRs als verbindlich führt zu einer Passivität in Teams, die keinen Weg zur Erreichung des OKRs finden. Darüber hinaus fördert sie eine Prioritätenverschiebung, da die Belegschaft von erstrebenswerten OKRs abgezogen wird, um sich auf verbindliche OKRs zu fokussieren.

Falle 2: „Business-as-usual“-OKRs

- OKRs werden häufig darauf basierend erstellt, was das Team zu erreichen glaubt, ohne etwas an den derzeitigen Tätigkeiten zu ändern, statt sie daran auszurichten, was das Team oder die Kunden wirklich wollen.

Falle 3: Zurückhaltende erstrebenswerte OKRs

- Erstrebenswerte OKRs gehen zu Beginn sehr oft vom Status quo aus und fragen „Was könnten wir tun, wenn wir zusätzliche Arbeitskraft und ein wenig Glück hätten?“ Ein alternativer, besserer Ansatz wäre die Frage „Wie könnte meine Welt (oder die meiner Kunden) in ein paar Jahren aussehen, wenn wir von allen möglichen Einschränkungen befreit wären?“ Per Definition werden Sie diesen Zustand nie erfahren, wenn zuerst das OKR formuliert wird – denn genau deshalb ist es ein erstrebenswertes OKR. Aber ohne das Verständnis und die Formulierung des gewünschten Endzustands, stellen Sie selbst sicher, dass Sie es nie erreichen können werden.
- Der Prüfstein: Wenn Sie Ihre Kunden fragen, was sie wirklich möchten, entspricht Ihr erstrebenswertes Ziel deren Bedürfnisse oder geht es darüber hinaus?

Falle 4: Tiefstapeln

- Die verbindlichen OKRs eines Teams sollten glaubhaft die meisten, aber nicht alle Ressourcen benötigen. Ihre verbindlichen + erstrebenswerten OKRs sollten glaubwürdig ein wenig *mehr* als die ihnen verfügbaren Ressourcen benötigen. (Andernfalls handelt es sich um eine reine Zielvereinbarung.)
- Teams, die all ihre OKRs erreichen, ohne die gesamte Belegschaft oder das gesamte Kapital des Teams zu benötigen … stehen entweder unter dem Verdacht, ihre Ressourcen anzuhäufen, ihre Teams nicht anzutreiben oder beides. Dies ist ein Hinweis für die Geschäftsleitung, Mitarbeiter und anderen Ressourcen auf diejenigen Teams zu verteilen, die sie effektiver zu nutzen wissen.

Falle 5: Objectives von geringem Wert (oder: „Wen-interessiert's?“-OKR). OKRs müssen einen klaren Unternehmenswert versprechen. Andernfalls gibt es keinen Grund, Ressourcen auszuweiten, um an ihnen zu arbeiten. Geringwertige Objectives sind solche, die keiner beachten oder die niemanden kümmern werden, selbst wenn das Objective mit einem Wert von 1.0 erreicht wurde.

- Ein klassisches (und verlockendes) Beispiel: „Erhöhung der Aufgaben-CPU-Auslastung um drei Prozent.“ Dieses Objective an sich hilft weder Nutzern noch Google direkt. Dennoch hat das (vermutlich zugehörige) Ziel „Reduktion der Anzahl benötigter Prozessorkerne, um drei Prozent ohne eine Änderung der Qualität/Wartezeiten … und Rückführung der überschüssigen

Prozessorkerne in den freien Pool" einen klaren ökomischen Wert. Dies ist ein hochstehendes Objective.

- Hier ist ein Prüfstein: Könnte das OKR unter plausiblen Umständen einen Wert von 1.0 erreichen, ohne dabei einen direkten Endbenutzer- oder ökonomischen Mehrwert zu generieren? Wenn dem so sein sollte, formulieren Sie das OKR neu, um sich auf einen konkreten Mehrwert zu konzentrieren. Ein klassisches Beispiel: „Markteinführung X" ohne bestimmte Erfolgskriterien. Besser wäre: „Verdoppelung des flottenweiten Y durch die Markteinführung von X bei 90+ Prozent der Borg-Zellen."

Falle 6: Unzureichende Key Results für verbindliche Objectives

- OKRs sind unterteilt in das gewünschte Ergebnis (das Objective) und die messbaren Schritte, die nötig sind, um das gewünschte Ergebnis zu erreichen (die Key Results). Es ist entscheidend, dass KRs so erstellt werden, dass ein Ergebniswert von 1.0 bei allen Key Results zu einem Wert von 1.0 beim entsprechenden Objective führt.
- Ein häufiger Fehler ist die Erstellung von Key Results, die *notwendig, aber nicht hinreichend* sind, um gemeinsam ein Objective zu erfüllen. Der Fehler ist verführerisch, weil er einem Team erlaubt, die schwierigen Verpflichtungen (bezüglich Ressourcen/Prioritäten/Risiken), die für die Erreichung „harter" Key Results notwendig sind, zu vermeiden.
- Diese Falle ist insofern sehr schädlich, als dass sie sowohl die Erkenntnis über die erforderlichen Ressourcen für das Objective als auch die Erkenntnis, dass das Objective nicht rechtzeitig erreicht wird, verzögert.
- Der Prüfstein: Ist es realistischerweise möglich, einen Wert von 1.0 bei allen Key Results zu erreichen und dennoch die Absicht des Objectives zu verfehlen? Wenn dem so sein sollte, fügen Sie Key Results hinzu oder überarbeiten Sie die bisherigen, bis deren erfolgreiche Erreichung ebenso die erfolgreiche Umsetzung des Objectives garantieren.

OKRs lesen, interpretieren und nach ihnen handeln

Verbindliche OKRs

- Teams müssen ihre sonstigen Prioritäten so anpassen, dass sie eine pünktliche 1.0-Erreichung sicherstellen.
- Teams, die nicht glaubwürdig versichern können, einen 1.0-Wert für ein verbindliches OKR zu erreichen, müssen umgehend an die nächsthöhere Instanz eskaliert werden. *Das ist ein Kernpunkt:* In dieser (häufigen) Situation zu eskalieren ist nicht nur in Ordnung, sondern wird verlangt. Unabhängig davon,

ob diese Angelegenheit aus einer Uneinigkeit über das OKR, über dessen Prioritäten oder einer Unfähigkeit, genügend Zeit/Leute/Ressourcen zuzuteilen, erwachsen ist, ist eine Eskalation sinnvoll. Sie erlaubt der Leitung des Teams, Optionen zu entwickeln und Konflikte zu lösen.

Konsequenz: Jedes neue OKR beinhaltet mit großer Wahrscheinlichkeit eine gewisse Anzahl Eskalationen, da es eines Wechsels zu neuen Prioritäten und Verpflichtungen bedarf. Ein OKR, das keine Veränderungen der Aktivitäten der Gruppen benötigt, ist ein „Business-as-usual"-OKR, die nur sehr selten neu sind – selbst wenn sie nie zuvor niedergeschrieben wurden.

- Ein verbindliches OKR, das an der Erreichung des 1.0-Wertes zum festgelegten Stichtag scheitert, bedarf einer nachträglichen Analyse. Das Ziel dabei ist keineswegs eine Bestrafung des Teams. Die Intention ist die Schärfung des Verständnisses, was bei der Planung und/oder Ausführung des OKR passiert ist, sodass die Teams für die Zukunft ihre Fähigkeiten verbessern können, um verlässlich 1.0-Werte bei verbindlichen OKRs zu erzielen.
- Beispiele von verbindlichen OKRs sind die Sicherstellung, dass eine Dienstleistung ihrem Service Level Agreement (SLA) für das Quartal entspricht; oder die Lieferung eines bestimmten Bestandteils oder einer Verbesserung für ein Infrastruktur-System zu einem festgelegten Zeitpunkt; oder die Herstellung und Auslieferung einer Anzahl Server zu einem bestimmten Preis.

Erstrebenswerte OKRs

- Die erstrebenswerten OKRs werden absichtlich die Fähigkeiten des Teams übersteigen, sie innerhalb eines gesetzten Quartals zu erreichen. Die Prioritäten der OKRs sollten die Teammitglieder bei der Entscheidung inspirieren, worauf sie ihre übrige Zeit verwenden sollen, nachdem sie ihre Gruppen-Verpflichtung erfüllt haben. Generell sollten höher priorisierte OKRs vor niedriger priorisierten OKRs erfüllt werden.
- Erstrebenswerte OKRs und die damit verbundenen Prioritäten sollten so lange auf der OKR-Liste des Teams verbleiben, bis sie erreicht sind. Falls nötig, werden sie dafür auch von Quartal zu Quartal weitergetragen. Es ist ein Fehler, sie aus Mangel an Fortschritt von der OKR-Liste zu streichen, da er anhaltende Probleme der Priorisierung, Ressourcenverfügbarkeit oder ein mangelndes Verständnis des Problems/der Lösung versteckt.

Konsequenz: Es ist vorteilhaft, ein erstrebenswertes OKR auf eine andere Teamliste zu setzen, wenn das entsprechende Team sowohl die Expertise als auch die Kompetenz besitzt, um das OKR effektiver zu erreichen, als das bisherige.

- Teamleiter sind dazu angehalten, die benötigten Ressourcen zur Erreichung ihrer erstrebenswerten OKRs einzuschätzen und sie jedes Quartal *einzufordern*, um ihrer Pflicht dem Unternehmen gegenüber nachzukommen, die Ziele zu erreichen. Manager sollten jedoch nicht erwarten, alle erforderlichen Ressourcen zu erhalten, es sei denn, ihre erstrebenswerten OKRs sind nach den festgeschriebenen OKRs diejenigen mit höchster Priorität im Unternehmen.

Mehr Prüfsteine

Ein paar simple Tests, mit denen Sie prüfen können, ob Ihre OKRs gut sind:

- Wenn Sie sie in fünf Minuten runtergeschrieben haben, sind sie vermutlich nicht gut. Denken Sie nach!
- Wenn Ihr Objective nicht auf eine Zeile passt, ist es vermutlich nicht scharf genug formuliert.
- Wenn Ihre Key Results in teaminternen Ausdrücken formuliert sind („Markteinführung Foo 4.1"), sind sie vermutlich nicht gut. Was relevant ist, ist nicht die Markteinführung selbst, sondern die Wirkung. Weshalb ist Foo 4.1 wichtig? Besser wäre: „Markteinführung Foo 4.1, um Registrierungen um 25 Prozent zu steigern." Oder einfach: „Steigerung der Registrierungen um 25 Prozent."
- Verwenden Sie reale Daten. Wenn jedes Key Result auf den letzten Tag des Quartals terminiert ist, haben Sie mit großer Wahrscheinlichkeit keinen richtigen Plan.
- Stellen Sie sicher, dass Ihre Key Results messbar sind: Es muss möglich sein, am Ende des Quartals objektiv eine Benotung abzugeben. „Registrierungen steigern" ist kein gutes Key Result. Besser wäre: „Steigerung der täglichen Registrierungen um 25 Prozent bis zum 1. Mai."
- Stellen Sie sicher, dass die Messgrößen eindeutig sind. Wenn Sie „Eine Million Nutzer" sagen, meinen Sie dann Dauernutzer oder temporäre Nutzer?
- Wenn es in Ihrem Team wichtige Aktivitäten gibt (oder einen erheblichen Anteil seines Aufwands), die nicht von OKRs abgedeckt werden, fügen Sie weitere hinzu.
- Gestalten Sie OKRs für größere Gruppen hierarchisch – OKRs auf höherer Ebene für das gesamte Team auf und detailliertere für Teilteams. Stellen Sie sicher, dass die „horizontalen" OKRs (für Projekte, die den Beitrag mehrerer Teams benötigen) unterstützende Key Results in jedem Teilteam haben.

Ressource 2: Ein typischer OKR-Zyklus

Angenommen, Sie legen OKRs in einem Unternehmen, einem Team und auf Mitarbeiterebene fest (größere Unternehmen können zusätzliche Stufen haben).

4-6 Wochen vor dem Quartal	**Brainstormen der jährlichen und Q1-OKRs für das Unternehmen** Die Geschäftsleitung beginnt das Brainstorming der OKRs auf Unternehmensebene. Wenn Sie OKRs für Q1 definieren, ist das auch die Zeit, in der Sie Ihren Jahresplan festlegen, der Ihnen dabei helfen kann, die Stoßrichtung des Unternehmens zu bestimmen.
2 Wochen vor dem Quartal	**Kommunikation der unternehmensweiten OKRs für das bevorstehende Jahr sowie Q1** Finalisierung der Unternehmens-OKRs und Kommunikation an alle.
Start des Quartals	**Kommunikation der Q1-OKRs an die Teams** Basierend auf den Unternehmens-OKRs entwickeln die Teams ihre eigenen und teilen diese in ihren Sitzungen mit.
1 Woche nach Start des Quartals	**Teilen der Q1-OKRs mit Mitarbeitern** Eine Woche nach der Übermittlung der Team-OKRs teilen die Mitarbeiter ihre eigenen OKRs. Dies verlangt möglicherweise Abstimmungen zwischen den Mitarbeitern und ihren Vorgesetzten, typischerweise in persönlichen Gesprächen.
Während des Quartals	**Mitarbeiter verfolgen den Fortschritt und machen Bestandsaufnahmen** Während des Quartals messen und teilen die Mitarbeiter ihren Fortschritt, indem sie regelmäßig Bestandsaufnahmen mit ihren Vorgesetzten vornehmen. In regelmäßigen Abständen schätzen die Mitarbeiter ein, mit welcher Wahrscheinlichkeit sie ihre OKRs vollständig erreichen können. Erscheint die Erreichung unwahrscheinlich, müssen sie neu ausgerichtet werden.
Gegen Ende des Quartals	**Mitarbeiter reflektieren und bewerten die Q1-OKRs** Gegen Ende des Quartals bewerten die Mitarbeiter ihre OKRs, führen eine Selbsteinschätzung durch und reflektieren ihre Leistung.

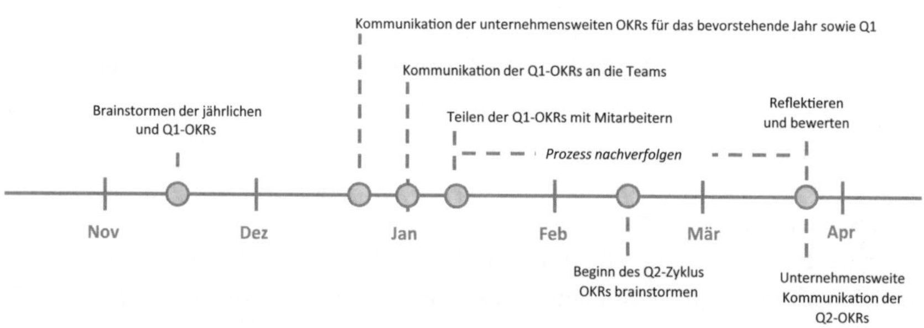

Ressource 3: Mitarbeitergespräche

Kontinuierliches Performance Management ist ein zweiteiliger und zweiseitiger, ineinander verwobener Prozess. Der erste Teil besteht aus der Bestimmung der OKRs; der zweite umfasst regelmäßige, fortlaufende Gespräche. Sie können die Gespräche Ihren Bedürfnissen anpassen.

Zielplanung und Reflexion

Um dieses Gespräch zu erleichtern, könnte ein Vorgesetzter dem Mitarbeiter die folgenden Fragen stellen:

- Auf welche OKRs konzentrieren Sie sich, um den größtmöglichen Nutzen in Ihrer Rolle, Ihrem Team und/oder im Unternehmen zu erbringen?
- Welche dieser OKRs richten sich an den Schlüsselthemen des Unternehmens aus?

Fortschrittsberichte

Als Einstieg in die Diskussion könnte der Vorgesetzte die folgenden Fragen stellen:

- Wie geht es mit Ihren OKRs voran?
- Welche entscheidenden Fähigkeiten benötigen Sie, um erfolgreich zu sein?
- Gibt es irgendetwas, was Sie an Ihrer Zielerreichung hindert?
- Welche OKRs müssen in Hinblick auf eine Neusetzung der Prioritäten angepasst, hinzugefügt oder gestrichen werden?

Coaching durch den Vorgesetzten

Um sich auf das Gespräch vorzubereiten, sollte der Vorgesetzte die folgenden Fragen in Betracht ziehen:

- Welche Verhaltensweisen oder Werte erwarte ich von meinem Mitarbeiter?
- Welche Verhaltensweisen oder Werte sollte der Mitarbeiter künftig an den Tag legen oder vermeiden?
- Welche Unterstützung kann ich bieten, damit der Mitarbeiter sein volles Potenzial ausschöpft?

Während des Gesprächs könnte die Führungskraft fragen:
- Was begeistert Sie an Ihrem Job am meisten?
- Welche Aspekte Ihrer Rolle würden Sie gegebenenfalls ändern wollen?

Feedback an die Vorgesetzten

Um dem Mitarbeiter aufrichtiges Feedback zu entlocken, könnte der Vorgesetzte folgendes fragen:
- Was erhalten Sie von mir, was Sie hilfreich finden?
- Was tue ich, was Sie dabei beeinträchtigt, effektiv zu sein?
- Was könnte ich für Sie tun, damit Sie noch erfolgreicher werden?

Karriereentwicklung

Um die Karrierebestrebungen eines Mitarbeiters herauszukitzeln, könnte ein Vorgesetzter folgendes fragen:
- Welche Fähigkeiten würden Sie gerne weiterentwickeln, um sich in Ihrer derzeitigen Rolle zu verbessern?
- In welchen Bereichen möchten Sie sich weiterentwickeln, um Ihre Karriereziele zu erreichen?
- Welche Fähigkeiten würden Sie gerne für eine künftige Rolle entwickeln?
- Wie können das Unternehmen und ich Ihnen aus einer Perspektive des Lernens, Wachsens und Entwickelns dabei helfen, dorthin zu gelangen?

Vorbereitung von Mitarbeitergesprächen

Vor der Durchführung eines Mitarbeitergesprächs ist etwas Vorbereitung angebracht. Vor allem sollten Vorgesetzte die nachfolgenden Fragen in Betracht ziehen:
- Was waren die maßgeblichen Ziele und Verantwortlichkeiten des Mitarbeiters in der betreffenden Periode?
- Wie war die Leistung des Mitarbeiters?
- Wenn der Mitarbeiter die Erwartungen nicht erfüllt, welche Kurskorrektur sollte er vornehmen?
- Wenn der Mitarbeiter die Erwartungen erfüllt oder übertrifft, wie kann ich sicherstellen, dass er auf diesem hohen Leistungsniveau bleibt, ohne einen Burn-out zu erleiden?
- Wann ist der Mitarbeiter am engagiertesten?
- Wann ist der Mitarbeiter am wenigsten engagiert?
- Welche Stärken bringt der Mitarbeiter ein?
- Von welcher Art Lernerfahrungen könnte dieser Mitarbeiter profitieren?

- Worauf sollte sich der Mitarbeiter in den nächsten sechs Monaten konzentrieren? Sollte er die Erwartungen in seiner derzeitigen Rolle erfüllen? Sollte er den Beitrag in seiner derzeitigen Rolle maximieren? Oder sollte er sich für die nächste Chance vorbereiten, wie zum Beispiel ein neues Projekt, größere Verantwortung oder eine neue Rolle?

Mitarbeiter sollten sich ebenfalls auf Mitarbeitergespräche vorbereiten. Insbesondere können sie sich die folgenden Fragen selbst stellen:

- Bin ich mit meiner Zielerreichung auf Kurs?
- Habe ich Bereiche mit Chancen identifiziert?
- Habe ich verstanden, wie meine Arbeit zu den Meilensteinen des großen Ganzen passt?
- Welches Feedback kann ich meinem Vorgesetzten geben?

Ressource 4: Kurz zusammengefasst

Die vier Erfolgsfaktoren der OKRs

1. **Fokussieren und sich zu Prioritäten verpflichten**
2. **Ausrichten und verbinden für Teamarbeit**
3. **Verfolgen der Verantwortlichkeit**
4. **Nach den Sternen greifen**

Kontinuierliches Performance Management
Die Bedeutung von Kultur

Fokussieren und sich zu Prioritäten verpflichten

- Setzen Sie einen angemessenen Rhythmus für Ihren OKR-Zyklus. Ich empfehle eine parallele, zweigleisige Nachverfolgung mit vierteljährlichen OKRs (für kurzfristigere Ziele) und jährlichen OKRs (für längerfristige Strategien).
- Um etwaige Herausforderungen bei der Implementierung ausfindig zu machen und das Commitment der Führungskräfte zu stärken, koordinieren Sie die Einführung von OKRs zunächst mit ihrer obersten Führungsebene. Erlauben Sie dem Prozess in Fahrt zu kommen, bevor sie einzelne Mitarbeiter involvieren.

- Bestimmen Sie einen OKR-Verantwortlichen, um sicherzustellen, dass jeder Mitarbeiter in jedem Zyklus Zeit darauf verwendet, zu entscheiden, was am wichtigsten ist.
- Verpflichten Sie sich pro Zyklus zu drei bis fünf Top-Objectives, die Sie erreichen *müssen*. Zu viele OKRs mindern und verzetteln das Engagement der Mitarbeiter. Stärken Sie Ihre Kapazitäten durch die bewusste Entscheidung, was Sie *nicht* tun möchten, und verwerfen, verschieben oder minimieren Sie entsprechend.
- Suchen Sie bei der Auswahl von OKRs nach Objectives mit der größten Hebelwirkung für herausragende Leistung.
- Finden Sie das „Rohmaterial" für OKRs auf oberster Führungsebene im Leitbild der Organisation, im Strategieplan oder im übergeordneten Thema, das von der Geschäftsleitung ausgewählt wurde.
- Um ein Abteilungs-Objective hervorzuheben und vermehrte Unterstützung zu erhalten, machen Sie es zu einem Unternehmens-OKR.
- Definieren Sie für jedes Objective nicht mehr als fünf messbare, eindeutige und zeitgebundene Key Results, *wie* das Objective erreicht werden soll. Per Definition bedeutet die Erfüllung aller Key Results die Erreichung des entsprechenden Objective.
- Koppeln Sie qualitative und quantitative Key Results zur Ausgewogenheit und Qualitätskontrolle.
- Wenn ein Key Result besondere Aufmerksamkeit erfordert, machen Sie es zu einem Objective für einen oder mehrere Zyklen.
- Das wichtigste Element für den Erfolg von OKRs ist die Überzeugung und das Engagement der Geschäftsleitung.

Ausrichten und verbinden für Teamarbeit

- Regen Sie die Mitarbeiter an, indem Sie ihnen zeigen, wie ihre Objectives zur Vision der Geschäftsleitung und den obersten Prioritäten des Unternehmens verlinkt sind. Der schnellste Weg zu operativer Exzellenz führt über transparente, öffentliche Ziele bis zur Stufe des CEOs.
- Nutzen Sie Sitzungen mit allen Mitarbeitern, um zu erklären, weshalb ein OKR wichtig für die Organisation ist. Wiederholen Sie im Anschluss die Nachricht so oft, bis Sie es selbst nicht mehr hören können.
- Wenn Sie OKRs von oben herunterbrechen, dann lassen Sie Kompromisse mit den Mitarbeitern aus dem operativen Geschäft bei den Key Results zu. Innovation liegt seltener im Zentrum des Unternehmens als an der Front.
- Fördern Sie einen gesunden Anteil an Bottom-up-OKRs – ungefähr die Hälfte.
- Eliminieren Sie Silodenken durch teamübergreifende Verbindungen mithilfe gemeinsamer, horizontaler OKRs. Funktionsübergreifende Tätigkeiten er-

lauben schnelle und koordinierte Entscheidungen; die Grundlage für die Erlangung eines Wettbewerbsvorteils.

- Heben Sie alle funktionsübergreifenden Abhängigkeiten explizit hervor.
- Achten Sie darauf, dass alle Anspruchsgruppen es erfahren, wenn ein OKR überarbeitet oder gestrichen wird.

Verfolgen der Verantwortlichkeit

- Führen Sie kontinuierliche Überprüfungen sowie ehrliche und objektive Beurteilungen durch, um eine Kultur der Verantwortlichkeit zu schaffen; und beginnen Sie ganz oben. Wenn Führungskräfte offen ihre Fehler zugeben, fühlen sich Mitarbeiter freier, ein gesundes Risiko einzugehen.
- Motivieren Sie Mitarbeiter weniger mit extrinsischen Belohnungen als mit offenen, konkreten Messungen ihrer Erfolge.
- Um OKRs zeitgemäß und relevant zu halten, beauftragen Sie den OKR- Verantwortlichen, die Fortschrittsberichte zu beaufsichtigen. Regelmäßige Überprüfungen erlauben Teams und Einzelpersonen, agil eine Kurskorrektur vorzunehmen oder schnell zu scheitern.
- Fördern Sie wöchentliche OKR-Einzelsitzungen zwischen Mitarbeitern und ihren Vorgesetzten sowie monatliche Abteilungssitzungen, um ein hohes Leistungsniveau halten zu können.
- Sollten sich die Umstände verändern, erlauben Sie sich – wo nötig –, OKRs zu ändern, hinzuzufügen oder zu streichen, selbst inmitten eines Zyklus. Ziele sind nicht in Stein gemeißelt. Es wäre kontraproduktiv, stur an Objectives, die nicht länger relevant oder umsetzbar sind, festzuhalten.
- Nutzen Sie OKR-Bewertungen sowie subjektive Selbsteinschätzungen am Ende eines Zyklus, um die vergangene Leistung zu evaluieren, Erfolge zu feiern sowie für die Zukunft zu planen und zu verbessern. Nehmen Sie sich einen Moment Zeit, um darüber nachzudenken und es zu genießen, was Sie im letzten Zyklus erreicht haben, bevor Sie in den nächsten einsteigen.
- Um OKRs aktuell zu halten, investieren Sie in eine zweckbestimmte, automatisierte, cloudbasierte Plattform. Öffentliche, kollaborative, Echtzeit-Zielsetzungssysteme funktionieren am besten.

Nach den Sternen greifen

- Unterscheiden Sie zu Beginn eines jeden Zyklus zwischen Zielen, die zu 100 Prozent erreicht werden müssen (verbindliche OKRs) und den „Big Hairy Audacious Goal“ [dt. etwa „große, schwierige, ehrgeizige Ziele“] (ein BHAG oder ein erstrebenswertes OKR).

- Schaffen Sie unbedingt ein Umfeld, in dem Individuen scheitern dürfen, ohne dafür verurteilt zu werden.
- Setzen Sie ambitionierte Ziele, um die Problemlösung anzuregen und Mitarbeitern zu größeren Erfolgen zu verhelfen, selbst wenn dadurch einige Quartalsziele verfehlt werden. Setzen Sie die Messlatte jedoch nicht so hoch, dass ein OKR offensichtlich unrealistisch ist. Die Moral leidet, wenn Menschen wissen, dass sie nicht erfolgreich sein können.
- Um Sprünge in der Produktivität oder Innovation zu erzielen, folgen Sie Googles Verzehnfachungs-Ansatz und ersetzen Sie inkrementelle OKRs durch exponentielle. So werden Branchen durchgeschüttelt und Kategorien neu erfunden.
- Erstellen Sie ambitionierte, an der Unternehmenskultur ausgerichtete OKRs. Der optimale „Stretch" eines Unternehmens kann im Laufe der Zeit variieren, abhängig von den operativen Bedürfnissen des kommenden Zyklus.
- Wenn das Team daran scheitert, ein ambitioniertes OKR zu erreichen, ziehen Sie es in Betracht, dass Objective in den nächsten Zyklus zu verschieben, sofern es dann noch relevant sein sollte.

Kontinuierliches Performance Management

- Um Schwierigkeiten anzugehen, bevor sie zu Problemen werden, und um engagierten Mitarbeitern die notwendige Unterstützung zuteilwerden zu lassen, wechseln Sie von jährlichem zu *kontinuierlichem* Performance Management.
- Entfesseln Sie eine ambitionierte Zielsetzung durch die Trennung vorausschauender OKRs von rückblickenden Jahresberichten. Die Koppelung von Zielerreichung und Bonus-Schecks fördert Tiefstapeleien und risikominimierendes Verhalten.
- Ersetzen Sie kompetitive Bewertungen und Ranglisten durch transparente, stärkenbasierte, multidimensionale Kriterien für Leistungsevaluationen. Berücksichtigen Sie über die Zahlen hinaus auch die Teamleistung, Kommunikation sowie Ambitionen bei der Zielsetzung eines Mitarbeiters.
- Verlassen Sie sich eher auf intrinsische Motivatoren – wie zum Beispiel sinnstiftende Arbeit und persönliche Entwicklungsmöglichkeiten – als auf finanzielle Anreize. Sie sind wesentlich stärker.
- Um positive Unternehmensergebnisse zu erzielen, implementieren Sie fortlaufende CFRs (Conversation, Feedback, Recognition [dt. „Gespräch, Feedback, Anerkennung"]) in Abstimmung mit strukturierter Zielsetzung. Transparente OKRs machen das Coaching konkreter und nützlich. Kontinuierliche CFRs sorgen dafür, dass die tägliche Arbeit stets auf dem neuesten Stand und tatsächlich auf Zusammenarbeit ausgerichtet ist.

- Erlauben Sie dem Mitarbeiter in leistungsfördernden Gesprächen, die Richtung vorzugeben. Die Aufgabe des Vorgesetzten ist es, zu lernen und zu coachen.
- Erlauben Sie ein Leistungsfeedback in beide Richtungen, ad hoc sowie unabhängig von Hierarchien.
- Nutzen Sie anonyme „Stimmungs"-Umfragen für Echtzeit-Feedback zu bestimmten Tätigkeiten oder der allgemeinen Moral.
- Stärken Sie die Verbindungen zwischen Teams und Abteilungen mit direktem Feedback in Zusammenhang mit funktionsübergreifenden OKRs.
- Setzen Sie auf Anerkennung unter Gleichrangigen, um das Engagement und die Leistung der Angestellten zu verstärken. Für die maximale Wirkung sollte Anerkennung regelmäßig, spezifisch, gut sichtbar und in Verbindung mit übergeordneten OKRs erfolgen.

Die Bedeutung von Kultur

- Richten Sie übergeordnete OKRs an der Unternehmensmission, -vision sowie den Unternehmenswerten aus.
- Vermitteln Sie kulturelle Werte mit Worten, vor allem aber mit Taten.
- Unterstützen Sie Spitzenleistung mit Zusammenarbeit und Verantwortlichkeit. Wenn OKRs kollektiv sind, weisen Sie Einzelpersonen Key Results zu – und machen Sie sie damit verantwortlich.
- Um eine hochmotivierende Kultur zu schaffen, balancieren Sie OKR-Maßnahmen als Beschleuniger [catalysts] der Arbeit mit CFR-Maßnahmen zur persönlichen Unterstützung von Teammitgliedern [nourishers] aus, beispielsweise durch Vergabe von Anerkennung(en).
- Nutzen Sie OKRs, um Transparenz, Klarheit, größere Bedeutung und eine Orientierung am großen Ganzen zu fördern. Setzen Sie CFRs ein, um eine positive Einstellung, Enthusiasmus, strebsames Denken und tägliche Verbesserung aufzubauen.
- Seien Sie sich bewusst, dass kulturelle Barrieren, insbesondere Fragen der Rechenschaftspflicht und des Vertrauens, vor der Einführung von OKRs behandelt werden müssen.

Ressource 5: Literaturhinweise

Zu Andy Grove und Intel

- *High Output Management* von Andy Grove
- *Andy Grove: The Life and Times of an American*, Biografie von Richard S. Tedlow
- *The Intel Trinity: How Robert Noyce, Gordon Moore, and Andy Grove Built the World's Most Important Company* von Michael Malone

Zur Kultur

- *HOW: Why HOW We Do Anything Means Everything* von Dov Seidman
- *Lean In: Frauen und der Wille zum Erfolg* von Sheryl Sandberg
- *Radical Candor: Be a Kick-Ass Boss Without Losing Your Humanity* von Kim Scott

Zu Jim Collins

- *Der Weg zu den Besten: Die sieben Management-Prinzipien für dauerhaften Unternehmenserfolg*
- *Oben bleiben. Immer*

Zu Bill Campbell und Coaching

- *Playbook: The Coach – Lessons Learned from Bill Campbell* von Eric Schmidt, Jonathan Rosenberg und Alan Eagle (im Entstehen)
- *Straight Talk for Startups: 100 Insider Rules for Beating the Odds* von Randy Komisar

Zu Google

- *Wie Google tickt* von Eric Schmidt and Jonathan Rosenberg
- *Work Rules!: Wie Google die Art und Weise, wie wir leben und arbeiten, verändert* von Laszlo Bock
- *In the Plex: How Google Thinks, Works, and Shapes Our Lives* von Steve Levy

Mehr zu OKRs

- www.whatmatters.com
- *Radical Focus: Achieving Your Most Important Goals with Objectives and Key Results* von Christina Wodtke

DANKSAGUNGEN

Zum Abschluss dieses Buches fühle ich ein überwältigendes Gefühl von Dankbarkeit. Zuerst, dass ich so ein Glück hatte, das Erbe von Andy Groves System zur Verstärkung des menschlichen Potenzials weiterführen zu können. Und dann inspirierende Entrepreneure, Führungskräfte und Teams zu sehen, die es eingeführt haben, um ihre Träume zu verwirklichen. Ich bin so dankbar für unser großartiges Land, das Risikobereitschaft belohnt, etwas, das ich nie als selbstverständlich ansehen werde.

Vor allem danke ich Ihnen, meinen Leserinnen und Lesern, für Ihre Aufmerksamkeit, Ihr Engagement und Ihr Feedback. Ich hoffe, Sie werden mir schreiben (jdoerr@whatmatters.com).

Die Arbeit an diesem Buch bestätigt mein Mantra, dass man ein Team benötigt, um zu gewinnen. Vom Anfang bis zum fertigen Produkt möchte ich dem Penguin/Portfolio-Team danken, das all das ermöglicht hat: meinem Herausgeber Adrian Zackheim, der das Potenzial erkannt hat; meine herausragende Lektorin Stephanie Frerich, die so viele Extrameilen gegangen ist und dabei dennoch ihren Humor behalten hat; und auch Tara Gilbride, Olivia Peluso und Will Weisser. Ebenfalls sehr dankbar bin ich meiner Agentin Myrsini Stephanides sowie meinem Rechtsbeistand Peter Moldave.

Ein besonderer Dank geht an die Personen, die sich trotz ihrer unglaublich vollen Terminkalender die Zeit genommen haben, das Manuskript zu lesen und Feedback zu geben, das dieses Buch so viel besser gemacht hat:

An Bing Gordon, der mich mit Debra Radabaugh bekannt machte und die mich wiederum Coach Campbell vorgestellt hat.

Ich danke Jonathan Rosenberg, der so viele Beobachtungen über Googles Art der OKR-Verwendung gemacht und mich auf die „Stretch"-Fallstudien hingewiesen hat.

Danke an Laszlo Bock, ein brillanter Vordenker für Ziele, kontinuierliches Performance Management und Kultur. Und an Dov Seidman, den großen Unternehmensphilosophen, für seine Weisheit über Kultur und Werte.

Danke Tom Friedman, Laurene Powell Jobs, Al Gore, Sheryl Sandberg und Randy Komisar – Freunde mit großen Gedanken und gütigen Herzen, die ihre einzigartigen Werte und Weisheiten über den Aufbau von Teams und Institutionen teilten.

Danke an Jim Collins, meinen Lieblingsautor im Bereich Wirtschaft, dessen datengetriebenes und kristallklares Denken meine Absicht herausgefordert und klargestellt haben. Ich hätte dieses Buch nie schreiben können, wenn Jim nicht den Weg mit seiner eigenen bahnbrechenden Arbeit geebnet hätte.

Und ich danke Walter Isaacson, dem außergewöhnlichen Biografen, dessen gute Ratschläge entscheidend waren, als dieses Buch seine Form annahm.

Ich möchte auch meinen Partnern bei Kleiner Perkins danken, deren Engagement für Entrepreneure mich jeden Tag aufmuntert: Mike Abbott, Brook Byers, Eric Feng, Bing Gordon, Mamoon Hamid, Wen Hsieh, Noah Knauf, Randy Komisar, Mary Meeker, Mood Rowghani, Ted Schlein und Beth Seidenberg. Ebenso vielen Dank an Alix Burns, Sue Biglieri, Juliet deBaubigny, Amanda Duckworth, Rouz Jazayeri und Scott Ryles. Und ein besonderer Dank an Rae Nell Rhodes, Cindy Chang und Noelle Miraglia für ihre unermüdliche Unterstützung, und an Tina Case, die die Fotografien gefunden hat, die dieses Buch zum Leben erweckt haben.

Die vier OKR-Erfolgsfaktoren unterstützt durch CFRs bilden das Gerüst dieses Buches. Es wäre aber bedeutungslos ohne unsere Insider-Geschichten zur Illustration von OKRs im wahren Leben. Deshalb ein besonderer Dank an die Geschichtenerzähler, die ihre Erfahrungen so großzügig geteilt haben.

Ich möchte mit dem Gates Foundation-Team beginnen, das in der Vergangenheit und in der Gegenwart mit einer atemberaubenden Reichweite und der lebensrettenden Wirkung ihrer Arbeit besonders inspirierend ist. Danke Bill & Melinda, Patty Stonesifer, Larry Cohen, Bridgitt Arnold, Sylvia Burwell Matthews, Susan Desmond-Hellman, Mark Suzman und Ankur Vora. Eure Erfolge verdienen ein eigenes unglaubliches Buch, und wir können es kaum abwarten, es zu lesen.

Danke an unseren irischen Lieblingsrockstar, der eine weltweite Kampagne zum Kampf gegen Krankheiten, Armut und Korruption ins Leben gerufen hat. Danke Bono und deinem Team mit Jamie Drummond, David Lane, Lucy Matthews, Bobby Shriver, Gayle Smith und Ken Weber für eure Gründung von ONE.

Jetzt verdient das Google-Team besondere Erwähnung. Ja, Larry Page, Sergey Brin und Eric Schmidt haben Google zum Prototypen des 21. Jahrhunderts in Sachen strukturierte Zielsetzung gemacht. Ihre Entschlossenheit und Ergebnisse mit OKRs haben sogar Andy Grove beeindruckt. Aber ich wäre nachlässig, nicht auch die 100.000+ Google-Mitarbeiter und -Ehemaligen zu erwähnen, die das Ziel-„Evangelium" weltweit verbreitet haben. Ich danke besonders Sundar Pichai, Susan Wojcicki, Jonathan Rosenberg und Cristos Goodrow. Auch danke ich Tim Armstrong, Raja Ayyagari, Shona Brown, Chris Dale, Beth Dowd, Salar Kamangar, Winnie King, Rick Klau, Shishir Mehrotra, Eileen Naughton, Ruth Porat, Brian Rakowski, Prasad Setty, Esther Sun, Matt Susskind, Astro Teller und Kent Walker.

Intels ehemalige und aktuellen Führungskräfte waren sehr großzügig mit ihren Einblicken. Danke an Gordon Moore, Les Vadasz, Eva Grove, Bill Davidow, Dane Elliott, Jim Lally und Casey Powell; auch an CEO Brian Krzanich, Steve Rodgers, Kelly Kelly und an Terry Murphy, Andy Groves langjährige Sekretärin.

Von Remind: Brett Kopf, David Kopf und Brian Grey.

Von Nuna: Jini Kim, David Chen, Katja Gussman, Nick Sung und Sanjey Sivanesan.

Von MyFitnessPal: Mike Lee und David Lee.

Von Intuit: Atticus Tysen, Scott Cook, Brad Smith, Sherry Whiteley und Olga Braylovskliy.

Von Adobe: Donna Morris, Shantanu Narayen und Dan Rosensweig.

Von Zume: Julia Collins und Alex Garden.

Von Coursera: Lila Ibrahim, Daphne Koller, Andrew Ng, Rick Levin und Jeff Maggioncalda.

Von Lumeris: Andrew Cole, Art Glasgow und Mike Long.

Von Schneider Electric: Hervé Coureil und Sharon Abraham.

Von Walmart: John Brothers, Becky Schmitt und Angela Christman.

Von Khan Academy: Orly Friedman und Sal Khan.

Es ist mir eine Ehre, den Experten zu danken, die ihre Erkenntnisse und Beiträge zu der OKR-Bewegung und zu diesem Buch beigetragen haben: Alex Barnett, Tracy Beltrane, Ethan Bernstein, Josh Bersin, Ben Brookes, John Brothers, Aaron Butkus, Ivy Choy, John Chu, Roger Corn, Angus Davis, Chris Deptula, Patrick Foley, Uwe Higgen, Arnold Hur, General Tom Kolditz, Cory Kreeck, Jonathan Lesser, Aaron Levie, Kevin Louie, Denise Lyle, Chris Mason, Amelia Merrill, Deep Nishar, Bill Pence, Stephanie Pimmel, Philip Potloff, Aurelie Richard, Dr. David Rock, Timo Salzsieder, Jake Schmidt, Erin Sharp, Jeff Smith, Tim Staffa, Joseph Suzuki, Chris Villar, Jeff Weiner, Christina Wodtke und Jessica Woodall.

Einen speziellen Dank an CEO Doug Dennerline und das zielorientierte Team von BetterWorks, die OKRs und CFRs weiterentwickeln wie kein anderer, während sie selbst jeden Tag besser arbeiten.

Nicht zuletzt möchte ich einigen besonderen Personen danken, mit denen ich über die Jahre das Vergnügen hatte, zusammenzuarbeiten, und deren Leben Musterbeispiele für Exzellenz sind. Besonders bemerkenswert unter ihnen sind: Jim Barksdale, Andy Bechtolsheim, Jeff Bezos, Scott Cook, John Chambers und KR Sridhar. Und Andy Grove, Bill Campbell und Steve Jobs, von uns gegangen, aber nie vergessen.

Ich danke Jeff Coplon aufrichtig, der das Herz des Teams war, das all das ermöglichte – und der einmal mehr bewiesen hat, dass Umsetzung alles ist.

Lange bevor ich auf OKRs stieß, brachte mir mein Vater und Held Lou Doerr den Wert von Fokus, Einsatz, hohen Standards und höheren Ansprüchen bei (und RMA – die „Right Mental Attitude" [dt. die „richtige mentale Einstellung"].)

Abschließend danke ich von ganzem Herzen meiner Frau Ann und meinen Töchtern Mary und Esther, deren Geduld, Ermutigung und Liebe mich durch dieses lange und herausfordernde Projekt geführt haben. Jeden Tag erinnern sie mich daran, was am wichtigsten ist.

QUELLENVERZEICHNIS

Kapitel 1: Google trifft auf die OKRs

22 **Wie Musterschülerin Marissa Mayer:** Steven Levy, *Google Inside: Wie Google denkt, arbeitet und unser Leben verändert* (Frechen: mitp, 2012). In manchen Fällen ist das Key Result binär, entweder erledigt oder nicht: „Komplette Onboarding-Anleitung für Neueinstellungen."

23 **„Goals Gone Wild":** Lisa D. Ordóñez, Maurice E. Schweitzer, Adam D. Galinsky und Max H. Bazerman, „Goals Gone Wild": The Systematic Side Effects of Overprescribing Goal Setting", *Academy of Management Perspectives*, 1. Februar 2009.

24 **„Ziele können aufgrund":** ebenda.

24 **so Edwin Locke, führen ambitionierte Ziele:** Edwin Locke, „Toward a Theory of Task Motivation and Incentives", *Organizational Behavior and Human Performance*, Mai 1968.

24 **Lockes Entdeckung bestätigt:** „The Quantified Serf", *The Economist, 7. März 2015*.

24 **begeistert oder engagiert:** Annamarie Mann und Jim Harter, „The Worldwide Employee Engagement Crisis", gallup.com, 7. Januar 2016. Weltweit sind nur 13 Prozent der Mitarbeiter engagiert. Darüber hinaus wird dies laut Deloitte nicht besser: Das heutige Engagement ist nicht höher, als jenes vor zehn Jahren.

24 **Im Technologiesektor:** Dice Tech Salary Survey, 2014, http://marketing.dice.com/pdf/Dice_TechSalarySurvey_2015.pdf.

24 **Engagiertere Teams:** Annamarie Mann und Ryan Darby, „Should Managers Focus on Performance or Engagement?", *Gallup Business Journal*, 5. August 2014.

24 **„Mitarbeiterbindung und -engagement":** *Global Human Capital Trends 2014*, Deloitte University Press.

25 **„klar definierte Ziele":** „Becoming Irresistible: A New Model for Employee Engagement," *Deloitte Review*, Nummer 16, 26. Januar 2015.

25 **„Wenn Menschen konfliktäre Prioritäten haben":** Teresa Amabile und Steven Kramer, *The Progress Principle: Using Small Wins to Ignite Joy, Engagement, and Creativity at Work* (Boston: Harvard Business Review Press, 2011).

25 **können Ziele „Mitarbeiter inspirieren":** Ordóñez, Schweitzer, Galinsky & Bazerman, „Goals Gone Wild."

26 **Wie Schmidt sagte:** Levy, *Google Inside*.

27 **wurden OKRs ein „einfaches Werkzeug":** Eric Schmidt und Jonathan Rosenberg, *Wie Google tickt* (Frankfurt am Main: Campus, 2015).

27 **2008 versammelte ein unternehmensweites OKR:** Levy, *Google Inside*.

28 **Als Jonathan Rosenberg:** Schmidt & Rosenberg, *Wie Google tickt*.

28 **2017, das sechste Jahr in Folge:** *Fortune*, 15. März 2017.

Kapitel 2: Der Vater der OKRs

34 **Innerhalb von einer Stunde:** Während es keine Aufnahme der Veranstaltung gab, die ich besucht hatte, konnten wir eine Videoaufnahme eines ähnlichen Seminars drei Jahre später von Grove ausfindig machen. Die angeführten Ausführungen stammen von dieser Aufnahme, die auf www.whatmatters.com angesehen werden kann.

36 **Wissenschaftliche Führung, so schrieb Taylor:** Frederick Winslow Taylor, *Die Grundsätze wissenschaftlicher Betriebsführung* (Saarbrücken: VDM Verlag Dr. Müller, 2004).

37 **„klar und hierarchisch“:** Andrew S. Grove, *High Output Management* (New York: Random House, 1983).

37 **„eines Führungsgrundsatzes“:** Peter F. Drucker, *Die Praxis des Managements* (Berlin: Econ, 1998).

37 **In einer Metaanalyse:** Robert Rodgers und John E. Hunter, „Impact of Management by Objectives on Organizational Productivity”, *Journal of the American Psychological Association*, April 1991.

38 **„einfach noch ein weiteres Werkzeug“:** “Management by Objectives”, *The Economist*, 21. Oktober 2009.

38 **Er strebte danach:** Grove, *High Output Management.*

38 **Andy stellte „aggressive Introvertierte“ ein:** Andrew S. Grove, iOPEC-Seminar, 1978. Als zeitgenössisches Beispiel: Larry Page ist aggressiv introvertiert.

41 **Wie ein Intel-Veteran:** Tim Jackson, *Inside Intel. Die Geschichte des erfolgreichsten Chip-Produzenten der Welt* (Hamburg: Hoffmann und Campe, 1999).

42 **Wie er einmal der *The New York Times* erzählte:** *New York Times*, 23. Dezember 1980.

43 **„eine der anerkanntesten“:** *New York Times*, 21. März 2016.

43 **„die Person mit der meisten Verantwortung“:** *Time*, 29. Dezember 1997.

Kapitel 3: „Operation Crush“: Eine Intel-Geschichte

46 **„Es gibt nur ein Unternehmen“:** Tim Jackson, *Inside Intel. Die Geschichte des erfolgreichsten Chip- Produzenten der Welt* (Hamburg: Hoffmann und Campe, 1999).

47 **Als die Crush-Veteranen darauf hinwiesen:** „Intel Crush Oral History Panel“, Computer History Museum, 14. Oktober 2013.

Kapitel 4: Erfolgsfaktor 1: Fokussieren und sich zu Prioritäten verpflichten

57 **Werte nicht über ein Memo:** Andrew S. Grove, *High Output Management* (New York: Random House, 1983).

57 **„Wenn Sie der CEO oder Gründer sind“:** „Lessons from Bill Campbell, Silicon Valley's Secret Executive Coach”, Podcast mit Randy Komisar, soundcloud.com, 2. Februar 2016, https://soundcloud.com/venturedpodcast/bill_campbell.

57 **zwei von drei Unternehmen:** Stacia Sherman Garr, „High-Impact Performance Management: Using Goals to Focus the 21st-Century Workforce”, Bersin by Deloitte, Dezember 2014.

57 **In einer Umfrage:** Umfrage von Donald Sull und Rebecca Homkes, „Why Senior Managers Can't Name Their Firms' Top Priorities”, London Business School, 7. Dezember 2015.

58 **„in der Lage sein zu messen“:** Peter F. Drucker, *Die Praxis des Managements* (Berlin: Econ, 1998).

58 **„Für ein Feedback“:** Grove, *High Output Management.*

59 **„mit eiserner Hand“:** Mark Dowie, „Pinto Madness”, *Mother Jones*, September/Oktober 1977.

59 **Sicherheit stand auf keiner der Listen:** ebenda. Wie Iacocca gerne zu sagen pflegte: „Sicherheit verkauft sich nicht.“

59 **„Die spezifischen, herausfordernden Ziele“:** Lisa D. Ordóñez, Maurice E. Schweitzer, Adam D. Galinsky und Max H. Bazerman, „Goals Gone Wild“: The Systematic Side Effects of Over-Prescribing Goal Setting”, Harvard Business School Working Paper, 11. Februar 2009, www.hbs.edu/faculty/Publication%20Files/09-083.pdf.

60 **„die jugendliche Tochter einer Filialleiterin“:** Stacy Cowley und Jennifer A. Kingson, „Wells Fargo Says 2 Ex-Leaders Owe $75 Million More”, *New York Times*, 11. April 2017.

60 **„ihre gekoppelten Counterparts“:** Grove, *High Output Management.*

62 **„Die eine Sache“:** ebenda.

62 **„Die Kunst der Führung“:** ebenda.

Kapitel 5: Fokussieren: Die Geschichte von Remind

65 **Anwesenheit stieg:** Matthew Kraft, „The Effect of Teacher-Family Communication on Student Engagement: Evidence from a Randomized Field Experiment”, *Journal of Research on Educational Effectiveness*, Juni 2013.

Kapitel 6: Selbstverpflichtung: Die Nuna-Geschichte

80 **Andrew M. Slavitt:** Steve Lohr, “Medicaid’s Data Gets an Internet-Era Makeover”, *New York Times*, 9. Januar 2017.

Kapitel 7: Erfolgsfaktor 2: Ausrichten und verbinden für Teamarbeit

83 **Die Forschung zeigt:** Basierend auf BetterWorks’ Analyse von 100.000 Zielen.

83 **In einer kürzlich durchgeführten Umfrage:** Wakefield Research, November 2016.

84 **Der Fachbegriff dieser Verknüpfung:** Laut *Harvard Business Review* sind Unternehmen, deren Angestellte in höchstem Maße am Unternehmensziel ausgerichtet sind, mehr als doppelt so leistungsfähig wie ihre Wettbewerber („How Employee Alignment Boosts the Bottom Line”, *Harvard Business Review*, 16. Juni 2016).

84 **Studien deuten darauf hin:** Robert S. Kaplan und David P. Norton, *Die strategiefokussierte Organisation: Führen mit der Balanced Scorecard* (Stuttgart: Schäffer Poeschel, 2001).

84 **laut einer Umfrage unter globalen CEOs:** Donald Sull, „Closing the Gap Between Strategy and Execution”, *MIT Sloan Management Review*, 1. Juli 2007.

84 **„Wir haben einiges zu tun“:** Interview mit Amelia Merrill, People Strategy Leader bei RMS.

90 **„Ziele zu haben, verbessert die Leistung”:** Laszlo Bock, *Work Rules!: Wie Google die Art und Weise, wie wir leben und arbeiten, verändert* (München: Vahlen, 2016).

90 **„Die Leute in den operativen Einheiten:** Andrew S. Grove, *Nur die Paranoiden überleben: Strategische Wendepunkte vorzeitig erkennen* (Frankfurt am Main: Campus, 1997).

90 **Ein „professioneller Mitarbeiter“:** Peter Drucker, *Die Praxis des Managements* (Berlin: Econ, 1998).

91 **„Einmischung durch Vorgesetzte“:** Andrew S. Grove, *High Output Management* (New York: Random House, 1983).

91 **„Je höher die Ziele“:** Edwin Locke und Gary Latham, „Building a Practically Useful Theory of Goal Setting and Task Motivation: A 35-Year Odyssey“, *American Psychologist*, September 2002.

92 **„Alle Leute im Unternehmen“:** Interview mit Laszlo Bock, ehemaliger Head of Google's People Operations.

Kapitel 9: Verbinden: Die Intuit-Geschichte

103 **14 Jahre in Folge:** http://beta.fortune.com/worlds-most-admired-companies/intuit-100000.

103 **„Immer, wenn Intuit“:** Vindu Goel, „Intel Sheds Its PC Roots and Rises as a Cloud Software Company,“ *New York Times*, 10. April 2016.

Kapitel 10: Erfolgsfaktor 3: Verfolgen der Verantwortlichkeit

116 **Die Forschung legt nahe, dass messbarer Fortschritt:** Teresa Amabile und Steven Kramer, *The Progress Principle: Using Small Wins to Ignite Joy, Engagement, and Creativity at Work* (Boston: Harvard Business Review Press, 2011).

116 **„Der größte Motivator“:** Daniel H. Pink, *Drive: Was Sie wirklich motiviert* (Salzburg: Ecowin, 2010).

116 **„Ohne einen Handlungsplan“:** Peter Drucker, *The Effective Executive: Effektivität und Handlungsfähigkeit in der Führungsrolle gewinnen* (München: Vahlen, 2014).

116 **In einer kalifornischen Studie:** Studie von Gail Matthews, Dominican University of California, www.dominican.edu/dominicannews/study-highlights-strategies-for-achieving-goals.

117 **„Wenn die Leiter nicht“:** Stephen R. Covey, *Die 7 Wege zur Effektivität: Prinzipien für persönlichen und beruflichen Erfolg* (Offenbach: GABAL, 2005).

117 **„Leute können von Fehlern lernen“:** „Don't Be Modest: Decrypting Google“, *The Economist*, 27. September 2014.

122 **„Von unmittelbarer Erfahrung“ lernen:** Giada Di Stefano, Francesca Gino, Gary Pisano und Bradley Staats, „Learning by Thinking: How Reflection Improves Performance“, Harvard Business School Working Paper, 11. April 2014.

122 **„Wir lernen nicht“:** ebenda.

Kapitel 12: Erfolgsfaktor 4: Nach den Sternen greifen

129 **Für Unternehmen, die danach streben:** Steve Kerr, „Stretch Goals: The Dark Side of Asking for Miracles“, *Fortune*, 13. November 1995.

129 **Wie Bill Campbell zu sagen pflegte:** Podcast mit Randy Komisar, soundcloud.com, 2. Februar 2016.

129 **„Ein BHAG ist ein gewaltiges“:** Jim Collins, *Der Weg zu den Besten: Die sieben Management-Prinzipien für dauerhaften Unternehmenserfolg* (München: dtv, 2003).

130 **doch die Resultate waren eindeutig:** Edwin A. Locke, „Toward a Theory of Task Motivation and Incentives“, *Organizational Behavior and Human Performance* 3, 1968.

130 **„Die Bestimmung spezifischer und herausfordernder Ziele“:** Edwin A. Locke und Gary P. Latham, „Building a Practically Useful Theory of Goal Setting and Task Motivation: A 35-Year Odyssey“, *American Psychologist*, September 2002.

132 **„fordernde" Ziele maximale Leistung:** Andrew S. Grove, *High Output Management* (New York: Random House, 1983).

132 **„Das ist Intel":** „Intel Crush Oral History Panel", Computer History Museum, 14. Oktober 2013.

133 **Im dritten Quartal:** William H. Davidow, *Marketing High Technology: An Insider's View* (New York: Free Press, 1986).

133 **„das Mantra der Verzehnfachung":** Steven Levy, „Big Ideas: Google's Larry Page and the Gospel of 10x", *Wired*, 30. März 2013.

134 **„dazu tendieren, anzunehmen, dass":** Eric Schmidt und Jonathan Rosenberg, *Wie Google tickt* (Frankfurt am Main: Campus, 2015).

134 **„So wie Page die Dinge betrachtet":** Levy, „Big Ideas."

135 **zu Beginn der Periode:** Interview mit Bock.

135 **Bei der Verfolgung hochriskanter Ziele:** Locke und Latham, „Building a Practically Useful Theory of Goal Setting and Task Motivation".

136 **„Wissen Sie, in unserem Geschäft":** iOPEC-Seminar, 1992.

Kapitel 13: (Sich) Fordern: Die Google Chrome-Geschichte

137 **„Wenn Sie möchten, dass Ihr Auto":** Laszlo Bock, *Work Rules!: Wie Google die Art und Weise, wie wir leben und arbeiten, verändert (München: Vahlen, 2016).*

137 **„Wenn man ein verrücktes":** ebenda.

142 **„Dear Sophie", ein Spot:** https://whatmatters.com/sophie

Kapitel 14: (Sich) fordern: Die YouTube-Geschichte

145 **„die mächtigste Frau":** Belinda Luscombe, „Meet YouTube's Viewmaster", *Time*, 27. August 2015.

150 **„das wahre knappe Gut":** Satya Nadella, unternehmensweite E-Mail an die Mitarbeiter, 25. Juni 2015.

Kapitel 15: Kontinuierliches Performance Management: OKRs und CFRs

161 **Zwölf Prozent:** „Performance Management: The Secret Ingredient", Deloitte University Press, 27. Februar 2015.

161 **Nur sechs Prozent sind der Auffassung:** „Global Human Capital Trends 2014: Engaging the 21st Century Workforce", Bersin by Deloitte.

161 **Die „wichtigste Rolle" einer Führungskraft:** www.druckerinstitute.com/2013/07/measurement-myopia.

164 **Tabelle 15.1: Jährliches Performance Management:** Josh Bersin und BetterWorks, „How Goals Are Driving a New Approach to Performance Management", Human Capital Institute, 4. April 2016.

166 **Andy Grove schätzte:** Andrew S. Grove, *High Output Management* (New York: Random House, 1983).

166 **Grove glaubte, dass der Mitarbeiter:** „Former Intel CEO Andy Grove Dies at 79", *Wall Street Journal*, 22. März 2016. Wenn ich mich mit meinem Chef bei Intel traf, ging es ihm nicht

darum, meine Arbeit zu kontrollieren, sondern eher herauszufinden, wie er mir dabei helfen konnte, meine Key Results zu erreichen.

167 **Laut Gallup:** Annamarie Mann und Ryan Darby, „Should Managers Focus on Performance or Engagement?", *Gallup Business Journal*, 5. August 2014.

168 **„Feedback ist eine Meinung":** Sheryl Sandberg, *Lean In: Frauen und der Wille zum Erfolg* (Berlin: Econ, 2013).

168 **„wollen ‚befähigt' werden":** Josh Bersin, „Feedback Is the Killer App: A New Market and Management Model Emerges", *Forbes*, 26. August 2015.

169 **Heute haben fortschrittliche Unternehmen:** Josh Bersin, „A New Market Is Born: Employee Engagement, Feedback, and Culture Apps", joshbersin.com, 19. September 2015.

169 **„So unspektakulär es auch scheint":** „Becoming Irresistible: A New Model for Employee Engagement", *Deloitte Review*, Nummer 16.

Kapitel 18: Kultur

191 **diese fünf Fragen:** https://rework.withgoogle.com/blog/five-keys-to-a-successful-google-team.

192 **Höchstmotivationskulturen:** Teresa Amabile und Steven Kramer, „The Power of Small Wins", *Harvard Business Review*, Mai 2011.

195 **Sein Team bei LRN:** Die Studie wurde von der Boston Research Group, dem Center for Effective Organizations an der University of Southern California und der Research Data Technology, Inc. durchgeführt.

Widmung

219 **Ken Auletta schrieb:** Ken Auletta, „Postscript: Bill Campbell, 1940–2016", *The New Yorker*, 19. April 2016.

222 **„Bill Campbell ist sehr hilfreich":** Eric Schmidt und Jonathan Rosenberg, *Wie Google tickt* (Frankfurt am Main: Campus, 2015).

223 **Er „hielt Steve Jobs am Leben":** Miguel Helft, „Bill Campbell, 'Coach' to Silicon Valley Luminaries Like Jobs, Page, Has Died", *Forbes*, 18. April 2016.

224 **„immer Teil der Lösung sein wollte":** Podcast mit Randy Komisar, soundcloud.com, 2. Februar 2016.

REGISTER

A

B

C

D

E

F

G

H

I

J

K

L

M

N

O

W

Y

Z